NATIONAL KEY PROTECTED
WILD PLANTS OF GUANGXI

广西国家重点保护
野生植物

唐健民　韦　霄　柴胜丰　邹　蓉　丁　涛　吴林芳　邓丽丽 ◎ 主编

中国林業出版社
CFPH China Forestry Publishing House

图书在版编目（C I P）数据

广西国家重点保护野生植物 / 唐健民等主编. -- 北京 : 中国林业出版社, 2023.6

ISBN 978-7-5219-2494-7

Ⅰ. ①广… Ⅱ. ①唐… Ⅲ. ①野生植物—植物保护—广西 Ⅳ. ①Q948.526.7

中国国家版本馆CIP数据核字(2024)第002110号

责任编辑 于界芬 张健

出版发行 中国林业出版社（100009，北京市西城区刘海胡同7号，电话 010-83143542）

电子邮箱 cfphzbs@163.com

网　　址 www.forestry.gov.cn/lycb.html

印　　刷 北京博海升彩色印刷有限公司

版　　次 2023年6月第1版

印　　次 2023年6月第1次印刷

开　　本 635mm×965mm 1/8

印　　张 68.25

字　　数 1120千字

定　　价 498.00元

《广西国家重点保护野生植物》

编委会

广西国家重点保护野生植物

National Key Protected Wild Plants of Guangxi

序 • PREFACE

植物资源是国家可持续发展的重要基础，完整准确地了解和掌握重要植物资源的生物学特性，对国家社会经济发展有着不可估量的价值。广西地处热带和亚热带地区，含北热带、南亚热带和中亚热带；地带性跨度大，地形地貌复杂。独特的地理和气候环境，使得广西不仅野生植物资源种类丰富，而且植物特有成分很多，极具区域特色，是全球生物多样性的热点地区。另外，广西桂西南喀斯特区、桂西黔南石灰岩区和南岭区等区域，属于中国生物多样性保护优先区域。因此，广西在我国生物多样性保护方面有着举足轻重的地位和作用。

加强物种资源的保护和可持续利用研究是一项关系到我国经济可持续发展与保障国家安全的战略性任务。新版《国家重点保护野生植物名录》中超过 1/3 的物种在广西有分布。《广西国家重点保护野生植物》是广西壮族自治区中国科学院广西植物研究所濒危植物保育生物学团队经过多年对广西濒危野生植物研究的重要成果之一，是较为全面、系统、科学地研究和介绍广西国家重点保护野生植物资源的学术和科普著作。本书根据广西壮族自治区林业局和广西壮族自治区农业农村厅联合组织编制的《国家重点保护野生植物名录（广西部分）》，对其中 332 种植物进行了详细的描述，介绍了重点保护植物的形态特征、全国分布状态、广西产地情况以及濒危保护等级和经济价值。本书有助于加强公众对广西国家重点保护野生植物资源的认知，提高公众保护濒危植物的意识。本书率先对广西国家重点保护野生植物的组成及特征、科属种组成、濒危现状、区系特点及性质等进行系统分析，剖析了广西国家重点保护野生植物保护中存在的主要问题并提出相应保护对策和建议，为广西濒危植物的保护提供方向性的指导。

综上，《广西国家重点保护野生植物》的出版为广西生物多样性的研究和保护提供了最重要的基础数据，不管是在植物多样性的研究和保护，还是在植物资源的可持续利用方面都有着非常重要的参考价值和指导作用。

中国科学院院士 陈新洋

2023 年 3 月

广西国家重点保护野生植物
National Key Protected Wild Plants of Guangxi

前　言 • FOREWORD

生物多样性是生物及其与环境形成的生态复合体以及与此相关的各种生态过程的总和，由遗传（基因）多样性、物种多样性和生态系统多样性三个层次组成。遗传（基因）多样性是指生物体内决定性状的遗传因子及其组合的多样性。物种多样性是生物多样性在物种上的表现形式，也是生物多样性的关键，它既体现了生物之间及环境之间的复杂关系，又体现了生物资源的丰富性。生态系统多样性是指生物圈内生境、生物群落和生态过程的多样性。生物多样性是地球生命的基础，它们在维持气候、保护水源、土壤和维护正常的生态学过程作用巨大。

中国（西南）-中南半岛地区是全球生物多样性最重要的多样性热点地区之一，广西正处于中国（西南）-中南半岛生物多样性的中心位置。广西位于北纬 20°54′~26°24′，东经 104°28′~112°04′，西部与云贵高原相接，东北接南岭西段，南临北部湾并与海南隔海相望，西北靠贵州，西南与越南接壤，陆地面积 23.76 万 km^2，海域面积约 4 万 km^2。气候跨越中亚热带、南亚热带和北亚热带，属亚热带季风气候区。境内地形地貌复杂，素有“八山一水一分田”之称，热量丰富、雨水充沛，为植物的生存与演化提供了有利的生态因子。尤其是广阔的喀斯特地貌，已成为中国乃至世界生物多样性研究与保护的热点地区。广西植物资源种类丰富，类别齐全，在国内是少有的（刘演，2002）。据韦毅刚等（2023）最新统计，广西野生维管植物共计 262 科 1793 属 8221 种 57 亚种 460 变种 1 变型。

生物资源是人类赖以生存和发展的重要基础，更是社会经济的可持续发展的“战略资源”。良好的自然和地理条件为野生植物的生长和繁衍提供了天然的生存场所，广西境内分布有 23 个国家级自然保护区，为珍稀濒危植物的保护提供了非常好的栖息地。保护野生植物资源，维护生物多样性，维护生态系统平衡，有助于实现人与自然和谐共生，共建地球生命共同体，增进人类福祉，实现全球共建生态文明的愿望。

随着经济社会发展和人类对野生的植物资源需求不断增加，野生植物资源急剧减少；加之对一些濒危植物生存环境的破坏，使得需要保护的植物种类越来越多。为响应“生态文明：共建地球生命共同体”的主题，《生物多样性公约》缔约方大会第十五次会议（COP15）在中国云南昆明举办。经国务院批准，国家林业和草原局、农业农村部，在时隔 22 年后，于 2021 年发布了调整后的《国家重点保护野生植物名录》，455 种和 40 类野生植物列入其中，包括国家一级保护野生植物 54 种和 4 类，国家二级保护野生植物 401 种和 36 类（国家林业和草原局等，2021）。这些工作为全国植物保护工作者提供了方向性的指导，有助于植物保护工作者把握和了解未来生物多样性远景的规划。

相比 1999 年发布的《国家重点保护野生植物名录（第一批）》，新版《国家重点保护野生植物名录》大幅扩容，并调整了部分种类的保护级别。2021 年 11 月 19 日，为进一步加强广西野生植物资源保护工作，依据名录，由广西壮族自治区林业局和广西壮族自治区农业农村厅联合组织编制《国家重点保护野生植物名录（广西部分）》。对于整属、整组列入《国家重点保护野生植物名录》的类群，根据广西历次野生植物资源调查结果和最新分类学、系统学研究成果，明确到具体的种（或亚种、变种、变型，下同）。名录共收录野生植物332种，其中苔藓植物1种，石松和蕨类植物44种，裸子植物31种，被子植物255种，真菌1种。广西分布的国家重点保护野生植物332种，占《国家重点保护野生植物名录》物种数的72.97%，表明广西在国家重点保护野生植物工作中具有极为重要的资源优势和责任。

然而，现阶段国家重点保护野生植物保护工作仍然存在许多问题，民众缺乏对重点保护野生植物的认知是一个重要的原因，保护意识仍然非常薄弱。因此，根据广西壮族自治区林业局和广西壮族自治区农业农村厅联合组织编制的《国家重点保护野生植物名录（广西部分）》，本书对其中332种植物进行了详细的描述，介绍了植物的形态特征、全国分布状态、广西产地情况以及保护等级和经济价值；还对广西国家重点保护野生植物物种多样性特征进行了分析，指出了保护中存在的问题并提出了相应保护对策。本书内容丰富，采用简短文字说明，辅以图片展示，图文并茂，力求方便实用，是较为全面、系统、科学地研究和介绍广西国家重点保护野生植物资源的学术和科普著作。本书有助于加强广西国家重点保护野生植物资源的认知，提高公众的保护意识，为全区乃至全国重点植物保护工作者对广西生物多样性保护提供方向性的指导。希望此书能为广大植物科研、保护和执法工作者提供工作上的便利，促进广西生物多样性保护事业的发展和生态文明的建设。

本书的研究成果得到了以下项目资助：①国家科学自然基金“迁地保护的东兴金花茶群体遗传多样性、近交衰退和远交衰退研究”；（合同编号：32160091）；②国家科学自然基金“东兴金花茶和同域分布的近缘广布种长尾毛蕊茶生殖生态学特性比较研究”（合同编号：31860169）；③国家科学自然基金“金花茶组植物嗜钙与嫌钙机制的比较研究”（合同编号：31660092）；④国家科学自然基金“广西喀斯特地区两种四季开花金花茶的繁殖策略及其进化意义”（合同编号：32060248）；⑤国家重点研发计划（No.2022YFF1300703）；⑥广西自然科学基金“广西极小种群十万大山苏铁的遗传结构及濒危机制研究”（合同编号：2020GXNSFAA259029）；⑦中央财政林业草原项目“极危植物贵州地宝兰的生殖生态学研究及其回归引种”；⑧广西科技基地与人才项目“广西天坑植物种质资源库及其数据库信息系统的建立”（合同编号：桂科AD17129022-02）；⑨中国科学院2022“西部之光”青年学者人才项目“喀斯特天坑特殊生境对香木莲繁育系统的影响研究”；⑩广西壮族自治区林业局项目“雅长特色兰科植物天贵卷瓣兰的种苗繁直技术及回归引种研究”（合同编号：桂林科字〔2021〕第28号）；⑪广西植物功能与持续利用重点实验室自主课题“中国金花茶组植物的次生代谢成分及功能性分析研究”（ZRJJ2022-2）；⑫广西科技界智库重点项目“广西分布的国家重点保护野生植物资源保护和开发利用可持续发展的对策研究”（桂科协〔2022〕P-20）；⑬广西科技界智库重点项目“广西如何将喀斯特景观资源优势转化为产业优势路径分析及对策研究”（桂科协〔2022〕P-22）；⑭广西林业科技推广示范项目“桂北珍贵乡土树种低效公益林的改造技术推广与示范”（〔2022〕GT23）；⑮广西首批高端智库建设试点单位研究成果项目“西南喀斯特植物资源的保护与可持续利用战略研究”（桂科院ZL202302）；⑯广西林业科技推广示范项目“广西兰科植物数据库信息系统的构建和保育技术研究”（2023LYKJ03）；⑰中央财政林业草原生态保护恢复资金项目“极危植物暖地杓兰与绿花杓兰的比较生殖生态学研究及回归引种”；⑱广西自然科学基金面上项目“珍稀濒危植物香木莲的交配系统和遗传多样性研究”（2023JJA130412）等。

非常感谢为本书提供图片的老师、同学和朋友。本书特别感谢中国科学院华南植物园邢福武研究员在百忙之中审核本书的植物照片和文稿，他渊博的植物分类学知识和求真求实的科学精神值得我们终身学习。

由于本书涉及种类多，内容广泛，编者受知识和专业水平限制，对一些种类细节特征描述不够准确、图片的清晰度等错误和不足在所难免，使得本书存在不足之处，敬请读者批评指正，提出宝贵意见，以便我们及时修订。

编 者

2023年3月

目 录 • CONTENTS

5 物种各论

1 绪论

国家重点保护野生植物携带着极其丰富的基因资源，蕴藏着难以估量的生态、经济、文化和科学价值，在维持全球生态平衡和改善人类生活质量中起着不可替代的作用，对于保障人类社会的可持续发展具有非常重要的意义。2021 年 9 月 7 日，国家林业和草原局、农业农村部发布新版《国家重点保护野生植物名录》（以下简称《名录》），收录野生植物 455 种和 40 类，包括国家一级保护野生植物 54 种和 4 类，国家二级保护野生植物 401 种和 36 类。相比 1999 年发布的《国家重点保护野生植物名录（第一批）》，新版《名录》大幅扩容，并调整了部分种类的濒危等级。

与 1999 年发布的《名录》相比，调整后的《名录》主要有三点变化：一是调整了 18 种野生植物的濒危等级。将广西火桐 *Erythropsis kwangsiensis*、广西青梅 *Vatica guangxiensis*、大别山五针松 *Pinus dabeshanensis*、毛枝五针松 *Pinus wangii*、茸毛皂荚 *Gleditsia japonica* var. *velutina* 5 种原国家二级保护野生植物调升为国家一级保护野生植物；将长白松 *Pinus sylvestris* var. *sylvestriformis*、伯乐树 *Bretschneidera sinensis*、莼菜 *Brasenia schreberi* 等 13 种原国家一级保护野生植物调降为国家二级保护野生植物。二是新增野生植物 268 种和 32 类。在《名录》的基础上，新增了兜兰属 Paphiopedilum 大部分及曲茎石斛 *Dendrobium flexicaule*、崖柏 *Thuja sutchuenensis* 等 21 种和 1 类为国家一级保护野生植物；郁金香属 *Tulipa*、兰属 *Cymbidium* 和稻属 *Oryza* 等 247 种和 31 类为国家二级保护野生植物。三是删除了 35 种野生植物。因分布广、数量多、居群稳定、分类地位改变等原因，3 种国家一级保护野生植物、32 种国家二级保护野生植物从《名录》中删除。

与 1999 年发布的《名录》相比，新版《名录》涉及广西分布的物种也出现了三大变化，一是调整了野生植物的濒危等级，二是新增 246 种野生植物列入《名录》，三是将部分野生植物移出《名录》。此次共有 11 种野生植物的濒危等级发生变动：广西火桐、广西青梅、毛枝五针松 3 种原国家二级保护野生植物晋升为国家一级保护野生植物；藤枣 *Eleutharrhena macrocarpa*、合柱金莲木 *Sauvagesia rhodoleuca*、掌叶木 *Handeliodendron bodinieri*、狭叶坡垒 *Hopea chinensis*、伯乐树 *Bretschneidera sinensis*、瑶山苣苔 *Dayaoshania cotinifolia*、报春苣苔 *Primulina tabacum*、云南穗花杉 *Amentotaxus yunnanensis* 8 种原国家一级保护野生植物降为国家二级保护野生植物。广西共有246种野生植物新增列入《名录》，其中灰岩红豆杉 *Taxus calcicola*、文山红柱兰 *Cymbidium wenshanense*、暖地杓兰 *Cypripedium subtropicum*、小叶兜兰 *Paphiopedilum barbigerum*、同色兜兰 *Paphiopedilum concolor*、长瓣兜兰 *Paphiopedilum dianthum*、白花兜兰 *Paphiopedilum emer sonii*、巧花兜兰 *Paphiopedilum helenae*、麻栗坡兜兰 *Paphiopedilum malipoense*、飘带兜兰 *Paphiopedilum parishii*、紫纹兜兰 *Paphiopedilum purpuratum*、紫毛兜兰 *Paphiopedilum villosum*、文山兜兰 *Paphiopedilum wenshanense*、小叶红豆 *Ormosia microphylla* 14种列为国家一级保护野生植物。此外，因分布广、数量多、居群稳定、分类地位改变等原因，广西有分布的小黑桫椤 *Alsophila metteniana*、单叶贯众 *Cyrtomium hemionitis*、樟树（香樟）*Camphora officinarum*、任豆 *Zenia insignis*、半枫荷 *Semiliquidambar cathayensis*、十齿花 *Dipentodon sinicus*、马尾树 *Rhoiptelea chiliantha*、喜树 *Camptotheca acuminata*、异形玉叶金花 *Mussaenda shikokiana*、单座苣苔 *Hemiboea ovalifolia* 等物种从《名录》中删除，不再按照国家重点保护野生植物进行管理。

《国家重点保护野生植物名录》的颁布及其调整，说明《名录》处于一种动态变化过程。也就是说，随着人们对野生植物的研究、调查更为全面、清晰，以及对濒危植物的保育工作越来越好，使一些原来濒危的植物种类群落或者个体数量得到了有效的扩充，其遗传多样性得到了有效的保护和恢复，这类植物就应该降低保护标准甚至不再列入保护名录中。相反，随着社会经济需求的递增，人类活动越来越扩张至保护区，加之地质灾害和物种本身的因素等方面，一些原来不在保护名录中或者保护等级低的植物，变得越来越少，其居群和个体数量极具锐减，种群遗传多样性面临灭绝的危险，这类植物急需列入保护名录中或提升保护等级，进行及时、有效的保护和恢复，从而实现《名录》的动态化，以及人与自然的和谐共处。

广西国家重点野生保护植物主要指自然分布在广西壮族自治区行政管理范围内的《国家重点保护野生植物名录》中的植物。2021年11月19日，依据《国家重点保护野生植物名录》（国家林业和草原局、农业农村部公告2021年第15号），广西壮族自治区林业局和广西壮族自治区农业农村厅联合组织编制了《国家重点保护野生植物名录（广西部分）》。其中广西林业和草原主管部门颁布野生植物234种：苔藓植物1种，石松和蕨类植物42种，裸子植物31种，被子植物160种。按保护等级划分，国家一级保护野生植物32种，国家二级保护野生植物202种。但是这些植物不是广西壮族自治区目前需要保护野生植物种类的全部，还有属于广西壮族自治区农业农村主管部门分工管理的植物98种，其中石松和蕨类植物2种，被子植物95种，真菌1种。广西壮族自治区林业和农业部门通过对广西野生植物资源调查结果和最新分类学、系统学研究成果，较为全面的整理、整编出广西壮族自治区分布的国家重点保护野生植物，且有需要保护的植物新发现还会不断地补充、更新，实现动态保护管理。

2 广西国家重点保护野生植物物种多样性特征

2.1 组成及特征

2021 年 11 月 19 日，为进一步加强广西野生植物资源保护工作，依据《国家重点保护野生植物名录》（国家林业和草原局、农业农村部公告 2021 年第 15 号），结合广西实际，由广西壮族自治区林业局和广西壮族自治区农业农村厅联合组织编制《国家重点保护野生植物名录（广西部分）》。对于整属、整组列入《国家重点保护野生植物名录》的类群，根据广西历次野生植物资源调查结果和最新分类学、系统学研究成果，明确到具体的种（或亚种、变种、变型，下同）。该《名录》共收录野生植物 332 种（表 2-1），其中：苔藓植物 1 种，石松和蕨类植物 44 种，裸子植物 31 种，被子植物 255 种，真菌 1 种。按保护等级划分，国家一级保护野生植物 33 种，二级保护野生植物 299 种。按归口管理部门划分，归林业和草原主管部门分工管理的有 234 种，归农业农村主管部门分管的有 98 种。

表 2-1　国家重点保护野生植物名录（广西部分）

序号	中文名	学名	保护等级	备注
		苔藓植物 Bryophyte		
	白发藓科	**Leucobryaceae**		
1	桧叶白发藓	*Leucobryum juniperoideum*	二级	
		石松类和蕨类植物 Lycophytes and Ferns		
	石松科	**Lycopodiaceae**		
	石杉属（所有种）	*Huperzia* spp.	二级	
2	锡金石杉	*Huperzia herteriana*	二级	
3	长柄石杉	*Huperzia javanica*	二级	南岭石杉并入本种
4	昆明石杉	*Huperzia kunmingensis*	二级	
5	南川石杉	*Huperzia nanchuanensis*	二级	
6	四川石杉	*Huperzia sutchueniana*	二级	
	马尾杉属（所有种）	*Phlegmariurus* spp.	二级	
7	龙骨马尾杉	*Phlegmariurus carinatus*	二级	
8	柳杉叶马尾杉	*Phlegmariurus cryptomerinus*	二级	
9	杉形马尾杉	*Phlegmariurus cunninghamioides*	二级	
10	金丝条马尾杉	*Phlegmariurus fargesii*	二级	
11	福氏马尾杉	*Phlegmariurus fordii*	二级	

续表

序号	中文名	学名	保护等级	备注
12	广东马尾杉	*Phlegmariurus guangdongensis*	二级	
13	椭圆马尾杉	*Phlegmariurus henryi*	二级	上思马尾杉并入本种
14	闽浙马尾杉	*Phlegmariurus mingcheensis*	二级	
15	有柄马尾杉	*Phlegmariurus petiolatus*	二级	华南马尾杉并入本种
16	马尾杉	*Phlegmariurus phlegmaria*	二级	
17	粗糙马尾杉	*Phlegmariurus squarrosus*	二级	
18	云南马尾杉	*Phlegmariurus yunnanensis*	二级	
	水韭科	**Isoëtaceae**		
	水韭属（所有种）*	*Isoëtes* spp.	一级	
19	中华水韭 *	*Isoëtes sinensis*	一级	
	瓶尔小草科	**Ophioglossaceae**		
20	七指蕨	*Helminthostachys zeylanica*	二级	
21	带状瓶尔小草	*Ophioglossum pendulum*	二级	
	合囊蕨科	**Marattiaceae**		
	观音座莲属（所有种）	*Angiopteris* spp.	二级	
22	披针观音座莲	*Angiopteris caudatiformis*	二级	
23	河口原始观音座莲	*Angiopteris chingii*	二级	
24	琼越观音座莲	*Angiopteris cochinchinensis*	二级	
25	尾叶原始观音座莲	*Angiopteris danaeoides*	二级	
26	福建观音座莲	*Angiopteris fokiensis*	二级	
27	楔基观音座莲	*Angiopteris helferiana*	二级	
28	河口观音座莲	*Angiopteris hokouensis*	二级	
29	阔叶原始观音座莲	*Angiopteris latipinna*	二级	亨利原始观音座莲并入本种
30	疏脉观音座莲	*Angiopteris paucinervis*	二级	
31	强壮观音座莲	*Angiopteris robusta*	二级	
32	王氏观音座莲	*Angiopteris wangii*	二级	
33	云南观音座莲	*Angiopteris yunnanensis*	二级	
	金毛狗科	**Cibotiaceae**		
	金毛狗属（所有种）	*Cibotium* spp.	二级	其他常用中文名：金毛狗蕨属
34	金毛狗	*Cibotium barometz*	二级	
	桫椤科	**Cyatheaceae**		
	桫椤科（所有种，小黑桫椤和粗齿桫椤除外）	Cyatheaceae spp. (excl. *Alsophila metteniana* , *A. denticulata)*	二级	

续表

序号	中文名	学名	保护等级	备注
35	中华桫椤	*Alsophila costularis*	二级	
36	大叶黑桫椤	*Alsophila gigantea*	二级	
37	阴生桫椤	*Alsophila latebrosa*	二级	
38	黑桫椤	*Alsophila podophylla*	二级	
39	桫椤	*Alsophila spinulosa*	二级	
40	结脉黑桫椤	*Gymnosphaera bonii*	二级	
41	平鳞黑桫椤	*Gymnosphaera henryi*	二级	
42	白桫椤	*Sphaeropteris brunoniana*	二级	
43	广西白桫椤	*Sphaeropteris guangxiensis*	二级	
	凤尾蕨科	**Pteridaceae**	二级	
	水蕨属（所有种）*	*Ceratopteris* spp.	二级	
44	水蕨 *	*Ceratopteris thalictroides*	二级	
	乌毛蕨科	**Blechnaceae**		
45	苏铁蕨	*Brainea insignis*	二级	
		裸子植物 Gymnosperms		
	苏铁科	**Cycadaceae**		
	苏铁属（所有种）	*Cycas* spp.	一级	
46	宽叶苏铁	*Cycas balansae*	一级	十万大山苏铁并入本种
47	叉叶苏铁	*Cycas bifida*	一级	
48	德保苏铁	*Cycas debaoensis*	一级	
49	锈毛苏铁	*Cycas ferruginea*	一级	
50	贵州苏铁	*Cycas guizhouensis*	一级	
51	叉孢苏铁	*Cycas segmentifida*	一级	
52	石山苏铁	*Cycas sexseminifera*	一级	
	罗汉松科	**Podocarpaceae**		
	罗汉松属（所有种）	*Podocarpus* spp.	二级	
53	罗汉松	*Podocarpus macrophyllus*	二级	
54	百日青	*Podocarpus neriifolius*	二级	
55	小叶罗汉松	*Podocarpus wangii*	二级	其他常用中文名：珍珠罗汉松
	柏科	**Cupressaceae**		
56	翠柏	*Calocedrus macrolepis*	二级	
57	岩生翠柏	*Calocedrus rupestris*	二级	

续表

序号	中文名	学名	保护等级	备注
58	福建柏	*Fokienia hodginsii*	二级	
59	水松	*Glyptostrobus pensilis*	一级	
60	越南黄金柏	*Xanthocyparis vietnamensis*	二级	
	红豆杉科	**Taxaceae**		
	穗花杉属（所有种）	*Amentotaxus* spp.	二级	
61	穗花杉	*Amentotaxus argotaenia*	二级	
62	云南穗花杉	*Amentotaxus yunnanensis*	二级	
63	海南粗榧	*Cephalotaxus hainanensis*	二级	
64	篦子三尖杉	*Cephalotaxus oliveri*	二级	
65	白豆杉	*Pseudotaxus chienii*	二级	
	红豆杉属（所有种）	*Taxus* spp.	一级	
66	灰岩红豆杉	*Taxus calcicola*	一级	
67	南方红豆杉	*Taxus wallichiana* var. *mairei*	一级	
	松科	**Pinaceae**		
68	资源冷杉	*Abies beshanzuensis* var. *ziyuanensis*	一级	
69	元宝山冷杉	*Abies yuanbaoshanensis*	一级	
70	银杉	*Cathaya argyrophylla*	一级	
	油杉属（所有种，铁坚油杉、云南油杉、油杉除外）	Keteleeria spp. (excl. *K. davidiana* var. *davidiana*, *K. evelyniana* & *K. fortunei*)	二级	
71	黄枝油杉	*Keteleeria davidiana* var. *calcarea*	二级	
72	柔毛油杉	*Keteleeria pubescens*	二级	
73	华南五针松	*Pinus kwangtungensis*	二级	其他常用中文名：广东松
74	毛枝五针松	*Pinus wangii*	一级	
	黄杉属（所有种）	*Pseudotsuga* spp.	二级	
75	短叶黄杉	*Pseudotsuga brevifolia*	二级	
76	黄杉	*Pseudotsuga sinensis*	二级	
		被子植物 Angiosperms		
	五味子科	**Schisandraceae**		
77	地枫皮	*Illicium difengpi*	二级	属的系统学位置发生变动
	马兜铃科	**Aristolochiaceae**		
78	金耳环	*Asarum insigne*	二级	
	肉豆蔻科	**Myristicaceae**		

续表

序号	中文名	学名	保护等级	备注
	风吹楠属（所有种）	*Horsfieldia* spp.		
79	风吹楠	*Horsfieldia amygdalina*	二级	
80	滇南风吹楠	*Horsfieldia tetratepala*	二级	广西过去鉴定为海南风吹楠
	木兰科	**Magnoliaceae**		
81	鹅掌楸（马褂木）	*Liriodendron chinense*	二级	
82	香木莲	*Manglietia aromatica*	二级	
83	大叶木莲	*Manglietia dandyi*	二级	
84	大果木莲	*Manglietia grandis*	二级	
85	香子含笑（香籽含笑）	*Michelia gioi*	二级	
86	云南拟单性木兰	*Parakmeria yunnanensis*	二级	
87	焕镛木（单性木兰）	*Woonyoungia septentrionalis*	一级	
	樟科	**Lauraceae**		
88	卵叶桂	*Cinnamomum rigidissimum*	二级	
89	闽楠	*Phoebe bournei*	二级	
	水鳖科	**Hydrocharitaceae**		
90	高雄茨藻 *	*Najas browniana*	二级	
	海菜花属（所有种）*	*Ottelia* spp.	二级	其他常用中文名：水车前属
91	海菜花 *	*Ottelia acuminata* var. *acuminata*	二级	
92	靖西海菜花 *	*Ottelia acuminata* var. *jingxiensis*	二级	
93	龙舌草 *	*Ottelia alismoides*	二级	
94	凤山水车前 *	*Ottelia fengshanensis*	二级	
95	灌阳水车前 *	*Ottelia guanyangensis*	二级	
	藜芦科	**Melanthiaceae**		
	重楼属（所有种，北重楼除外）*	*Paris* spp. (excl. *P. verticillata*)	二级	
96	高平重楼 *	*Paris caobangensis*	二级	亮叶重楼并入本种
97	华重楼 *	*Paris chinensis*	二级	
98	凌云重楼 *	*Paris cronquistii*	二级	
99	金线重楼 *	*Paris delavayi*	二级	具柄重楼并入本种
100	海南重楼 *	*Paris dunniana*	二级	
101	球药隔重楼 *	*Paris fargesii*	二级	
102	狭叶重楼 *	*Paris lancifolia*	二级	
103	南重楼 *	*Paris vietnamensis*	二级	

序号	中文名	学名	保护等级	备注
104	宽瓣重楼 *	*Paris yunnanensis*	二级	
	兰科	**Orchidaceae**		
	金线兰属（所有种）*	*Anoectochilus* spp.	二级	其他常用中文名：开唇兰属
105	灰岩金线兰 *	*Anoectochilus calcareus*	二级	
106	麻栗坡金线兰 *	*Anoectochilus malipoensis*	二级	
107	南丹金线兰 *	*Anoectochilus nandanensis*	二级	
108	金线兰 *	*Anoectochilus roxburghii*	二级	其他常用中文名：花叶开唇兰
109	浙江金线兰 *	*Anoectochilus zhejiangensis*	二级	
110	白及 *	*Bletilla striata*	二级	
111	独花兰	*Changnienia amoena*	二级	
112	杜鹃兰	*Cremastra appendiculata*	二级	
	兰属（所有种，被列入一级保护的美花兰和文山红柱兰除外。兔耳兰未列入名录）	*Cymbidium* spp. (excl. *C. insigne*， *C. wenshanense*， *C. lancifolium*)	二级	
113	纹瓣兰	*Cymbidium aloifolium*	二级	
114	莎叶兰	*Cymbidium cyperifolium*	二级	
115	冬凤兰	*Cymbidium dayanum*	二级	
116	独占春	*Cymbidium eburneum*	二级	龙州兰并入本种
117	建兰	*Cymbidium ensifolium*	二级	
118	蕙兰	*Cymbidium faberi*	二级	
119	多花兰	*Cymbidium floribundum*	二级	
120	春兰	*Cymbidium goeringii*	二级	
121	寒兰	*Cymbidium kanran*	二级	
122	大根兰	*Cymbidium macrorhizon*	二级	
123	硬叶兰	*Cymbidium mannii*	二级	
124	珍珠矮	*Cymbidium nanulum*	二级	
125	邱北冬蕙兰	*Cymbidium qiubeiense*	二级	
126	豆瓣兰	*Cymbidium serratum*	二级	线叶春兰并入本种
127	墨兰	*Cymbidium sinense*	二级	
128	果香兰	*Cymbidium suavissimum*	二级	
129	莲瓣兰	*Cymbidium tortisepalum*	二级	春剑并入本种
130	西藏虎头兰	*Cymbidium tracyanum*	二级	

续表

序号	中文名	学名	保护等级	备注
131	文山红柱兰	*Cymbidium wenshanense*	一级	
	杓兰属（所有种，被列入一级保护的暖地杓兰除外。离萼杓兰未列入名录）	*Cypripedium* spp. (excl. *C. subtropicum*， *C. plectrochilum)*	二级	
132	绿花杓兰	*Cypripedium henryi*	二级	
133	暖地杓兰	*Cypripedium subtropicum*	一级	包括心启杓兰（*Cypripedium singchii*）
	石斛属（所有种，被列入一级保护的曲茎石斛和霍山石斛除外）*	*Dendrobium* spp. (excl. *D. flexicaule*， *D. huoshanense)*	二级	
134	钩状石斛 *	*Dendrobium aduncum*	二级	
135	兜唇石斛 *	*Dendrobium aphyllum*	二级	
136	束花石斛 *	*Dendrobium chrysanthum*	二级	
137	叠鞘石斛 *	*Dendrobium denneanum*	二级	
138	密花石斛 *	*Dendrobium densiflorum*	二级	
139	齿瓣石斛 *	*Dendrobium devonianum*	二级	
140	串珠石斛 *	*Dendrobium falconeri*	二级	
141	流苏石斛 *	*Dendrobium fimbriatum*	二级	
142	曲轴石斛 *	*Dendrobium gibsonii*	二级	
143	海南石斛 *	*Dendrobium hainanense*	二级	
144	细叶石斛 *	*Dendrobium hancockii*	二级	
145	河南石斛 *	*Dendrobium henanense*	二级	
146	疏花石斛 *	*Dendrobium henryi*	二级	
147	重唇石斛 *	*Dendrobium hercoglossum*	二级	
148	小黄花石斛 *	*Dendrobium jenkinsii*	二级	
149	矩唇石斛 *	*Dendrobium linawianum*	二级	
150	聚石斛 *	*Dendrobium lindleyi*	二级	
151	美花石斛 *	*Dendrobium loddigesii*	二级	
152	罗河石斛 *	*Dendrobium lohohense*	二级	
153	长距石斛 *	*Dendrobium longicornu*	二级	
154	细茎石斛 *	*Dendrobium moniliforme*	二级	
155	藏南石斛 *	*Dendrobium monticola*	二级	
156	石斛 *	*Dendrobium nobile*	二级	其他常用中文名：金钗石斛
157	铁皮石斛 *	*Dendrobium officinale*	二级	

序号	中文名	学名	保护等级		备注
158	紫瓣石斛 *	*Dendrobium parishii*		二级	
159	单葶草石斛 *	*Dendrobium porphyrochilum*		二级	
160	滇桂石斛 *	*Dendrobium scoriarum*		二级	
161	始兴石斛 *	*Dendrobium shixingense*		二级	
162	剑叶石斛 *	*Dendrobium spatella*		二级	
163	黑毛石斛 *	*Dendrobium williamsonii*		二级	
164	广东石斛 *	*Dendrobium wilsonii*		二级	
165	西畴石斛 *	*Dendrobium xichouense*		二级	
166	天麻 *	*Gastrodia elata*		二级	
167	血叶兰	*Ludisia discolor*		二级	
	兜兰属（所有种，被列入二级保护的带叶兜兰和硬叶兜兰除外）	*Paphiopedilum* spp. (excl. *P. hirsutissimum*， *P. micranthum*)	一级		
168	小叶兜兰	*Paphiopedilum barbigerum*	一级		
169	同色兜兰	*Paphiopedilum concolor*	一级		
170	长瓣兜兰	*Paphiopedilum dianthum*	一级		
171	白花兜兰	*Paphiopedilum emersonii*	一级		
172	巧花兜兰	*Paphiopedilum helenae*	一级		其他常用中文名：海伦兜兰
173	带叶兜兰	*Paphiopedilum hirsutissimum*		二级	
174	麻栗坡兜兰	*Paphiopedilum malipoense*	一级		
175	硬叶兜兰	*Paphiopedilum micranthum*		二级	
176	飘带兜兰	*Paphiopedilum parishii*	一级		
177	紫纹兜兰	*Paphiopedilum purpuratum*	一级		
178	紫毛兜兰	*Paphiopedilum villosum*	一级		
179	文山兜兰	*Paphiopedilum wenshanense*	一级		
180	罗氏蝴蝶兰	*Phalaenopsis lobbii*		二级	其他常用中文名：洛氏蝴蝶兰
181	麻栗坡蝴蝶兰	*Phalaenopsis malipoensis*		二级	
182	华西蝴蝶兰	*Phalaenopsis wilsonii*		二级	
	独蒜兰属（所有种）	*Pleione* spp.		二级	
183	独蒜兰	*Pleione bulbocodioides*		二级	
184	台湾独蒜兰	*Pleione formosana*		二级	
185	毛唇独蒜兰	*Pleione hookeriana*		二级	
186	猫儿山独蒜兰	*Pleione* × *maoershanensis*		二级	

序号	中文名	学名	保护等级	备注
187	云南独蒜兰	*Pleione yunnanensis*	二级	
	火焰兰属（所有种）	*Renanthera* spp.	二级	
188	火焰兰	*Renanthera coccinea*	二级	
	天门冬科	**Asparagaceae**		
189	剑叶龙血树	*Dracaena cochinchinensis*	二级	
	棕榈科	**Arecaceae**		
190	董棕	*Caryota obtusa*	二级	
	禾本科	**Poaceae**		
191	水禾 *	*Hygroryza aristata*	二级	
	稻属（所有种）*	*Oryza* spp.	二级	
192	药用稻 *	*Oryza officinalis*	二级	其他常用中文名：药用野生稻
193	野生稻 *	*Oryza rufipogon*	二级	其他常用中文名：普通野生稻
	罂粟科	**Papaveraceae**		
194	石生黄堇	*Corydalis saxicola*	二级	其他常用中文名：岩黄连
	防己科	**Menispermaceae**		
195	藤枣	*Eleutharrhena macrocarpa*	二级	
	小檗科	**Berberidaceae**		
	八角莲属（所有种）	*Dysosma* spp.	二级	
196	小八角莲	*Dysosma difformis*	二级	
197	贵州八角莲	*Dysosma majoensis*	二级	
198	六角莲	*Dysosma pleiantha*	二级	
199	八角莲	*Dysosma versipellis*	二级	
200	小叶十大功劳	*Mahonia microphylla*	二级	
201	靖西十大功劳	*Mahonia subimbricata*	二级	
	毛茛科	**Ranunculaceae**		
	黄连属（所有种）*	*Coptis* spp.	二级	
202	短萼黄连 *	*Coptis chinensis* var. *brevisepala*	二级	
	金缕梅科	**Hamamelidaceae**		
203	四药门花	*Loropetalum subcordatum*	二级	
	豆科	**Fabaceae**	二级	
204	棋子豆	*Archidendron robinsonii*	二级	
205	格木	*Erythrophleum fordii*	二级	

续表

序号	中文名	学名	保护等级	备注
206	山豆根 *	*Euchresta japonica*	二级	其他常用中文名：胡豆莲
207	野大豆 *	*Glycine soja*	二级	
208	紫荆叶羊蹄甲	*Phanera cercidifolia*	二级	
	红豆属(所有种，被列入一级保护的小叶红豆除外)	*Ormosia* spp. (excl. *O. microphylla*)	二级	
209	喙顶红豆	*Ormosia apiculata*	二级	
210	长脐红豆	*Ormosia balansae*	二级	
211	厚荚红豆	*Ormosia elliptica*	二级	
212	凹叶红豆	*Ormosia emarginata*	二级	
213	蒲桃叶红豆	*Ormosia eugeniifolia*	二级	
214	肥荚红豆	*Ormosia fordiana*	二级	
215	光叶红豆	*Ormosia glaberrima*	二级	
216	花榈木	*Ormosia henryi*	二级	
217	红豆树	*Ormosia hosiei*	二级	
218	韧荚红豆	*Ormosia indurata*	二级	
219	云开红豆	*Ormosia merrilliana*	二级	
220	小叶红豆	*Ormosia microphylla*	一级	
221	南宁红豆	*Ormosia nanningensis*	二级	
222	那坡红豆	*Ormosia napoensis*	二级	
223	榄绿红豆	*Ormosia olivacea*	二级	
224	茸荚红豆	*Ormosia pachycarpa*	二级	
225	菱荚红豆	*Ormosia pachyptera*	二级	
226	屏边红豆	*Ormosia pingbianensis*	二级	
227	海南红豆	*Ormosia pinnata*	二级	
228	柔毛红豆	*Ormosia pubescens*	二级	
229	软荚红豆	*Ormosia semicastrata*	二级	
230	荔枝叶红豆	*Ormosia semicastrata* f. *litchiifolia*	二级	
231	苍叶红豆	*Ormosia semicastrata* f. *pallida*	二级	
232	亮毛红豆	*Ormosia sericeolucida*	二级	
233	单叶红豆	*Ormosia simplicifolia*	二级	
234	木荚红豆	*Ormosia xylocarpa*	二级	
235	越南槐	*Sophora tonkinensis*	二级	其他常用中文名：广豆根、山豆根

序号	中文名	学名	保护等级	备注
	蔷薇科	**Rosaceae**	二级	
236	广东蔷薇	*Rosa kwangtungensis*	二级	
237	亮叶月季	*Rosa lucidissima*	二级	
	榆科	**Ulmaceae**		
238	大叶榉树	*Zelkova schneideriana*	二级	广西常用名：榉树、榉木
	桑科	**Moraceae**		
239	长穗桑	*Morus wittiorum*	二级	
	荨麻科	**Urticaceae**		
240	长圆苎麻 *	*Boehmeria oblongifolia*	二级	《Flora of China》使用名称：腋球苎麻 *Boehmeria glomerulifera*
	壳斗科	**Fagaceae**		
241	华南锥	*Castanopsis concinna*	二级	其他常用中文名：华南栲
242	尖叶栎	*Quercus oxyphylla*	二级	
	胡桃科	**Juglandaceae**		
243	喙核桃	*Annamocarya sinensis*	二级	
244	贵州山核桃	*Carya kweichowensis*	二级	
	秋海棠科	**Begoniaceae**		
245	蛛网脉秋海棠 *	*Begonia arachnoidea*	二级	
246	黑峰秋海棠 *	*Begonia ferox*	二级	
247	古龙山秋海棠 *	*Begonia gulongshanensis*	二级	
	卫矛科	**Celastraceae**	二级	
248	斜翼	*Plagiopteron suaveolens*	二级	
	安神木科	**Centroplacaceae**	二级	
249	膝柄木	*Bhesa robusta*	一级	
	金莲木科	**Ochnaceae**		
250	合柱金莲木	*Sauvagesia rhodoleuca*	二级	
	川苔草科	**Podostemaceae**		
	川苔草属（所有种）*	*Cladopus* spp.	二级	
251	华南飞瀑草 *	*Cladopus austrosinensis*	二级	
252	川苔草 *	*Cladopus doianus*	二级	
253	水石衣	*Hydrobryum griffithii*	二级	
	藤黄科	**Achariaceae**		
254	金丝李	*Garcinia paucinervis*	二级	

序号	中文名	学名	保护等级		备注
	青钟麻科	**Moraceae**			
255	海南大风子	*Hydnocarpus hainanensis*		二级	
	大戟科	**Euphorbiaceae**			
256	东京桐	*Deutzianthus tonkinensis*		二级	
	千屈菜科	**Lythraceae**			
257	细果野菱（野菱）*	*Trapa incisa*		二级	
258	林生杧果	*Mangifera sylvatica*		二级	
	无患子科	**Sapindaceae**			
259	伞花木	*Eurycorymbus cavaleriei*		二级	
260	掌叶木	*Handeliodendron bodinieri*		二级	
261	野生荔枝 *	*Litchi chinensis* var. *euspontanea*		二级	《Flora of China》使用名称：*Litchi chinensis*
262	韶子 *	*Nephelium chryseum*		二级	
	芸香科	**Rutaceae**			
263	宜昌橙 *	*Citrus cavaleriei*		二级	其他常用学名：*Citrus ichangensis*
264	道县野橘 *	*Citrus daoxianensis*		二级	《Flora of China》使用名称：柑橘 *Citrus reticulata*
265	莽山野橘 *	*Citrus mangshanensis*		二级	《Flora of China》使用名称：柑橘 *Citrus reticulata*
	楝科	**Meliaceae**			
266	望谟崖摩	*Aglaia lawii*		二级	
267	红椿	*Toona ciliata*		二级	毛红椿并入本种
	锦葵科	**Malvaceae**			
268	柄翅果	*Burretiodendron esquirolii*		二级	
269	海南椴	*Diplodiscus trichospermus*		二级	
270	广西火桐	*Erythropsis kwangsiensis*	一级		其他常用学名：*Firmiana kwangsiensis*
271	蚬木	*Excentrodendron tonkinense*		二级	
	梧桐属（所有种，梧桐除外）	*Firmiana* spp. (excl. *F. simplex*)		二级	
272	龙州梧桐	*Firmiana calcarea*		二级	石山梧桐
273	美丽火桐	*Firmiana pulcherrima*		二级	
274	粗齿梭罗	*Reevesia rotundifolia*		二级	
	瑞香科	**Thymelaeaceae**			

序号	中文名	学名	保护等级		备注
275	土沉香	*Aquilaria sinensis*		二级	
	龙脑香科	**Dipterocarpaceae**			
276	狭叶坡垒	*Hopea chinensis*		二级	多毛坡垒并入本种
277	望天树	*Parashorea chinensis*	一级		擎天树并入本种
278	广西青梅	*Vatica guangxiensis*	一级		
	叠珠树科	**Akaniaceae**			
279	伯乐树（钟萼木）	*Bretschneidera sinensis*		二级	
	铁青树科	**Olacaceae**			
280	蒜头果	*Malania oleifera*		二级	
	蓼科	**Polygonaceae**			
281	金荞麦 *	*Fagopyrum dibotrys*		二级	其他常用中文名：金荞
	山榄科	**Sapotaceae**			
282	海南紫荆木	*Madhuca hainanensis*		二级	
283	紫荆木	*Madhuca pasquieri*		二级	
	柿树科	**Ebenaceae**			
284	小萼柿 *	*Diospyros minutisepala*		二级	
	山茶科	**Theaceae**			
285	圆籽荷	*Apterosperma oblata*		二级	
	山茶属金花茶组（所有种）	*Camellia* sect. *Chrysantha* spp.		二级	
286	中东金花茶	*Camellia achrysantha*		二级	
287	薄叶金花茶	*Camellia chrysanthoides*		二级	小花金花茶并入本种
288	德保金花茶	*Camellia debaoensis*		二级	
289	显脉金花茶	*Camellia euphlebia*		二级	
290	淡黄金花茶	*Camellia flavida*		二级	
291	贵州金花茶	*Camellia huana*		二级	
292	凹脉金花茶	*Camellia impressinervis*		二级	
293	柠檬金花茶	*Camellia indochinensis*		二级	其他常用学名：*Camellia limonia*
294	龙州金花茶	*Camellia longzhouensis*		二级	
295	富宁金花茶	*Camellia mingii*		二级	
296	金花茶	*Camellia nitidissima*		二级	
297	小果金花茶	*Camellia nitidissima* var. *microcarpa*		二级	

序号	中文名	学名	保护等级	备注
298	四季花金花茶	*Camellia perpetua*	二级	
299	顶生金花茶	*Camellia pinggaoensis* var. *terminalis*	二级	
300	平果金花茶	*Camellia pingguoensis*	二级	
301	毛瓣金花茶	*Camellia pubipetala*	二级	
302	中华五室金花茶	*Camellia quinqueloculosa*	二级	
303	喙果金花茶	*Camellia rostrata*	二级	
304	东兴金花茶	*Camellia tunghinensis*	二级	
305	武鸣金花茶	*Camellia wumingensis*	二级	
	山茶属茶组（所有种，大叶茶、大理茶除外）*	*Camellia* sect. *Thea* spp. (excl. *C. sinensis* var. *assamica*， *C. taliensis*)	二级	
306	突肋茶 *	*Camellia costata*	二级	
307	光萼厚轴茶 *	*Camellia crassicolumna* var. *multiplex*		
308	防城茶 *	*Camellia fangchengensis*	二级	
309	秃房茶 *	*Camellia gymnogyna*	二级	
310	广西茶 *	*Camellia kwangsiensis*	二级	
311	毛萼广西茶 *	*Camellia kwangsiensis* var. *kwangnanica*	二级	
312	膜叶茶 *	*Camellia leptophylla*	二级	
313	茶 *	*Camellia sinensis*	二级	
314	白毛茶 *	*Camellia sinensis* var. *pubilimba*	二级	
315	大厂茶 *	*Camellia tachangensis*	二级	五室茶并入本种
	猕猴桃科	**Actinidiaceae**		
316	软枣猕猴桃 *	*Actinidia arguta*	二级	
317	中华猕猴桃 *	*Actinidia chinensis*	二级	
318	金花猕猴桃 *	*Actinidia chrysantha*	二级	
319	条叶猕猴桃 *	*Actinidia fortunatii*	二级	
	茜草科	**Rubiaceae**		
320	香果树	*Emmenopterys henryi*	二级	
321	巴戟天	*Morinda officinalis*	二级	
	夹竹桃科	**Apocynaceae**		
322	富宁藤	*Parepigynum funingense*	二级	
	茄科	**Solanaceae**		
323	云南枸杞 *	*Lycium yunnanense*	二级	

续表

序号	中文名	学名	保护等级	备注
	苦苣苔科	**Gesneriaceae**		
324	瑶山苣苔	*Dayaoshania cotinifolia*	二级	
325	报春苣苔	*Primulina tabacum*	二级	
	狸藻科	**Lentibulariaceae**		
326	盾鳞狸藻 *	*Utricularia punctata*	二级	
	唇形科	**Lamiaceae**		
327	苦梓	*Gmelina hainanensis*	二级	其他常用中文名：海南石梓
	冬青科	**Aquifoliaceae**		
328	扣树	*Ilex kaushue*	二级	苦丁茶并入本种
	五加科	**Araliaceae**		
	人参属（所有种）*	*Panax* spp.	二级	
329	疙瘩七 *	*Panax bipinnatifidus* var. *bipinnatifidus*	二级	羽叶参并入本种
330	狭叶竹节参 *	*Panax bipinnatifidus* var. *angustifolius*	二级	
331	竹节参 *	*Panax japonicus* var. *japonicus*	二级	大叶三七并入本种
		真菌 Eumycophyta		
	口蘑科（白蘑科）	**Tricholomataceae**	二级	
332	松口蘑（松茸）*	*Tricholoma matsutake*	二级	

注：标“*”者归农业农村主管部门分工管理，其余归林业和草原主管部门分工管理。广西壮族自治区林业局和广西壮族自治区农业农村厅出于谨慎的考虑，对于分类地位存疑、未见可靠标本记录、凭证标本鉴定错误、经证实系栽培、原记载所有分布点经多次调查而未见的种类，本名录暂不收录。在实际工作中，凡是符合《国家重点保护野生植物名录》收录条件的种类（包括新种、新记录种），均应视为国家重点保护野生植物，本名录收录与否都不影响其国家重点保护野生植物的地位。

如表 2-1 所示，广西分布国家一级保护植物包括有苏铁属 *Cycas*（所有种）、兜兰属（所有种，被列入二级保护的带叶兜兰 *Paphiopedilum hirsutissimum* 和硬叶兜兰 *Paphiopedilum micranthum* 除外）、红豆杉属 *Taxus*（所有种）、水韭属 *Isoëtes*（所有种）16 个属 33 种野生植物，广西火桐、广西青梅、毛枝五针松 3 种原国家二级保护野生植物晋升为国家一级保护野生植物；原来国家一级保护的水松 *Glyptostrobus pensilis*、资源冷杉 *Abies beshanzuensis* var. *ziyuanensis*、元宝山冷杉 *Abies yuanbaoshanensis*、银杉 *Cathaya argyrophylla*、望天树 *Parashorea chinensis*、膝柄木 *Bhesa robusta* 等继续列为国家一级保护野生植物。广西共有 246 种野生植物新增列入《名录》，长瓣兜兰、白花兜兰、巧花兜兰、麻栗坡兜兰、飘带兜兰、紫纹兜兰、紫毛兜兰、文山兜兰、小叶红豆等 14 种列为国家一级保护野生植物。广西国家二级保护野生植物此次新增了近 200 多种，主要集中在石杉属 *Huperzia*（所有种）、马尾杉属 *Phlegmariurus*（所有种）、观音座莲属 *Angiopteris*（所有种）、油杉属 *Keteleeria*（绝大部分）、兰属（绝大部分）、金线兰属 *Anoectochilus*（所有种）、石斛属 *Dendrobium*、海菜花属 *Ottelia*（所有种）、重楼属 *Paris*（绝大部分）、独蒜兰属 *Pleione*（所有种）、八角莲属 *Dysosma*（所有种）、黄连属 *Coptis*（所有种）、红豆属 *Ormosia*（除了小叶红豆一级）、梧桐属 *Firmiana*（除了广西火桐一级）、山茶属金花茶组 Camellia sect. Chrysantha（所有种）、山茶属茶组 Camellia sect. Thea（绝大部分）、猕猴桃属 *Actinidia*（4 种）、人参属 *Panax*（所有种）等。这批新增的重点保护植物主要来自药用植物、观赏植物和野生食用种质资源，其中石斛属（刘杰，2021；郑秀妹，2009）、金线兰属（应震，2022；蔡金艳，2015）、重楼属（王艳，2020；程虎印，2017；张嫚，2011）、八角莲属（赵立春，2009；叶耀辉，2005）等植物都具有非常高的药用价值，市场需要紧俏，野生资源破坏严重；金花茶组（周兴文；2021；廖美兰，2015）、兰属（苏梓莹，2020）、兜兰属（曾宋君，2011）、观音座莲属（曾汉元，2008）等植物具有极高的观赏价值。日益增长的精神追求，促使许多观赏价值高的植物类群面临着极高等级的威胁，急需优先关注和保护。

2.2 科属种组成

广西国家重点保护野生植物名录共收录野生植物 69 科 125 属 332 种，其中苔藓植物 1 种、石松和蕨类植物 44 种、裸子植物 31 种、被子植物 255 种、真菌 1 种。其中在科级阶元，物种数量最多的科（≥ 9 种以上）从大到小依次为兰科 Orchidaceae 84 种、豆科 Fabaceae 32 种、山茶科 Theaceae 31 种、石松科 Lycopodiaceae 17 种、合囊蕨科 Marattiaceae 12 种、松科 Pinaceae 9 种、藜芦科 Melanthiaceae 9 种。其中在属级阶元，物种数量最多的属（≥ 9 种以上）从大到小依次为石斛属 32 种、山茶属 30 种、红豆属 26 种、兰属 19 种、兜兰属 12 种、马尾杉属 12 种、观音座莲属 12 种、重楼属 9 种、桫椤属 *Alsophila* 9 种。

2.3 濒危现状组成

依据《中国珍稀濒危植物信息系统》《中国生物多样性红色名录——高等植物卷》和《中国生物多样性红色名录——大型真菌卷》等相关文献，广西国家重点保护野生植物中极危（CR）44 种、濒危（EN）85 种、易危（VU）114 种、近危（NT）51 种、无危（LC）28 种、数据缺乏（DD）10 种；依据濒危程度将极危（CR）、濒危（EN）、易危（VU）这个 3 等级统称为受威胁等级，总计受威胁物种 243 种，占总物种数的 75.47%（图 2-1）。综上所述，急需对广西《国家重点保护植物名录》中极危物种、数据缺乏物种和新增的保护物种开展相关的工作。

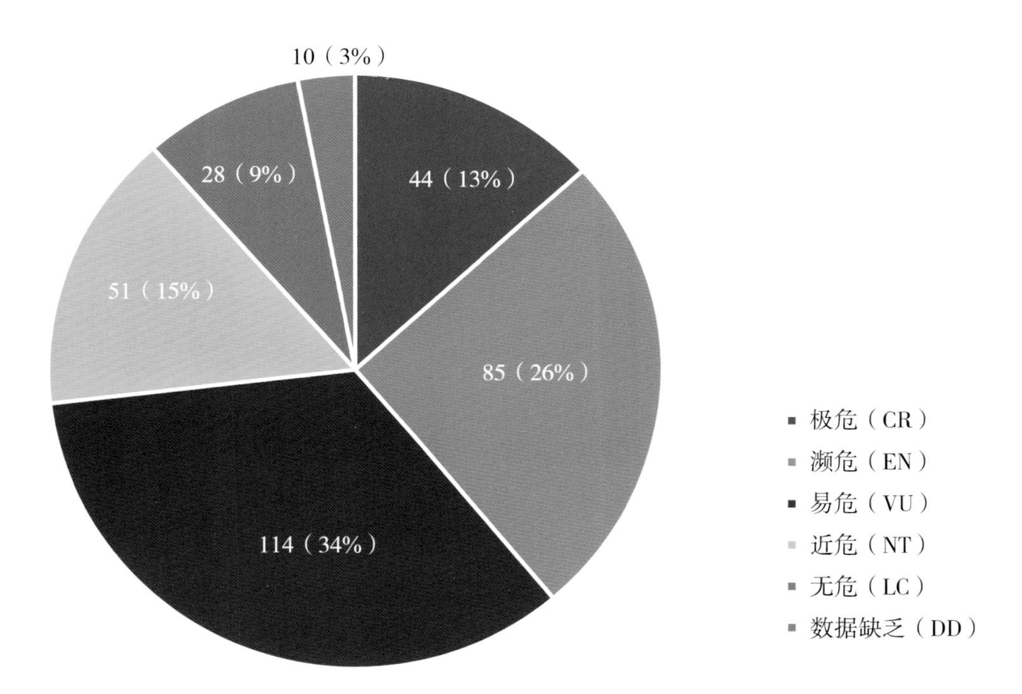

图 2-1 广西国家重点保护野生植物的濒危等级情况

2.4 区系特点及性质

根据《国家重点保护野生植物名录（广西部分）》共收录野生植物 332 种（表 2-2），其中蕨类植物 8 科 12 属 44 种；裸子植物 5 科 14 属 31 种，被子植物 54 科 97 属 255 种，种子植物共计有 59 科 111 属 286 种。

表 2-2　广西国家重点保护野生植物特点

分类群	科数	占总科数比例（%）	属数	占总属数比例（%）	种数	占总种数比例（%）
苔藓类	1	1.4	1	0.8	1	0.3
蕨类植物	8	11.6	12	9.6	44	13.3
裸子植物	5	7.2	14	11.2	31	9.3
被子植物	54	78.3	97	77.6	255	76.8
真菌类	1	1.4	1	0.8	1	0.3
共计	69	100.0	125	100.0	332	100.0

2.4.1 蕨类植物区系特点与性质

广西国家重点保护野生植物中，蕨类植物有 8 科 12 属 44 种，包括石松科、水韭科 Isoëtaceae、瓶尔小草科 Ophioglossaceae、合囊蕨科、金毛狗科 Cibotiaceae、桫椤科 Cyatheaceae、凤尾蕨科 Pteridaceae、乌毛蕨科 Blechnaceae。其中石松科 17 种，占蕨类植物总种数的 38.64%；合囊蕨科 12 种，占蕨类植物总种数的 27.27%；桫椤科 9 种，占蕨类植物总种数的 20.45%。从科内所含属数来分析，石松科有马尾杉属（12 种）和石杉属（5 种）；合囊蕨科有 1 属，即观音座莲属（12 种）；桫椤科有 3 属 9 种，分别是桫椤属、黑桫椤属 *Gymnosphaera*、白桫椤属 *Sphaeropteris*；瓶尔小草科有 2 属，金毛狗科、凤尾蕨科、乌毛蕨科各 1 属。

根据周厚高（1997；2004）和臧得奎（1998）对蕨类植物分布类型的划分，对广西国家重点保护野生植物蕨类 8 科 12 属进行分析。科划分为三类（表 2-3），分别是世界分布（石松科、水韭科、瓶尔小草科、泛热带分布（金毛狗科、桫椤科、凤尾蕨科、乌毛蕨科）和旧世界热带分布（合囊蕨科）；属划分为 6 类，分布是世界分布（石杉属 、水韭属、瓶尔小草属 ）、泛热带分布（马尾杉属、桫椤属、白桫椤属、水蕨属 *Ceratopteris*、苏铁蕨属 *Brainea* ）、旧世界热带分布（观音座莲属）、热带亚洲和热带美洲间断分布（金毛狗属 *Cibotium*）、热带亚洲至热带大洋洲分布（七指蕨属 *Helminthostachys*）和热带亚洲分布（黑桫椤属）。

表 2-3　广西国家重点保护野生蕨类植物的地理成分分布类型

分类群	科数	占总科数比例（%）	属数	占总属数比例（%）
1. 世界分布	3	37.5	3	25.0
2. 泛热带分布	-	-	5	41.7
3. 旧大陆热带分布	1	12.5	1	8.3
4. 热带亚洲和热带美洲间断分布	-	-	1	8.3
5. 热带亚洲至热带大洋洲分布	-	-	1	8.3
7. 亚热带洲分布	4	50.0	1	8.3
共计	8	100.0	12	100.0

2.4.2 种子植物区系特点与性质

2.4.2.1 广西国家重点保护野生种子植物科的分布区类型

根据吴征镒中国种子植物科分布类型的划分方法（吴征镒，2003；2005；2011），将广西国家重点保护野生种子植物 59 科，划分为 8 个分布型和 7 个变型（表 2-4），其中世界分布 15 科，占总科数的 25.42%；热带分布类型（2-7）32 科，占总科数的 54.24%；温带分布类型（8-14）12 科，占总科数的 20.34%。从科级水平上可以看出，本研究区的种子植物区系具有明显的热带、亚热带性质。

表 2-4　广西国家重点保护野生种子植物科的分布区类型

分布区类型	科数	占总科数比例（%）	种数	占总种数比例（%）
1. 世界分布	15	25.42	138	48.25
2. 泛热带分布	21	35.59	68	23.78
2.2 热带亚洲-热带非洲-热带美洲（南美洲）	1	1.69	1	0.35
2s 以南半球为主的泛热带	1	1.69	3	1.05
3. 东亚及热带南美间断分布	4	6.78	9	3.15
4. 旧世界热带分布	1	1.69	1	0.35
5. 热带亚洲至热带大洋洲	1	1.69	7	2.45
5a 澳大利亚东部和（或）东北部	1	1.69	1	0.35
6d 南非（主要是好望角）	1	1.69	1	0.35
7d 全分布区东达新几内亚岛	1	1.69	3	1.05
8. 北温带分布	1	1.69	9	3.15
8.4 北温带和南温带间断分布	7	11.86	27	9.44
8.5 欧亚和南美洲温带间断	1	1.69	6	2.10
9. 东亚及北美间断分布	2	3.39	8	2.80
14. 东亚分布	1	1.69	4	1.40
共计	59	100.00	286	100.00

（1）世界分布类型共 15 科 138 种，分别水鳖科 Hydrocharitaceae、兰科、禾本科 Poaceae、毛茛科 Ranunculaceae、豆科、蔷薇科 Rosaceae、榆科 Ulmaceae、桑科 Moraceae、千屈菜科 Lythraceae、瑞香科 Thymelaeaceae、蓼科 Polygonaceae、茜草科 Rubiaceae、茄科 Solanaceae、狸藻科 Lentibulariaceae、唇形科 Lamiaceae。

（2）泛热带分布类型共 21 科 68 种，分别是马兜铃科 Aristolochiaceae、肉蔻楠科 Myristicaceae、樟科 Lauraceae、棕榈科 Arecaceae、防己科 Menispermaceae、荨麻科 Urticaceae、秋海棠科 Begoniaceae、卫矛科 Celastraceae、安神木科 Centroplacaceae、藤黄科 Clusiaceae、大戟科 Euphorbiaceae、漆树科 Anacardiaceae、无患子科 Sapindaceae、芸香科 Rutaceae、楝科 Meliaceae、锦葵科 Malvaceae、铁青树科 Olacaceae、山榄科 Sapotaceae、柿树科 Ebenaceae、山茶科、夹竹桃科 Apocynaceae。本类型有 2 个变型：热带亚洲 – 热带非洲 – 热带美洲（南美洲），即金莲木科 Ochnaceae；以南半球为主的泛热带，即罗汉松科 Podocarpaceae。

（3）东亚及热带南美间断分布有 4 科 9 种，分别是川苔草科 Podostemaceae、苦苣苔科 Gesneriaceae、冬青科 Aquifoliaceae、五加科 Araliaceae。

（4）旧世界热带分布有 1 科 1 种，天门冬科 Asparagaceae。

（5）热带亚洲至热带大洋洲分布有 1 科 7 种，即苏铁科 Cycadaceae。本类型有一个变型澳大利亚东部和（或）东北部，即叠珠树科 Akaniaceae。

（6）本类型有一个变型，南非（主要是好望角），青钟麻科 Achariaceae。

（7）本类型有一个变型，全分布区东达新几内亚岛，龙脑香科 Dipterocarpaceae。

（8）北温带分布 1 科 9 种，即松科 Pinaceae。本类型有 2 个变型：北温带和南温带间断分布（7 科 27 种），分别是藜芦科 Melanthiaceae、罂粟科 Papaveraceae、金缕梅科 Hamamelidaceae、壳斗科 Fagaceae、胡桃科 Juglandaceae、柏科 Cupressaceae、红豆杉 Taxaceae；欧亚和南美洲温带间断（1 科 6 种），即小檗科 Berberidaceae。

（9）东亚及北美间断分布 2 科 8 种，分别是木兰科 Magnoliaceae、五味子科 Schisandraceae。

（14）东亚分布 1 科 4 种，即猕猴桃科 Actinidiaceae。

2.4.2.2 广西国家重点保护野生种子植物属的分布区类型

根据吴征镒（2003）中国种子植物属分布类型的划分方法，将广西国家重点保护野生种子植物 59 科 111 属 286 种，进行地理成分分析。划分为 13 个分布型和 9 个变型（表 2-5），其中世界分布 3 属，占总属数的 2.70%；热带分布类型（2-7）62 属，占总属数的 55.86%；温带分布类型（8-14）33 属，占总属数的 29.73%；中国特有分布 13 属，占总属数的 11.71%。从属级水平上可以看出，广西国家重点野生种子植物区系具有明显的热带、亚热带性质。

表 2-5　广西国家重点保护野生种子植物属的分布区类型

分布区类型	属数	占总属数比例（%）	种数	占总种数比例（%）
1. 世界分布	3	2.70	3	1.05
2. 泛热带分布	9	8.11	41	14.34
2.1 热带亚洲、大洋洲（至新西兰）和中、南美（或墨西哥）间断分布	1	0.90	3	1.05
3. 热带亚洲和热带美洲间断分布	1	0.90	1	0.35
4. 旧世界热带分布	2	1.80	2	0.70
4.1 热带亚洲、非洲和大洋洲间断或星散分布	1	0.90	1	0.35
5. 热带亚洲至热带大洋洲分布	11	9.91	43	15.03
6. 热带亚洲至热带非洲分布	2	1.80	2	0.70
7. 热带亚洲（印度-马来西亚）分布	20	18.02	96	33.57
7.1. 爪哇（或苏门答腊）、喜马拉雅间断或星散分布到华南、西南	2	1.80	2	0.70
7.2. 热带印度至华南（尤其云南南部）分布	1	0.90	5	1.75
7.3 缅甸、泰国至华西南分布	4	3.60	6	2.10
7.4. 越南（或中南半岛）至华南（或西南）分布	8	7.21	8	2.80
8. 北温带分布	10	9.01	16	5.59
8.4 北温带和南温带间断分布“全温带”	1	0.90	1	0.35
9. 东亚和北美洲间断分布	8	7.21	12	4.20
10. 旧世界温带分布	3	2.70	11	3.85
10.1 地中海区、西亚（或中亚）和东亚间断分布	1	0.90	1	0.35

续表

分布区类型	属数	占总属数比例（%）	种数	占总种数比例（%）
12 地中海区、西亚至中亚分布	1	0.90	1	0.35
14. 东亚分布	5	4.50	9	3.15
14sh 中国-喜马拉雅分布	4	3.60	9	3.15
15. 中国特有分布	13	11.71	13	4.55
共计	111	100.00	286	100.00

（1）世界分布类型 3 属 3 种，分别是茨藻属 *Najas*、槐属 *Sophora*、狸藻属 *Utricularia*。

（2）泛热带分布类型 9 属 41 种，分别是海菜花属、稻属 、火索藤属 *Phanera* 、红豆属、苎麻属 *Boehmeria*、秋海棠属 *Begonia*、柿属 *Diospyros*、巴戟天属 *Morinda*、冬青属 *Ilex*；本区泛热带分布类型有 41 种，占总种数的 14.34%。其中变型热带亚洲、大洋洲（至新西兰）和中、南美（或墨西哥）间断分布的属是罗汉松属 *Podocarpus*。

（3）东亚及热带南美间断分布 1 属 1 种，即楠属 *Phoebe*。

（4）旧世界热带分布 2 属 2 种，分别是龙血树属 *Dracaena*、石梓属 *Gmelina*。本类型有 1 个变型（热带亚洲、非洲和大洋洲间断或星散分布），格木属 *Erythrophleum*。

（5）热带亚洲至热带大洋洲分布有 11 属 43 种，分别是樟属 *Cinnamomum*、金线兰属、兰属、天麻属 *Gastrodia*、蝴蝶兰属 *Phalaenopsis*、鱼尾葵属 *Caryota*、米仔兰属 *Aglaia*、香椿属 *Toona*、紫荆木属 *Madhuca*、苏铁属、风吹楠属 *Horsfieldia*，占总种数的 15.03%。

（6）热带亚洲或热带非洲分布 2 属 2 种，分别是大豆属 *Glycine*、藤黄属 *Garcinia*。

（7）热带亚洲（印度-马来西亚）分布 24 属 100 种，分别是木莲属 *Manglietia*、含笑属 *Michelia*、石斛属、血叶兰属 *Ludisia*、兜兰属、火焰兰属 *Renanthera*、水禾属 *Hygroryza*、猴耳环属 *Archidendron*、膝柄木属 *Bhesa*、川苔草属 *Cladopus*、水石衣属 *Hydrobryum*、大风子属 *Hydnocarpus*、芒果属 *Mangifera*、荔枝属 *Litchi*、韶子属 *Nephelium*、柑橘属 *Citrus*、沉香属 *Aquilaria*、柳安属 *Parashorea*、青梅属 *Vatica*、山茶属 *Camellia*，占总种数的 33.57%。本类型有 4 个变型：①爪哇（或苏门答腊）、喜马拉雅间断或星散分布至华南、西南分布，有 2 属 2 种，山豆根属 *Euchresta*、梭罗树属 *Reevesia*；②热带印度至华南（尤其云南南部）分布，有 1 属 5 种，即独蒜兰属；③缅甸、泰国至华西南分布，有 4 属 6 种，分别是斜翼属 *Plagiopteron*、柄翅果属 *Burretiodendron*、翠柏属 *Calocedrus*、穗花杉属 *Amentotaxus*；④越南（或中南半岛）至华南或西南分部分布，有 8 属 8 种，即焕镛木属 *Woonyoungia*、喙核桃属 *Annamocarya*、东京桐属 *Deutzianthus*、福建柏属 *Fokienia*、独子椴属 *Diplodiscus*、蚬木属 *Excentrodendron*、伯乐树属 *Bretschneidera*、报春苣苔属 *Primulina*。

（8）北温带分布 10 属 16 种，分别是细辛属 *Asarum*、杓兰属 Cypripedium、紫堇属 Corydalis、黄连属、蔷薇属 *Rosa*、桑属 Morus、栎属 *Quercus*、红豆杉属、冷杉属 *Abies*、五针松属 *Pinus*，占总种数的 5.59%。本类型有 1 个变型：北温带和南温带间断分布，即枸杞属 *Lycium*。

（9）东亚及北美间断分布 8 属 12 种，分别是八角属 *Illicium*、鹅掌楸属 *Liriodendron*、拟单性木兰属 *Parakmeria*、十大功劳属 *Mahonia*、锥属 *Castanopsis*、山核桃属 *Carya*、人参属、黄杉属 *Pseudotsuga*。

（10）旧世界温带分布 3 属 11 种，分别是重楼属、菱属 *Trapa*、荞麦属 *Fagopyrum*。有 1 个变型：地中海区、西亚（或中亚）和东亚间断分布属，即榉属 *Zelkova*。

（12）地中海区、西亚至中亚分布 1 属 1 种，即坡垒属 *Hopea*。

（14）东亚分布 5 属 9 种，即白及属 *Bletilla*、杜鹃兰属 *Cremastra*、檵木属 *Loropetalum*、猕猴桃属、粗榧属

Cephalotaxus。本类型有 1 个变型，中国-喜马拉雅分布，有 4 属 9 种，分别是八角莲属、火桐属 Erythropsis、梧桐属、油杉属。

（15）中国特有分布 13 属 13 种，分别是独花兰属 *Changnienia*、藤枣属 Eleutharrhena、蒴莲木属 *Sauvagesia*、伞花木属 *Eurycorymbus*、平舟木属 *Handeliodendron*、蒜头果属 *Malania*、圆籽荷属 *Apterosperma*、香果树属 *Emmenopterys*、富宁藤属 *Parepigynum*、瑶山苣苔属 *Dayaoshania*、水松属 *Glyptostrobus*、白豆杉属 *Pseudotaxus*、银杉属 *Cathaya*，占总属数的 11.71% 和总种数的 4.55%，表明国家重点野生植物广西分布属的中国特有性高。

2.5 地理分布分析

由于广西的地理位置特殊，处于热带向亚热带及东部湿润地区向西部半湿润地区过渡的位置上，又是我国石灰岩地区面积最广泛的省份之一，所以广西产的国家重点保护野生植物资源非常丰富，它们的分布多数见于桂南、桂西南、桂中和桂北的山林中，较为集中的分布区有弄岗林区、十万大山林区、大瑶山林区和花坪林区。依据《国家重点野生保护植物名录（广西部分）》，以县级行政单元为最小单位，对国家重点保护野生植物进行地理分布统计，广西各地级市以最新的行政管理区（将各市行政区统一为整体）划分统计物种信息。结果表明，在广西 84 个市县行政单元中，国家重点保护野生植物分布最多的 3 个行政单元分别是龙州县（86 种）、那坡县（84 种）、靖西市（75 种），这 3 个县均位于广西西南部，是中国西南生物多样性热点地区。国家重点保护植物超过 80 种的行政单元有 2 个，分别是龙州县和那坡县。超过 70 种的行政单元有 1 个，即靖西市；超过 60 种的行政单元有 3 个，分别是融水苗族自治县、防城港市和环江县毛南族自治县；超过 50 种的行政单元有 6 个，分别是乐业县、龙胜各族自治县、金秀瑶族自治县、上思县、南宁市和桂林市；超过 40 种的行政单元有 1 个，即隆林各族自治县；超过 30 种的行政单元有 5 个；超过 20 种的行政单元有 9 个；超过 10 种的行政单元有 20 个，5~9 种的行政单元有 23 个；1~4 种的行政单元有 10 个，仅 3 个市县行政单元未发现有国家重点保护野生植物分布记录。根据各市县国家重点保护植物的丰富程度，可以看出与广西五大生物多样性关键地区的分布规律基本一致，分别主要是桂西南、桂南、桂西北、桂北、桂东北和桂中地区。

根据国家野生保护植物等级分布情况可以看出（图 2-2、图 2-3），国家一级保护野生植物分布最多的行政单元是那坡县（12 种），其次是环江毛南族自治县（8 种）、龙州县（8 种）、隆林各族自治县（7 种）和靖西市（7 种）。国家二级保护野生植物分布最多的行政单元是龙州县（78 种），其次是那坡县（72 种）、靖西市（68 种）、融水苗族自治县（63 种）和防城港市（57 种）。这表明桂西南喀斯特山地区应该是广西生物多样性优先保护区域，其次是桂北、桂东北南岭地区和桂西北喀斯特地区。针对当前广西分布的国家重点保护野生植物地理分布格局，建议加强广西各市县分布的国家重点保护野生植物宣传力度，增强群众生态意识，加强喀斯特生态系统保护，并及时开展广西分布的国家重点保护野生植物资源调查。

2.6 资源特点

2.6.1 种类数量多和科属组成丰富

广西国家重点保护野生植物共计有 69 科 125 属 332 种。其中在科级阶元，物种数量最多的科（≥ 9 种以上）从大到小依次为兰科 84 种、豆科 32 种、山茶科 31 种、石松科 17 种、合囊蕨科 12 种、松科 9 种、藜芦科 9 种。其中在属级阶元，物种数量最多的属（≥ 9 种以上）从大到小依次为石斛属 32 种、山茶属 30 种、红豆属 26 种、兰属 19 种、兜兰属 12 种、马尾杉属 12 种、观音座莲属 12 种、重楼属 9 种、桫椤属 9 种。

2.6.2 具有重要价值的种类比例高

广西国家重点保护野生植物资源类型多样，有材用植物、药用植物、观赏植物、能源植物和饲用植物等类型。这批新增的重点保护植物主要来自药用植物、观赏植物和野生食用种质资源。例如，归农业农村主管部门分工管理的金

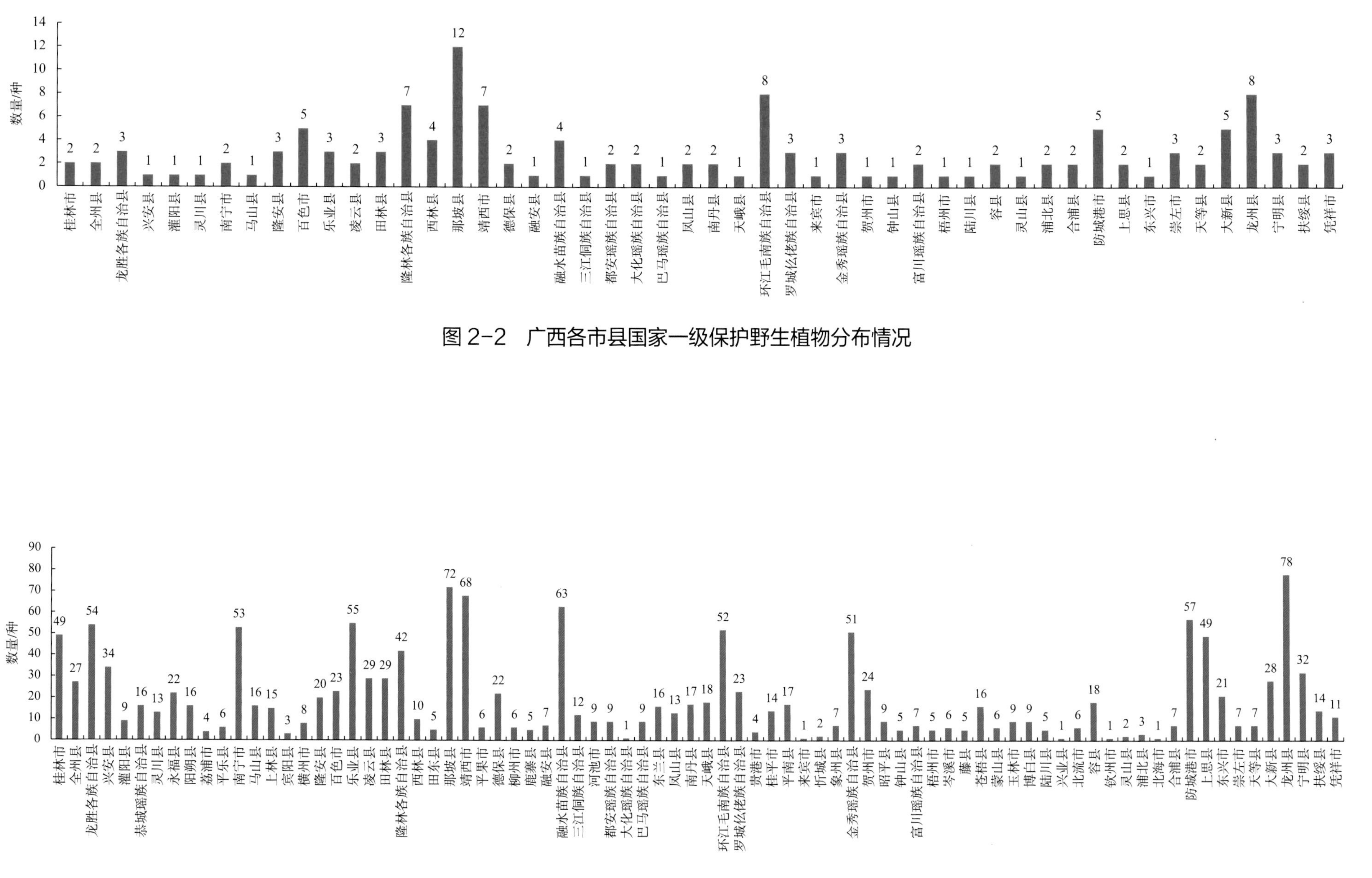

图 2-2　广西各市县国家一级保护野生植物分布情况

图 2-3　广西各市县国家二级保护野生植物分布情况

线兰属（所有种）、石斛属、海菜花属（所有种）、重楼属、稻属（所有种）、黄连属（所有种）、山茶属、猕猴桃属、人参属（所有种）。其中石斛属（刘杰，2021）、金线兰属（应震，2022；蔡金艳，2018）、重楼属（王艳，2018；程虎印，2017；张嫚，2011）、八角莲属（赵立春，2009；叶耀辉，2005）等属的植物都具有非常高的药用价值，市场需要紧俏，野生资源破坏严重；金花茶组（周兴文，2021；廖美兰，2015）、兰属（苏梓莹，2020）、兜兰属（曾宋君，2011）、观音座莲属（曾汉元，2008）、苦苣苔科（葛玉珍，2020）、秋海棠属（董莉娜，2015）等植物具有极高的观赏价值。猕猴桃属、人参属、稻属都是具有非常高价值的食用资源。

2.6.3 特有种的现象明显

广西国家重点保护野生植物中，中国特有分布有 13 属，占总属数的 10.40%；中国特有种 114 种，占总数的 33.34%。广西特有种 28 个，占总数的 8.43%（表 2-6）。从广西产中国特有属、中国特有种以及广西特有种的比例来看，广西国家重点保护野生植物区系特有种现象明显，这与广西独特的地理位置和复杂的气候条件有着不可分割的联系。

表 2-6　广西国家重点保护野生植物中中国特有种分布

序号	物种	学名	序号	物种	学名
1	昆明石杉	*Huperzia kunmingensis*	21	短叶黄杉	*Pseudotsuga brevifolia*
2	南川石杉	*Huperzia nanchuanensis*	22	黄杉	*Pseudotsuga sinensis*
3	四川石杉	*Huperzia sutchueniana*	23	滇南风吹楠	*Horsfieldia tetratepala*
4	广东马尾杉	*Phlegmariurus guangdongensis*	24	大果木莲	*Manglietia grandis*
5	河口原始观音座莲	*Angiopteris chingii*	25	焕镛木（单性木兰）	*Woonyoungia septentrionalis*
6	尾叶原始观音座莲	*Angiopteris danaeoides*	26	闽楠	*Phoebe bournei*
7	河口观音座莲	*Angiopteris hokouensis*	27	海菜花	*Ottelia acuminata* var. *acuminata*
8	广西白桫椤 *	*Sphaeropteris guangxiensis*	28	靖西海菜花 *	*Ottelia acuminata* var. *jingxiensis*
9	中华水韭	*Isoëtes sinensis*	29	凤山水车前 *	*Ottelia fengshanensis*
10	德保苏铁	*Cycas debaoensis*	30	灌阳水车前 *	*Ottelia guanyangensis*
11	贵州苏铁	*Cycas guizhouensis*	31	凌云重楼	*Paris cronquistii*
12	叉孢苏铁	*Cycas segmentifida*	32	海南重楼	*Paris dunniana*
13	篦子三尖杉	*Cephalotaxus oliveri*	33	麻栗坡金线兰	*Anoectochilus malipoensis*
14	白豆杉	*Pseudotaxus chienii*	34	南丹金线兰 *	*Anoectochilus nandanensis*
15	小叶罗汉松	*Podocarpus wangii*	35	浙江金线兰	*Anoectochilus zhejiangensis*
16	资源冷杉	*Abies beshanzuensis* var. *ziyuanensis*	36	独花兰	*Changnienia amoena*
17	元宝山冷杉 *	*Abies yuanbaoshanensis*	37	独占春	*Cymbidium eburneum*
18	黄枝油杉	*Keteleeria davidiana* var. *calcarea*	38	珍珠矮	*Cymbidium nanulum*
19	柔毛油杉	*Keteleeria pubescens*	39	邱北冬蕙兰	*Cymbidium qiubeiense*
20	华南五针松	*Pinus kwangtungensis*	40	豆瓣兰	*Cymbidium serratum*

序号	物种	学名	序号	物种	学名
41	莲瓣兰	*Cymbidium tortisepalum*	72	长穗桑	*Morus wittiorum*
42	绿花杓兰	*Cypripedium henryi*	73	大叶榉树	*Zelkova schneideriana*
43	河南石斛	*Dendrobium henanense*	74	华南锥	*Castanopsis concinna*
44	矩唇石斛	*Dendrobium linawianum*	75	贵州山核桃	*Carya kweichowensis*
45	罗河石斛	*Dendrobium lohohense*	76	蛛网脉秋海棠 *	*Begonia arachnoidea*
46	铁皮石斛	*Dendrobium officinale*	77	黑峰秋海棠 *	*Begonia ferox*
47	滇桂石斛	*Dendrobium scoriarum*	78	古龙山秋海棠 *	*Begonia gulongshanensis*
48	广东石斛	*Dendrobium wilsonii*	79	合柱金莲木	*Sauvagesia rhodoleuca*
49	西畴石斛	*Dendrobium xichouense*	80	金丝李	*Garcinia paucinervis*
50	文山兜兰	*Paphiopedilum wenshanense*	81	伞花木	*Eurycorymbus cavaleriei*
51	麻栗坡蝴蝶兰	*Phalaenopsis malipoensi*	82	掌叶木	*Handeliodendron bodinieri*
52	独蒜兰	*Pleione bulbocodioides*	83	宜昌橙	*Citrus cavaleriei*
53	台湾独蒜兰	*Pleione formosana*	84	道县野橘	*Citrus daoxianensis*
54	猫儿山独蒜兰 *	*Pleione* × *maoershanensis*	85	莽山野橘	*Citrus mangshanensis*
55	贵州八角莲	*Dysosma majoensis*	86	广西火桐	*Erythropsis kwangsiensis*
56	八角莲	*Dysosma versipellis*	87	龙州梧桐 *	*Firmiana calcarea*
57	小叶十大功劳 *	*Mahonia microphylla*	88	美丽火桐	*Firmiana pulcherrima*
58	靖西十大功劳 *	*Mahonia subimbricata*	89	粗齿梭罗	*Reevesia rotundifolia*
59	四药门花	*Loropetalum subcordatum*	90	土沉香	*Aquilaria sinensis*
60	紫荆叶羊蹄甲 *	*Phanera cercidifolia*	91	海南紫荆木	*Madhuca hainanensis*
61	蒲桃叶红豆	*Ormosia eugeniifolia*	92	小萼柿	*Diospyros minutisepala*
62	光叶红豆	*Ormosia glaberrima*	93	圆籽荷	*Apterosperma oblata*
63	红豆树	*Ormosia hosiei*	94	薄叶金花茶 *	*Camellia chrysanthoides*
64	韧荚红豆	*Ormosia indurata*	95	德保金花茶 *	*Camellia debaoensis*
65	小叶红豆	*Ormosia microphylla*	96	淡黄金花茶 *	*Camellia flavida*
66	榄绿红豆	*Ormosia olivacea*	97	贵州金花茶	*Camellia huana*
67	茸荚红豆	*Ormosia pachycarpa*	98	龙州金花茶 *	*Camellia longzhouensis*
68	菱荚红豆	*Ormosia pachyptera*	99	富宁金花茶	*Camellia mingii*
69	亮毛红豆	*Ormosia sericeolucida*	100	小果金花茶 *	*Camellia nitidissima* var. *microcarpa*
70	广东蔷薇	*Rosa kwangtungensis*	101	四季花金花茶 *	*Camellia perpetua*
71	亮叶月季	*Rosa lucidissima*	102	顶生金花茶 *	*Camellia pinggaoensis* var. *terminalis*

序号	物种	学名	序号	物种	学名
103	平果金花茶 *	*Camellia pingguoensis*	109	毛萼广西茶	*Camellia kwangsiensis* var. *kwangnanica*
104	毛瓣金花茶 *	*Camellia pubipetala*	110	膜叶茶 *	*Camellia leptophylla*
105	喙果金花茶 *	*Camellia rostrata*	111	大厂茶	*Camellia tachangensis*
106	东兴金花茶 *	*Camellia tunghinensis*	112	条叶猕猴桃	*Actinidia forunatii*
107	防城茶 *	*Camellia fangchengensis*	113	瑶山苣苔 *	*Dayaoshania cotinifolia*
108	广西茶	*Camellia kwangsiensis*	114	报春苣苔	*Primulina tabacum*

注：标 * 的为广西特有物种。

2.6.4 生活型种类丰富，以草本种类占优势

对广西分布的国家重点植物进行生活型统计分析（图 2-4），主要有乔木、灌木、草本、藤本、苔藓和真菌类；其中，以草本种数最多，为 168 种，占总种数的 50.60%；其次是乔木，有 123 种，占总种数的 37.05%；灌木 32 种，占总种数的 9.64%，藤本类型 7 种，苔藓类和真菌类各 1 种。

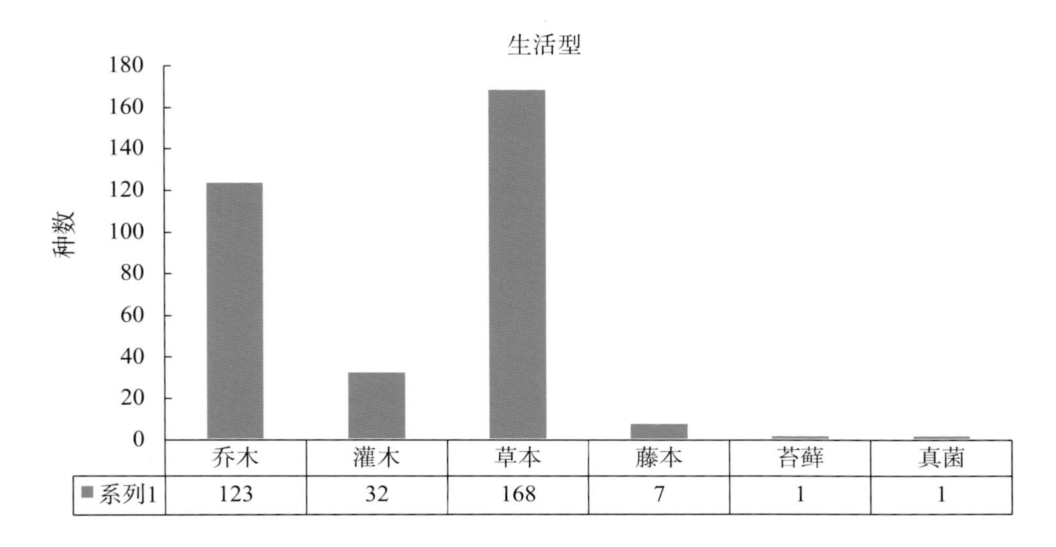

图 2-4　广西国家重点保护野生植物生活类型

3 广西国家重点保护野生植物保护工作中存在的主要问题

3.1 迁地保护工作中缺少自治区层面的总体规划

目前，广西参与国家重点保护植物迁地保护工作的主要有广西壮族自治区中国科学院广西植物研究所、广西药用植物园、南宁树木园和中国林业科学研究院大青山热带林业实验中心等。各单位虽然建立了一些迁地保护基地，但各单位只根据各自的科研项目的需要开展迁地保护工作。由于缺少自治区层面的总体规划，广西的国家重点保护植物迁地保护工作进展缓慢。

3.2 保育基地规划覆盖面不够，没有按广西气候带区和特殊的喀斯特地貌分区域建立保育基地

国家重点保护野生植物迁地保护工作没有按广西气候带区和特殊的喀斯特地貌分区域建立保育基地，不能有效地保护国家重点保护野生植物，达不到科学保护的目的。一些特定的植物只能在特定的气候带区生长。广西属于东亚季风区，具有典型的热带海洋和亚热带陆地季风气候特征，从北向南依次可划分为中亚热带、南亚热带和北热带三个气候带区；另外，广西还有特殊且广阔的喀斯特地貌区域。不同气候带和喀斯特地貌区域分布着一些特有的国家重点保护野生植物。这些特有的保护植物迁地保护到不同的气候带或区域时，植物会出现死亡或生长不良或只开花不结果等现象，达不到科学迁地保护的目的。例如，广西植物研究所从北热带迁地保护国家一级保护野生植物膝柄木 *Bhesa sinensis* 到中亚热带的桂林植物园，植株不能存活；分布于喀斯特石灰岩的国家一级保护野生植物广西火桐和国家二级保护野生植物毛瓣金花茶 *Camellia pubipetata* 引种到红壤土出现只开花不结果的现象。因此，国家重点保护植物的迁地保护必须按分区气候带和喀斯特区域建立保育基地。

3.3 资源调查空白地亟须补充

在国家重点保护野生植物资源调查方面，广西还存在许多植物数据空白的地方，亟须填补空白，需进一步开展资源家底调查。随着时间的推移、环境的变化，一些珍稀濒危植物的资源情况发生了较大的改变，且根据最新的保护名录，可以看出广西对于几个重要的科属资源调查比较薄弱，如裸子植物、兰科、苏铁科、红豆属、海棠花属等。广西急需对广西重点保护野生植物进行摸底工作，摸清广西重点保护野生植物的资源状况。

3.4 濒危机制和保护策略研究有待加强

新颁布的《国家重点保护野生植物名录》中超 1/3 的物种在广西有分布，许多广西国家重点保护野生植物种类的濒危机制和保护策略研究方面还没有展开，不能有效地提出保护措施，不利于这些物种的保护。例如，红豆属、兜兰属、观音座莲属等植物。因此，及时开展广西国家重点保护野生植物资源调查对了解广西本土资源十分重要。另外，广西拥有着桂西南喀斯特区、桂西黔南石灰岩区和南岭区等中国生物多样性优先保护区域，加强广西喀斯特区域重点保护植物的遗传多样性和濒危机制，对生态系统保护具有重要的意义。

4 广西国家重点保护野生植物保护对策和建议

4.1 开展广西国家重点保护野生植物保育“一中心四基地”工程建设

一中心：由广西壮族自治区林业局与广西壮族自治区中国科学院广西植物研究所等科研单位合作共建“国家重点保护野生植物保育研究中心”；四基地：根据广西三个气候带建立三个国家重点保护野生植物迁地保育基地，根据广西特殊的喀斯特区域建立一个国家重点保护野生植物迁地保育基地。

4.2 对广西国家重点保护野生植物资源的保育、发展及科普宣传等方面的进行总体规划

4.2.1 编制国家重点植物保育中心“一中心四基地”的总体规划

主要内容：①收集资料，整理分析国内外相关野生植物保育中心及基地的成果、经验及教训；②对广西近年来开展的野生植物尤其是国家重点保护植物保护与发展所做的工作进行整理、分析；③依据气候带的分布，开展“一个研究中心、四个保育基地”项目的总体建设规划；④参考世界自然保护联盟（IUCN）评价体系（IUCN，2012），提出广西特色的评价指标，科学合理地为每个基地筛选亟须开展保育工作的种类；⑤对每个保育基地所需开展的保育工作进度进行规划。

4.2.2 构建“国家重点保护野生植物保育中心（广西）”组织机构

主要内容：①创建工作领导小组；②组建工作小组（含中心主任、副主任、双方具体工作人员等）；③组建专家委员会。

4.3 深入开展广西区域的国家重点保护植物现状调查和濒危机制研究

4.3.1 对广西三个气候带区域和广西喀斯特区域上的国家重点保护植物生存发展现状进行准确的调查

开展国家重点保护野生植物物种的分布、种群大小、濒危现状调查。了解国家重点植物的分布、数量、生态环境和威胁因素，定期监测植物的种群状况和环境因素的变化，不断监测和评估保护措施的效果，根据最新科学数据和情况的变化进行调整和改进。

4.3.2 加强国内外科研合作，用多学科手段，研究国家重点保护野生植物的濒危机理，并探索解除濒危的方法

虽然广西在重点保护植物资源调查、传统的种群生态学、生殖生态学、分子遗传标记及新兴的转录组学等技术手段进行保护植物的濒危机制和濒危的时空过程研究等方面取得了一定的成绩，但是总体的科学研究水平相对较低，落后于沿海地区的研究水平。这可能与经费不足、许多研究和保护工作难以开展、研究力量薄弱、学科合作不足等原因有关。应进一步加强国内外科研合作，用多学科手段，研究国家重点保护野生植物的濒危机理，并探索解除濒危的方法，进一步提高广西重点保护植物总体科学研究水平。

4.4 深入开展具有重要科研价值的国家重点保护野生植物特有类群的专项研究

对于具有重要应用价值植物资源的保护应该与科学研究结合起来，有些具有较高的观赏价值和药用价值的保护植物，如苏铁科、兰科、红豆属、观音座莲属、开唇兰属、重楼属、八角莲属、金花茶组等，应该加大科研投入，加强与国内外科研院所合作，进行产学研研究，进行大量的扩繁，满足市场的需求，从而减少对野生资源的破坏。特别是加强对国家重点保护野生植物兰科植物的资源调查，进行兰科全覆盖的研究和保护。广西兰科资源丰富，根据最新调查资料，广西兰科种类将近 500 种，丰富的野生兰科植物资源急需保护（唐健民，2022）。《广西壮族自治区第一批重点保护野生植物名录》将整个兰科列为广西的重点保护植物，最新的《国家重点保护野生植物名录》将开唇兰属、兰属、兜兰属、石斛属等民间利用较多、野生资源破坏严重的兰科植物列入其中。广西林业部门已基本摸清广西本土兰科植物资源，并确定了广西兰科植物的重点保护地和重点保护种类，对广西的兰科保护起到了非常重要的作用。

4.5 加强广西国家重点保护野生植物迁地保护研究和建设

目前，广西仅有广西植物研究所。南宁青秀山公园、广西树木园、广西药用植物园、南宁金花茶公园等对部分珍稀濒危植物进行了迁地保护研究。还有许多广西优势资源的国家重点保护野生植物还没有开展迁地保护工作，如红豆属植物。广西地跨北热带、南亚热带、中亚热带，可考虑分区建设相关的珍稀濒危植物园，并通过建立低温种质库、超低温保存、试管保存（试管苗基因库）等方法进行迁地保护研究。

4.6 加强广西国家重点保护野生植物动态保护和管理

随着广西壮族自治区林业、农业、海洋等政府部门对生态文明建设工作的日益重视和广大群众对生物多样性保护意识的不断提高，广西国家重点保护野生植物一些种类种群和个体数量会因生境的改善或人为保育得到明显提高，从而不再变得“濒危”。例如，原国家一级保护野生植物狭叶坡垒随着对种群更详细的调查研究，已查明的数量就接近 2 万株，故降为国家二级保护野生植物。另外，掌叶木、瑶山苣苔、报春苣苔等重点保护植物种苗繁殖技术的突破，开展了大量的回归栽培，扩大了野生种群的数量，经评估后由国家一级保护野生植物下调为国家二级保护野生植物。广西青梅，目前仅在广西那坡县发现有 1 个广西青梅野生种群，资源十分稀少，是全国极小种群野生植物拯救保护植物，针对其种群的极危特性，由国家二级保护野生植物升为国家一级保护野生植物（蒋迎红，2016）。20 年前，广西火桐在其模式产地靖西仅剩存 3 株，而在第二次全国重点保护野生植物资源调查过程中，又发现了更多的分布点，但也仅有 700 多株，从而国家二级保护野生植物晋升为国家一级重点保护野生植物。根据最新调查评估结果，适时调整物种保护级别，是科学合理的。因此，广西壮族自治区政府部门根据实际变化情况，2023 年颁布了《广西壮族自治区重点保护野生植物名录》，对 2010 年颁布的《广西壮族自治区第一批重点保护野生植物名录》的种类进行了动态调整。根据物种最新的分布情况、物种数量、居群大小等因素，对那些濒危状况发生变化的种类进行及时有效的调整，可以更有效地保护野生植物资源，进而实实在在地实现动态保护植物。

5 物种各论

5.1 苔藓植物

桧叶白发藓

Leucobryum juniperoideum

国家保护等级	《IUCN 濒危物种红色名录》受胁等级	特有植物
二级	濒危（EN）	

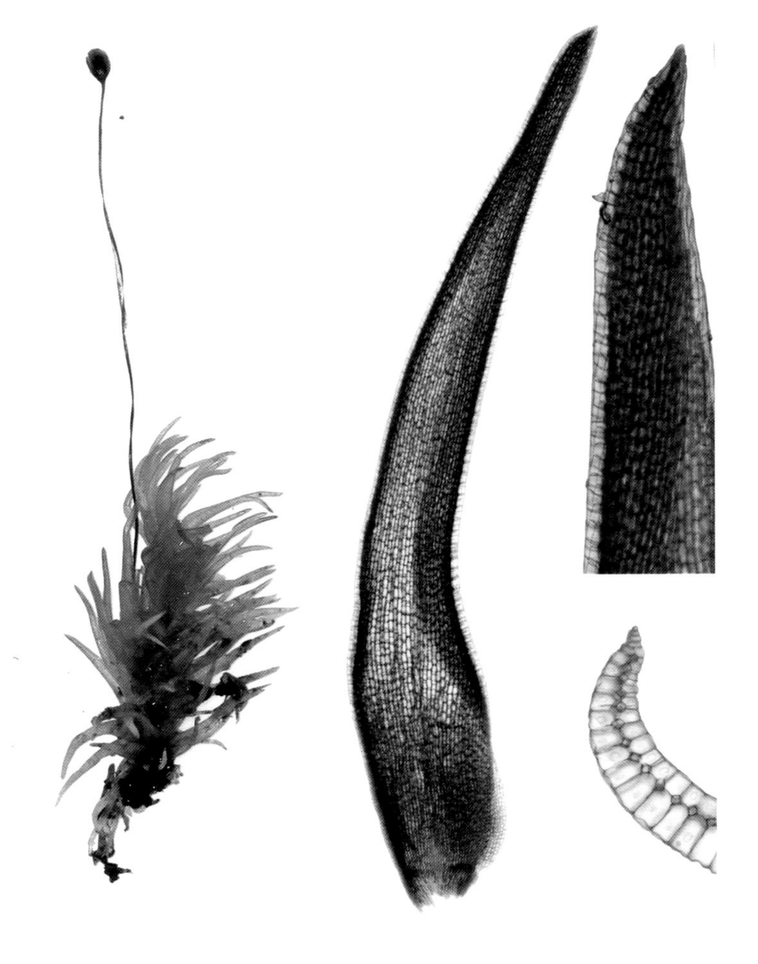

【形态特征】植物体浅绿色，密集丛生，高达 3cm。茎单一或分枝。叶群集，干时紧贴，湿时直立展出或略曲，长 5~8mm，宽 1~2mm，基部卵圆形，内凹，上部渐狭，呈披针形或近筒状，先端兜形或具细尖头；中肋平滑，无色细胞背面 2~4 层，腹面 1~2 层。上部叶细胞 2~3 行，线形，基部叶细胞 5~10 行，长方形或近方形。该种植物体变异较大，但多数叶片较短，先端兜形。

【分布现状】分布于中国云南、贵州、四川、西藏、广西、广东、海南、台湾、湖南、湖北、福建、江西、安徽、江苏和浙江等地；越南、缅甸、泰国、印度、斯里兰卡、菲律宾、印度尼西亚、日本和朝鲜。

【广西产地】乐业、桂林。

【生　　境】多生于海拔 1300~3600m 的阔叶林内树干和石壁上。

【经济价值】因其独特的植物体结构和生态适应性被认为是一种理想的庭院观赏植物，主要应用在室内景观和室外遮阴密度高的庭院中，也可小面积应用于室内垂直绿化和屋顶花园，在园林绿化中具有广阔的应用前景。

5.2 石松类和蕨类植物

锡金石杉
Huperzia herterana

国家保护等级	《IUCN 濒危物种红色名录》受胁等级	特有植物
二级	极危（CR）	

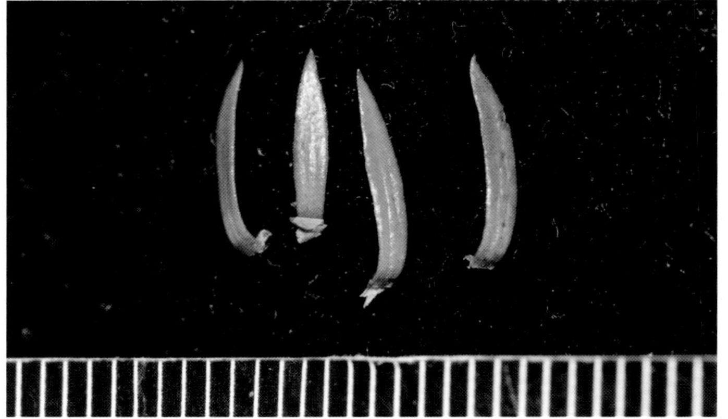

【形态特征】多年生土生植物。茎直立，二至四回分枝，枝上部有芽孢。叶螺旋状排列，密生，反折，倒披针形，向基部明显变狭，通直，长 5~9mm，宽约 1.2mm，基部楔形，下延，无柄，先端急尖或渐尖，边缘平直不皱曲，先端有齿蚀状小齿或全缘，两面光滑，有光泽，中脉不明显，薄革质。孢子叶与不育叶同形；孢子囊生于孢子叶的叶腋，两端露出，肾形，黄色。

【分布现状】主要分布于中国四川、贵州、云南、西藏、广西等地；印度、锡金、不丹。

【广西产地】恭城。

【生　　境】生于海拔 2000~3900m 的林下阴湿地、苔藓丛中。

【经济价值】全株入药，消肿止痛、祛风止血、清热解毒。

长柄石杉
Huperzia javanica

国家保护等级	《IUCN 濒危物种红色名录》受胁等级	特有植物
二级	濒危（EN）	

【形态特征】多年生土生植物，高 20~35cm。茎直立，粗约 3mm，一至三回二叉分枝，基部匍匐，上部呈紫色。叶明显二型；营养叶椭圆状披针形，长 20~30mm，宽 3~5mm，向上弯弓，革质，两面光滑，尖端和基部呈荧光绿色并略带紫色，有主脉，近轮生并分层，茎基部营养叶常脱落，顶端尖锐，基部楔形，有柄，叶片边缘锯齿形；孢子叶钻形，长 2~4mm，基部宽 0.5mm，螺旋状排列，无柄，反折下弯，革质，叶片边缘全缘或浅锯齿形，茎基部孢子叶常宿存。孢子囊生于孢子叶腋，肾形，呈穗状，螺旋排列。

【分布现状】主要分布于中国广东、湖南、广西。

【广西产地】乐业。

【生　　境】生于阔叶林林下，黄棕壤。

【经济价值】药用全草，散瘀止血、消肿止痛、除湿、清热解毒。

昆明石杉

Huperzia kunmingensis

国家保护等级	《IUCN 濒危物种红色名录》受胁等级	特有植物
二级	极危（CR）	中国特有种

【形态特征】多年生土生植物。茎直立或斜生，高 4~17cm，二至四回二叉分枝，枝上部常有芽孢。叶螺旋状排列，密生或疏生，斜向上，狭椭圆状披针形，向基部明显变狭，通直，长 4~9mm，宽 1.1~1.5mm，基部楔形，下延，无柄，先端渐尖，边缘平直不皱曲，上部边缘有疏细齿或近全缘，两面光滑，无光泽，背面近平展，中脉腹面不明显，背面略突出，薄草质。孢子叶与不育叶同形；孢子囊生于孢子叶的叶腋，略露出孢子叶外，肾形，黄色。

【分布现状】主要分布于中国广西、云南、贵州。

【广西产地】三江、融水。

【生　　境】生于海拔 1200~2100m 的山谷溪边。

【经济价值】民间作千层塔替代品，用于治疗关节疼痛、四肢麻痹、月经不调、跌打损伤、劳瘰、肿胀及精神分裂症等。

南川石杉

Huperzia nanchuanensis

国家保护等级	《IUCN 濒危物种红色名录》受胁等级	特有植物
二级	极危（CR）	中国特有种

【形态特征】多年生土生植物。茎直立或斜生，高 8~11cm，中部直径 1.0~1.5mm，枝连叶宽 0.7~1.0cm，三至五回二叉分枝，枝上部常有芽孢。叶螺旋状排列，线状披针形，密生，平直至略斜向上，前部向上弯，披针形，向基部不变狭，基部最宽，镰状弯曲，长 4~6mm，基部宽约 0.7mm，基部截形，下延，无柄，先端渐尖，边缘平直不皱曲，全缘，两面光滑，无光泽，中脉不明显，薄草质。孢子叶与不育叶同形；孢子囊生于孢子叶的叶腋，两端露出，肾形，黄色。

【分布现状】主要分布于中国湖北、重庆、云南、广西。

【广西产地】融水、防城、金秀、田林。

【生　　境】生于海拔 1700~2000m 的林下湿地或附生树干。

【经济价值】全株入药，消肿止痛、祛风止血、清热解毒。

四川石杉
Huperzia sutchueniana

国家保护等级	《IUCN 濒危物种红色名录》受胁等级	特有植物
二级	极危（CR）	中国特有种

【形态特征】多年生土生植物。茎直立或斜生，高 8~15cm，中部直径 1.2~3.0mm，枝连叶宽 1.5~1.7cm，二至三回二叉分枝，枝上部常有芽孢。叶螺旋状排列，密生，平伸，上弯或略反折，披针形，向基部不明显变狭，通直或镰状弯曲，长 5~10mm，宽 0.8~1.0mm，基部楔形或近截形，下延，无柄，先端渐尖，边缘平直不皱曲，疏生小尖齿，两面光滑，无光泽，中脉明显，革质。孢子叶与不育叶同形；孢子囊生于孢子叶的叶腋，两端露出，肾形，黄色。

【分布现状】主要分布于中国安徽、广西、浙江、江西、湖北、湖南、四川、重庆、贵州等地。

【广西产地】融水、兴安、资源。

【生　　境】生于海拔 800~2000m 的林下或灌丛下湿地、草地或岩石上。

【经济价值】全株入药，消肿止痛、祛风止血、清热解毒。富含石杉碱甲，能提高学习效率、改善老年人记忆功能。

龙骨马尾杉
Phlegmariurus carinatus

国家保护等级	《IUCN 濒危物种红色名录》受胁等级	特有植物
二级	易危（VU）	

【形态特征】茎簇生，成熟枝下垂，枝较粗，枝连叶绳索状，第 3 回分枝连叶，侧枝不等长。叶片螺旋状排列，但扭曲呈二列状；营养叶密生，针状，紧贴枝上，强度内弯，基部楔形，下延，无柄，有光泽，向外开张，背面隆起呈龙骨状，中脉不显。孢子囊穗顶生；孢子叶卵形，基部楔形，先端尖锐，具短尖头，中脉不显，全缘；孢子囊生于孢子叶腋，藏于孢子叶内，不显，肾形，黄色。

【分布现状】分布于中国台湾、广东、广西、海南、云南；日本、印度、泰国、越南、老挝、柬埔寨、马来西亚、菲律宾、新加坡等。

【广西产地】龙胜、玉林、那坡、靖西、天等、上思、兴安、永福、东兴、防城。

【生　　境】生于海拔 0~700m 的山脊、山谷、丘陵密林中石上或树干上。

【经济价值】全株入药，有祛风除湿、舒经活络、消肿止痛等功效。

柳杉叶马尾杉

Phlegmariurus cryptomerinus

国家保护等级	《IUCN 濒危物种红色名录》受胁等级	特有植物
二级	易危（VU）	

【形态特征】中型附生蕨类。茎簇生，成熟枝直立或略下垂，一至四回二叉分枝，长 20~25cm，枝连叶中部宽 2.5~3.0cm。叶螺旋状排列，广开展；营养叶披针形，疏生，长 1.4~2.5cm，宽 1.5~2.5mm，基部楔形，下延，无柄，有光泽，顶端尖锐，背部中脉凸出，明显，薄革质，全缘。孢子囊穗比不育部分细瘦，顶生；孢子叶披针形，长 1.0~2.0mm，宽约 1.5mm，基部楔形，先端尖，全缘；孢子囊生于孢子叶腋，肾形，2 瓣开裂，黄色。

【分布现状】主要分布于中国浙江、广西、台湾；印度、日本、朝鲜半岛、菲律宾。

【广西产地】防城。

【生　　境】主要生于海拔 400~800m 的林下树干、岩石或土生。

【经济价值】全株入药，消肿止痛、祛风止血、清热解毒。

杉形马尾杉

Phlegmariurus cunninghamioides

国家保护等级	《IUCN 濒危物种红色名录》受胁等级	特有植物
二级	易危（VU）	

【形态特征】中型附生蕨类。茎簇生，成熟枝下垂，一至多回二叉分枝，长 60~75cm，主茎直径 7~8mm，枝连叶宽 2.5~3.0cm。叶螺旋状排列，但因基部扭曲而呈二列状；营养叶上斜抱茎，线形，长 1.2cm，宽 2mm，基部楔形，下延，无柄，无光泽，先端渐尖，中脉明显，革质，全缘。孢子囊穗比不育部分细瘦，非圆柱形，顶生；孢子叶线形，排列稀疏，长 6~9mm，宽约 1mm，基部楔形，先端尖，中脉明显，全缘；孢子囊生在孢子叶腋，肾形，2 瓣开裂，黄色。

【分布现状】主要分布于中国台湾、广西；日本。

【广西产地】乐业。

【生　　境】主要附生于林下树干。

【经济价值】全株入药，消肿止痛、祛风止血、清热解毒。

金丝条马尾杉

Phlegmariurus fargesii

国家保护等级	《IUCN 濒危物种红色名录》受胁等级	特有植物
二级	极危（CR）	

【形态特征】中型附生蕨类。茎簇生，成熟枝下垂，一至多回二叉分枝，长 30~52cm，枝细瘦，枝连叶绳索状，第 3 回分枝连叶直径约 2.0mm，侧枝等长。叶螺旋状排列，但扭曲呈二列状；营养叶密生，中上部的叶披针形，紧贴枝上，强度内弯，长不足 5mm，宽约 3mm，基部楔形，下延，无柄，有光泽，顶端渐尖，背面隆起，中脉不显，坚硬，全缘。孢子囊穗顶生，直径 1.5~2.3mm；孢子叶卵形和披针形，基部楔形，先端具长尖头或短尖头，中脉不显，全缘；孢子囊生于孢子叶腋，露出孢子叶外，肾形，2 瓣开裂，黄色；本种侧枝等长，孢子叶有两种形态，即卵形或披针形。

【分布现状】主要分布中国台湾、广西、贵州、四川、重庆、云南；日本。

【广西产地】临桂、龙胜、资源、金秀、兴安、田林。

【生　　境】附生于海拔 100~1900m 的林下树干。

【经济价值】治风湿关节痛、肌肉挛急、跌打扭伤、肥大性脊椎炎、类风湿性关节炎、坐骨神经痛、肾炎水肿。

福氏马尾杉

Phlegmariurus fordii

国家保护等级	《IUCN 濒危物种红色名录》受胁等级	特有植物
二级	近危（NT）	

【形态特征】茎簇生，成熟枝下垂，一至多回二叉分枝，长 20~30cm，枝连叶宽 1.2~2.0cm。叶螺旋状排列；营养叶（至少植株近基部叶片）抱茎，椭圆披针形，长 1.0~1.5cm，宽 3~4mm，基部圆楔形，下延，无柄，无光泽，先端渐尖，中脉明显，革质，全缘。孢子囊穗比不育部分细瘦，顶生；孢子叶披针形或椭圆形，长 4~6mm，宽约 1mm，基部楔形，先端钝，中脉明显，全缘；孢子囊生在孢子叶腋，肾形，2 瓣开裂，黄色。

【分布现状】主要分布于中国浙江、江西、福建、台湾、广东、香港、广西、海南、贵州、云南；日本、印度。

【广西产地】武鸣、隆安、三江、龙胜、资源、平乐、兴安、防城、上思、桂平、容县、北流、象州、金秀、贺州、钟山、罗城。

【生　　境】生于海拔 100~1700m 的竹林下阴处、山沟阴岩壁、灌木林下岩石上。

【经济价值】全株入药，消肿止痛、祛风止血、清热解毒。

广东马尾杉

Phlegmariurus guangdongensis

国家保护等级	《IUCN 濒危物种红色名录》受胁等级	特有植物
二级	近危（NT）	中国特有种

【形态特征】茎簇生，直立而略下垂，一至三回二叉分枝。叶螺旋状排列，明显为二型；营养叶斜展，阔披针形，长 6~9mm，宽约 4mm，基部楔形，下延，无柄，无光泽，先端渐尖，背面扁平，中脉明显，革质，全缘；不育叶阔披针形，基部楔形，无柄。孢子囊穗顶生，长线形，长 8~14cm；孢子叶卵状，排列稀疏，长约 1.2mm，宽约 0.8mm，先端尖，中脉明显，全缘；孢子囊生在孢子叶腋，肾形，2 瓣开裂，黄色。

【分布现状】主要分布于中国广东、广西及海南。

【广西产地】上思。

【生　　境】附生于海拔 400~1000m 的林下树干或岩壁。

【经济价值】全株入药，消肿止痛、祛风止血、清热解毒。

椭圆马尾杉
Phlegmariurus henryi

国家保护等级	《IUCN 濒危物种红色名录》受胁等级	特有植物
二级	极危（CR）	

【形态特征】中型附生蕨类。茎簇生，成熟枝下垂，二至多回二叉分枝，长 18~72cm，主茎直径约 5mm，枝连叶宽 2.3~3.0cm。叶螺旋状排列；营养叶平伸或略上斜，椭圆形，长约 1.3cm，宽 3~4mm，基部楔形，下延，成熟叶片的柄不明显，无光泽，顶端尖锐，中脉明显，革质，全缘。

【分布现状】主要分布于中国广西、云南；越南。

【广西产地】上思、宁明、罗城。

【生　　境】附生于海拔 700~3100m 的林下树干或山顶灌丛。

【经济价值】全株入药，消肿止痛、祛风止血、清热解毒。

闽浙马尾杉

Phlegmariurus mingcheensis

国家保护等级	《IUCN 濒危物种红色名录》受胁等级	特有植物
二级	易危（VU）	

【形态特征】中型附生蕨类。茎簇生，成熟枝直立或略下垂，一至多回二叉分枝，长 17~33cm，枝连叶中部宽 1.5~2.0cm。叶螺旋状排列；营养叶披针形，疏生，长 1.1~1.5cm，宽 1.5~2.5mm，基部楔形，下延，无柄，有光泽，顶端尖锐，中脉不显，草质，全缘。孢子囊穗比不育部分细瘦，顶生；孢子叶披针形，长 8~13mm，宽约 0.8mm，基部楔形，先端尖，中脉不显，全缘；孢子囊生于孢子叶腋，肾形，2 瓣开裂，黄色。

【分布现状】主要分布于中国安徽、浙江、江西、福建、湖南、广东、广西、海南、四川、重庆。

【广西产地】融水、兴安、龙胜、临桂、钟山、罗城。

【生　　境】附生于海拔 700~1600m 的林下石壁、树干或土生。

【经济价值】全草入药，清热燥湿、退热消炎、治疗泄泻、头痛。

有柄马尾杉

Phlegmariurus petiolatus

国家保护等级	《IUCN 濒危物种红色名录》受胁等级	特有植物
二级	近危（NT）	

【形态特征】中型附生蕨类。茎簇生，成熟枝下垂，二至多回二叉分枝，长 20~75cm，主茎直径约 5mm，枝连叶宽 28~3.5cm。叶螺旋状排列；营养叶平展或斜向上开展，椭圆状披针形，长 1.2cm，植株中部叶片宽小于 2mm，基部楔形，下延，有明显的柄，有光泽，先端渐尖，中脉明显，革质，全缘。孢子囊穗比不育部分略细瘦，非圆柱形，顶生；孢子叶椭圆状披针形，排列稀疏，长 6~9mm，宽约 1mm，基部楔形，先端尖，中脉明显，全缘；孢子囊生于孢子叶腋，肾形，2 瓣开裂，黄色。

【分布现状】主要分布于中国福建、湖南、广东、广西、四川、重庆、云南；印度。

【广西产地】南宁、武鸣、融水、兴安、龙胜、防城、桂平、容县、金秀、环江。

【生　　境】附生于海拔 600~2500m 的溪旁、路边、林下的树干、岩石上或土生。

【经济价值】全草入药，具有祛湿利尿、通经活络等功效，治小便不利、水肿、腰痛、跌打损伤。

马尾杉

Phlegmariurus phlegmaria

国家保护等级	《IUCN 濒危物种红色名录》受胁等级	特有植物
二级	易危（VU）	

【形态特征】中型附生蕨类。茎簇生，柔软下垂，四至六回二叉分枝，长 15~60cm，主茎直径 3mm，枝连叶扁平或近扁平，不为绳索状。叶螺旋状排列，明显为二型；营养叶斜展，卵状三角形，长 5~10mm，宽 3~5mm，基部心形或近心形，下延，具明显短柄，无光泽，先端渐尖，背面扁平，中脉明显，革质，全缘。孢子囊穗顶生，长线形，长 9~14cm；孢子叶卵状，排列稀疏，长约 1.2mm，宽约 1mm，先端尖，中脉明显，全缘；孢子囊生于孢子叶腋，肾形，2 瓣开裂，黄色。

【分布现状】主要分布于中国台湾、广东、广西、海南、云南；日本、泰国、印度、越南、老挝、柬埔寨及旧热带地区和大洋洲、南美洲、非洲等。

【广西产地】上林、临桂、龙胜、合浦、东兴、百色、那坡、宁明。

【生　　境】附生于海拔 100~2400m 的林下树干或岩石上。

【经济价值】全株入药，用于治疗风湿麻痹、跌打损伤、发热咽痛等症。

粗糙马尾杉

Phlegmariurus squarrosus

国家保护等级	《IUCN 濒危物种红色名录》受胁等级	特有植物
二级	近危（NT）	

【形态特征】大型附生蕨类。茎簇生，植株强壮，成熟枝下垂，一至多回二叉分枝，长 25~100cm，直径 3~7mm，枝连叶中部宽 2.5~3.0cm。叶螺旋状排列；营养叶披针形，密生，平伸或略上斜，长 1.1~1.5cm，宽 1.0~2.0mm，基部楔形，下延，无柄，有光泽，顶端尖锐，中脉不显，薄革质，全缘。孢子囊穗比不育部分细瘦，圆柱形，顶生；孢子叶卵状披针形，排列紧密，长 8~15mm，宽约 0.9mm，基部楔形，先端尖，中脉明显，全缘；孢子囊生于孢子叶腋，肾形，2 瓣开裂，黄色。

【分布现状】主要分布于中国云南、台湾、广西及西藏；印度、尼泊尔、缅甸、泰国、越南、老挝、柬埔寨，孟加拉国、斯里兰卡、马来西亚、菲律宾等。

【广西产地】兴安、东兴、上思、大新、龙州、靖西、那坡。

【生　　境】附生于海拔 600~1900m 的林下树干或土生。喜阴湿，不耐热和强光，阳光直照下叶片尖端易枯死，如长期置于阳光直照下可致整株死亡。

【经济价值】全株入药，具有祛风除湿、舒经活络、消肿止痛等功效。有小毒。

云南马尾杉

Phlegmariurus yunnanensis

国家保护等级	《IUCN 濒危物种红色名录》受胁等级	特有植物
二级	近危（NT）	

【形态特征】中型附生蕨类。茎簇生，成熟枝下垂，一至多回二叉分枝，长 32~47cm，枝连叶绳索状，直径 2~5mm。叶螺旋状排列，但扭曲呈二列状；营养叶密生，中上部的叶卵状披针形，密生，紧贴枝上，强度内弯，长不足 5mm，宽约 3mm，基部楔形，下延，无柄，有光泽，顶端急尖，背面隆起，中脉不显，坚硬，全缘。孢子囊穗顶生，直径 1.5~2.5mm；孢子叶卵形，基部楔形，先端尖锐，具尖头，中脉不显，全缘；孢子囊生于孢子叶腋，露出孢子叶外，肾形，2 瓣开裂，黄色。

【分布现状】主要分布于中国云南、广西。

【广西产地】乐业。

【生　　境】附生于海拔 1500~2600m 的林下树干上。

【经济价值】全株入药，具有祛风除湿、舒经活络、消肿止痛等功效。

中华水韭

Isoetes sinensis

国家保护等级	《IUCN 濒危物种红色名录》受胁等级	特有植物
一级	极危（CR）	中国特有种

【形态特征】多年生沼地生植物，植株高 15~30cm。根茎肉质，块状，略呈 2~3 瓣，具多数二叉分歧的根；向上丛生多数向轴覆瓦状排列的叶。叶多汁，草质，鲜绿色，线形，长 15~30cm，宽 1~2mm，内具 4 个纵行气道围绕中肋，并有横膈膜分隔成多数气室，先端渐尖，基部广鞘状，膜质，黄白色，腹部凹入，上有三角形渐尖的叶舌，凹入处生孢子囊。孢子囊椭圆形，长约 9mm，直径约 3mm，具白色膜质盖；大孢子囊常生于外围叶片基部的向轴面，内有少数白色粒状的四面形大孢子；小孢子囊生于内部叶片基部的向轴面，内有多数灰色粉末状的两面形小孢子。

【分布现状】主要分布于中国江苏、安徽、浙江、广西、湖南等地。

【广西产地】桂林。

【生　　境】主要生于浅水池塘边和山沟淤泥土上。所生长的水体及水体基底均在不同程度偏酸性。

【经济价值】有一定的药用价值，可缓解肌肉疲劳，能提高身体的抗炎、抗病毒能力。

七指蕨

Helminthostachys zeylanica

国家保护等级	《IUCN 濒危物种红色名录》受胁等级	特有植物
二级	极危（CR）	

【形态特征】根状茎肉质，横走，粗达 7mm，有很多肉质的粗根。靠近顶部生出 1 或 2 枚叶，叶柄为绿色，草质，长 20~40cm，基部有两片长圆形淡棕色的托叶，全叶片长宽 12~25cm，宽掌状，各羽片长 10~18cm，宽 2~4cm，向基部渐狭，向顶端为渐尖头，边缘为全缘或往往稍有不整齐的锯齿；叶薄草质，无毛，干后为绿色或褐绿色，中肋明显，1~2 次分叉，达于叶边。孢子囊穗单生，通常高出不育叶，柄长 6~8cm，穗长达 13cm，直径 5~7mm，直立；孢子囊环生于囊托，形成细长圆柱形。

【分布现状】主要分布于中国广西、台湾、海南和云南；中南半岛及缅甸、印度北部、泰国、马来西亚、斯里兰卡、菲律宾、印度尼西亚、澳大利亚等。

【广西产地】南宁、邕宁、武鸣、隆安、梧州、苍梧、博白、扶绥、龙州、象州、靖西。

【生　　境】喜湿润及半阴的环境，喜腐殖质土壤。生于湿润疏阴林下。

【经济价值】具有较高的观赏价值，嫩叶作蔬菜食用；同时根茎及全草入药，俗名入地蜈蚣，具有清肺化痰、散瘀解毒的功效，主治咳嗽、哮喘、咽痛、跌打肿痛、痈疮、毒蛇咬伤等。

带状瓶尔小草

Ophioglossum pendulum

国家保护等级	《IUCN 濒危物种红色名录》受胁等级	特有植物
二级	极危（CR）	

【形态特征】附生植物。根状茎短而有很多的肉质粗根。叶 1~3 片，下垂如带状，往往为披针形，长达 30~150cm，宽 1~3cm，无明显的柄，单叶或顶部二分叉，质厚，肉质，无中脉，小脉多少可见，网状，网眼为六角形而稍长，斜列。孢子囊穗长 5~15cm，宽约 5mm，具较短的柄，生于营养叶的近基部处或中部，从不超过叶片的长；孢子囊多数，每侧 40~200 个；孢子四边形，无色或淡乳黄色，透明。

【分布现状】主要分布于中国广西、台湾及海南；澳大利亚、印度尼西亚、夏威夷和马达加斯加等。

【广西产地】防城、上思。

【生　　境】喜生于气温低、湿度大的山地草坡或温泉附近，并具有喜湿和耐瘠薄等特性，适应性强，石砾地或岩石缝也能生长。

【经济价值】瓶尔小草植物在我国民间俗称“一支箭”，全草入药，具有清热解毒、活血散瘀之功效，主要根治毒蛇咬伤、跌打损伤、瘀血疼痛、烧伤烫伤、肝炎和肺炎等；在我国台湾地区称之为“草王”，具有较好的开发应用前景。

披针观音座莲

Angiopteris caudatiformis

国家保护等级	《IUCN 濒危物种红色名录》受胁等级	特有植物
二级	极危（CR）	

【形态特征】叶柄粗如拇指，干后浅绿棕色，光滑。叶二回羽状；羽片长圆形，基部略变狭，长达 70cm，上部最宽处达 25cm，基部宽 16~20cm，羽柄长 3~3.5cm；小羽片 14~18 对，几对生，柄短，长 1mm；基部小羽片稍向上，长 8.5cm，上部的长达 22cm，宽达 2.5cm，斜向上，长披针形，基部近圆形（上侧广楔形、下侧圆形），先端长渐尖，边缘有锯齿；叶脉开展，单一或分叉，两面都明显，倒行假脉不明显，长与孢子囊群相等；叶为纸质，上面灰绿色，下面浅灰绿色，下面中脉及细脉上有棕色线形的鳞片疏生，或几光滑。孢子囊群线形，长 2mm，有孢子囊 18~24 个，距平伏不育的边缘 1mm 处着生，先端不育。

【分布现状】主要分布于中国云南、广西。

【广西产地】防城、东兴、龙州。

【生　　境】生于海拔约 1000m 的密林下沟中。

【经济价值】其根茎作为傣药称为“季马”，主要用于治疗传染性疾病如肠炎、痢疾和肺结核等病症；其根茎和须根作为土家族民间草药可用于治疗肺热咳喘、毒蛇咬伤、疔疮疖肿及外伤出血等病症。

河口原始观音座莲

Angiopteris chingii

国家保护等级	《IUCN 濒危物种红色名录》受胁等级	特有植物
二级	极危（CR）	中国特有种

【形态特征】根状茎粗大，肉质，几直立，直径 3~4cm，下面具铁丝状的厚肉质黑色单根。叶簇生，柄长达 50cm，肉质，绿色，有 4~5 个膨大具沟槽而干后为黑色的节状突起，各节间的距离大致相等，另外被有一些卵状披针形而基部为圆心脏形的深棕色鳞片，边缘有长锯齿；叶片为宽卵形，长达 30cm，宽约 38cm，一回奇数羽状，顶端小羽片较大，长 20~22cm，宽 7~9cm，小羽片 2~3 对，同形，对生或近对生，相距 5~6cm，长 15~20cm，中部宽 5~7cm，阔椭圆披针形，羽柄长约 1.5cm，膨大，淡黑色，略具鳞片，顶部为短尾状渐尖头并具粗锯齿，向基部渐狭，成楔形，边缘有波状浅齿或波状齿牙；叶为纸质，上面深绿色，下面淡绿色，并有相当多的节状细毛复盖；叶脉韧长，颇开展，明显，大都分叉，间为单一，近叶边向上弯弓，并深入锯齿。孢子囊群线形，长 3~3.5cm 或较长，彼此颇接近，由 160~240 个孢子囊成二列组成，不育边缘和中肋两侧宽达 5mm，夹丝线形，稠密，节状分枝，由 10~15 个细胞组成，长过于孢子囊；孢子短圆形，透明，具密集的小刺状突起。

【分布现状】主要分布于中国云南、广西。

【广西产地】防城。

【生　　境】生于海拔 150m 潮湿浓阴的林下沟中。

【经济价值】根茎药用，具有清热解毒、消肿散结等功效。原始观音座莲姿态奇异，叶片翠绿，是一种极佳的阴生观赏植物。

琼越观音座莲

Angiopteris cochinchinensis

国家保护等级	《IUCN 濒危物种红色名录》受胁等级	特有植物
二级	极危（CR）	

【形态特征】植株高大。叶为二回羽状；羽片呈长圆形，长 50~60cm，上部宽逾 30cm，中部以上最宽，下部渐狭，柄长约 4~6cm，基部稍膨大；小羽片约 13~15 对，除顶部两对互生外，余均为对生，柄长约 2mm，相距约 2cm，中部以下的近平展，顶部的稍斜出，为线形，上部的最大，长约 16~18cm，宽 2~2.2cm，两缘大部平行，向基部的小羽片渐缩短，长约 9cm，先端渐狭，为长渐尖头，边缘有浅锯齿，基部圆楔形而两侧略不对称，边缘有小钝齿，顶生羽片与其下的侧生羽片同形同大，具有长 1.5~2cm 的柄；叶为厚草质，干后上面呈暗绿褐色，下面为浅绿色，中肋及其附近有极疏的浅褐色鳞片或几光滑；叶脉两面均明显，单一或通常从近基部分叉，纤细，近平展，基部相距 1~1.5mm，倒行假脉短，不超过孢子囊群；孢子囊群长圆形，长约 1mm，有孢子囊 8~12 个，叶缘有一条宽约 0.5mm 的不育边。

【分布现状】主要分布于中国海南、广西。

【广西产地】武鸣、防城、上思。

【生　　境】生于海拔 330m 的山谷林下。

【经济价值】药用根茎，味微苦，性凉，清热解毒、祛瘀止血。

尾叶原始观音座莲
Angiopteris danaeoides

国家保护等级	《IUCN 濒危物种红色名录》受胁等级	特有植物
二级	极危（CR）	中国特有种

【形态特征】根状茎颇长，近直立或斜生。叶簇生，多汁草质，上面有一宽纵沟槽，腹部着生，边缘有粗齿牙，叶片卵状三角形、阔披针形；渐尖头，有小柄，叶脉分离。孢子囊的顶部有不发育的环带，并以腹部的一纵缝开裂，放出大量孢子，下面有沿叶脉着生的分枝夹丝，夹丝的长短不一，节状，腺头，透明，分枝，干后易擦落；孢子略圆或阔卵圆形，乳黄色，透明，表面有短细刺头密生的外孢壁。

【分布现状】主要分布于中国广西南部、云南。

【广西产地】防城、东兴、宁明。

【生　　境】生于半山以上的林内沟中。

【经济价值】根茎药用，具有清热解毒、消肿散结等功效。

福建观音座莲

Angiopteris fokiensis

国家保护等级	《IUCN 濒危物种红色名录》受胁等级	特有植物
二级	近危（NT）	

【形态特征】大型陆生蕨类植物，植株高大，高 1.5m 以上。根状茎块状，直立，下面簇生有圆柱状的粗根。叶柄粗壮，干后褐色，长约 50cm，粗 1~2.5cm；叶片宽广，宽卵形，长与宽各 60cm 以上；羽片 5~7 对，互生，长 50~60cm，宽 14~18cm，狭长圆形，基部不变狭，羽柄长约 2~4cm，奇数羽状；小羽片 35~40 对，对生或互生，平展，上部的稍斜向上，具短柄，相距 1.5~2.8cm，长 7~9cm，宽 1~1.7cm，披针形，渐尖头，基部近截形或几圆形，顶部向上微弯，下部小羽片较短，近基部的小羽片长仅 3cm 或过之，顶生小羽片分离，有柄，和下面的同形，叶缘全部具有规则的浅三角形锯齿；叶脉开展，下面明显，相距不到 1mm，一般分叉，无倒行假脉；叶为草质，上面绿色，下面淡绿色，两面光滑；叶轴干后淡褐色，光滑，腹部具纵沟，羽轴基部粗约 3.5mm，顶部粗约 1mm，向顶端具狭翅，宽不到 1mm。孢子囊群棕色，长圆形，长约 1mm，距叶缘 0.5~1mm，彼此接近，由 8~10 个孢子囊组成。

【分布现状】主要分布于中国福建、湖北、贵州、广东、广西、香港。

【广西产地】武鸣、马山、融水、三江、阳朔、临桂、全州、兴安、荔浦、龙胜、苍梧、桂平、平南、玉林、陆川、扶绥、龙州、金秀、贺州、钟山、凌云、乐业、田林、靖西、那坡、天峨、罗城。

【生　　境】主要生于海拔 400m 左右的山沟、山谷、溪涧边阴湿地及林下灌草丛中。喜凉爽、湿润。

【经济价值】以根茎入药，具有清热解毒、利湿、止痛、凉血止血等功效，主治肠炎、痢疾、胃痛、胃十二指肠溃疡、肺结核咯血、肾炎水肿、功能性子宫出血、风湿性关节炎、毒蛇毒虫咬伤等；作为药食同源植物，根茎可取淀粉，为山区一种食粮的来源；具有良好的观赏价值。

楔基观音座莲

Angiopteris helferiana

国家保护等级	《IUCN 濒危物种红色名录》受胁等级	特有植物
二级	极危（CR）	

【形态特征】植株高大，叶柄未见。羽片长约 70cm，宽达 24cm，长圆形，羽柄长达 9cm，向羽轴先端两侧有狭翅，奇数羽状；小羽片 15 对，相距约 4cm，近对生，柄长达 4mm；基部的小羽片长 12cm，平展，中部的长达 15cm，宽达 2.5cm，上部的稍短，斜向上，披针形至长圆状披针形，基部广楔形，先端长渐尖，边缘有浅锯齿，高约 5mm，三角形，斜向上。孢子囊群线形，长 2mm，有孢子囊 16~20 个，距平伏边缘 1mm 处着生，先端不育。

【分布现状】主要分布于中国广西、云南。

【广西产地】防城、上思、凭祥。

【生　　境】生于海拔 1460m 的林下沟谷中。

【经济价值】药用根茎，味微苦，性凉，清热解毒、祛瘀止血。

河口观音座莲

Angiopteris hokouensis

国家保护等级	《IUCN 濒危物种红色名录》受胁等级	特有植物
二级	濒危（NT）	中国特有种

【形态特征】植株高大。叶柄粗大如指，干后黑褐色；叶二回羽状；羽片长圆倒披针形，长 60cm，基部宽仅 6cm，上部宽 20cm，羽柄长 6cm，褐色；小羽片 11 对，基部的相距 2.5cm，对生，上部为 3cm，近于互生，柄短，不及 1mm，基部小羽片长 6~8cm，宽 2cm，长圆形，短尾头，下向，上部的小羽片长达于 13cm，中部较宽，达 3cm，倒披针状长回形，基部圆形，先端渐尖，近尾头，边缘有锐锯齿；叶脉开展，大都分叉，下面明显，上面隐约可见，没有倒行假脉；叶厚草质，上面黑绿色，下面绿色，两面光滑。孢子囊群线形，密接，长 1.8mm，有孢子囊 20~28 个，距平伏不育的边缘 1.4mm 处着生，上部或先端不育。

【分布现状】主要分布于中国云南、广西。

【广西产地】防城、龙州、那坡。

【生　　境】生于海拔 280m 的林下沟谷中。

【经济价值】药用根茎，清热凉血、祛瘀止血、镇痛安神。

阔叶原始观音座莲

Angiopteris latipinna

国家保护等级	《IUCN 濒危物种红色名录》受胁等级	特有植物
二级	极危（CR）	

【形态特征】根状茎近直立，直径 2~3cm，肉质，有肉质粗壮而光滑的长根，除顶端略有鳞片外，余均光滑。叶簇生，叶柄长 40~60cm 或较长，粗约 2.5mm，上面通体有宽沟槽，绿色，草质，中央稍下处有节状膨大，有相当多的鳞片，尤以向基部为甚，鳞片狭披针形，棕色或深棕色，质薄，宿存；叶片长等于叶柄，宽约 17cm，卵形，一回羽状，羽片 2~4 对，顶端一枚同形而较大，有时长达 30cm，宽达 6.5cm，侧生羽片互生，斜出，彼此分开 5~6cm，有柄，基部一对稍短，长 12~15cm，宽约 3cm，上面一对长 17~20cm，中部最宽处 4~5cm，阔披针形，缓渐尖头，基部楔形，向下渐变狭，羽柄长约 1cm，膨大，有鳞片，干后变黑色，叶边全缘或略为波状，但向顶部有短尖头的锯齿；叶脉细而疏生，大约 1cm 内有 4 条，极为开展，两面明显，大都分叉，但也往往分叉脉与单脉相，向顶部变尖细而向上弯弓，几达于叶边；叶草质，干后绿色，两面光滑，唯叶下面的中肋有棕色狭披针形鳞片疏生。孢子囊群线形，通直，长 10~20mm，被等宽的间隙分开，由 60~160 个孢子囊组成，位于中肋与叶边之间，有细而红褐色的节状分叉夹丝密生，长过于孢子囊群。

【分布现状】主要分布于中国云南、广西。

【广西产地】防城、宁明。

【生　　境】生于海拔 100~300m 的山地林下。喜季节性雨林阴湿的生境。

【经济价值】姿态奇异，叶片翠绿，是优美的耐阴观赏植物。

疏脉观音座莲
Angiopteris paucinervis

国家保护等级	《IUCN 濒危物种红色名录》受胁等级	特有植物
二级	极危（CR）	

【形态特征】根状茎短而直立、肥大，近球形。叶 3~5 丛生；叶柄圆柱形，无瘤状突起，长 30~65cm，下部直径 1cm，被深棕色、狭披针形、全缘的鳞片；叶片宽卵圆形，长 55~65cm，宽 60~70cm，二回羽状；羽片 4 对，互生，略斜向上，倒卵状长圆形，长 30~46cm，中上部宽达 20cm，基部宽 1.5~8cm，奇数或偶数羽状；小羽片 12~15 对，对生或互生，平展，上部的稍斜向上，通常有短柄，长圆披针形，先端短尾状，基部通常圆楔形，少数为楔形，对称或近对称，边缘有整齐的钝锯齿；下部几对常无柄，有的基部贴生并显著缩小呈扇形，长 1cm 以下，无主脉，小脉与羽片边缘平行，仅先端有少数钝锯齿；叶脉略斜向上，较稀疏，相距 1mm，单一或分叉，无倒行假脉；叶干后纸质，两面光滑。孢子囊群棕色长圆形，长 1~2mm，距小羽片边缘约 1mm，通常密接，由 8~14 个孢子囊组成。

【分布现状】主要分布于中国广西。

【广西产地】罗城、融安。

【生　　境】生于海拔 200~300m 的森林中。

【经济价值】药用根茎，清热凉血、祛瘀止血、镇痛安神。

强壮观音座莲

Angiopteris robusta

国家保护等级	《IUCN 濒危物种红色名录》受胁等级	特有植物
二级	极危（CR）	

【形态特征】植株高大，高 2m 以上。叶为二回羽状；叶柄粗逾 3cm；羽片长圆形，长约 60cm，中部宽约 20cm，羽柄长约 4.5cm，粗壮；小羽片约 14 对，互生，相距 3cm，基部的开展，长约 8.5cm，中部的长约 12cm，顶部的斜升，具短柄，长 13~15cm，宽 2.2~2.6cm，披针形，向顶端渐尖，基部近圆形或近截形，顶生小羽片分离，与其下面的小羽片同形，具长约 2cm 的小羽柄，叶缘全缘，干时平伏或稍内卷，向顶部渐尖头具有规则的钝锯齿；叶脉下面明显，上面不明显，距离不到 1mm，一般为分叉，向顶端稍向上弯，倒行假脉长与孢子囊相等；叶厚纸质，上面绿色，下面淡绿色，沿中肋疏被棕色鳞片；叶轴直径约 2.3cm，光滑，干时暗褐色，羽轴光滑，干时呈褐色，基部粗 5mm，向上变细，到顶部粗约 1mm。孢子囊群线形，彼此不密接，长 2~3mm，距叶缘约 1.5mm，由 22~30 个孢子囊组成。

【分布现状】主要分布于中国广西。

【广西产地】百色、防城、宁明、龙州、那坡。

【生　　境】生于海拔 250m 的沟边密林下。

【经济价值】药用根茎，清热凉血、祛瘀止血、镇痛安神。

王氏观音座莲

Angiopteris wangii

国家保护等级	《IUCN 濒危物种红色名录》受胁等级	特有植物
二级	极危（CR）	

【形态特征】植株高大，成密丛，高约 1.8m。叶柄粗肥；叶片广大，二回羽状；羽片互生，颇张开，长圆形，长 60~60cm，宽 18cm，基部不变狭，羽柄长约 2cm，粗壮，羽轴向顶端无翅；小羽片 25~27 对，张开，彼此略接近，近对生，相距 2cm，阔披针形，中部的长 10~11cm，宽 1.7~2cm，短渐尖头，基部为圆截形，有明显的短柄，顶部的和基部的几同大，边缘有钝锯齿；叶为薄纸质，干后为褐绿色，下面光滑，或向中肋基部略有线状鳞片疏生；叶脉张开，大都分叉，下面明显，上面较差，向顶部稍弯弓，倒行假脉少而不明显。孢子囊群长圆形或线形，密接，由 12~18 个孢子囊组成，近边缘生，不育边缘狭，干后反卷。

【分布现状】主要分布于中国云南、广西。

【广西产地】武鸣。

【生　　境】生于海拔 100~300m 的在林下山溪边。

【经济价值】药用根茎，清热凉血、祛瘀止血、镇痛安神。

云南观音座莲

Angiopteris yunnanensis

国家保护等级	《IUCN 濒危物种红色名录》受胁等级	特有植物
二级	易危（VU）	

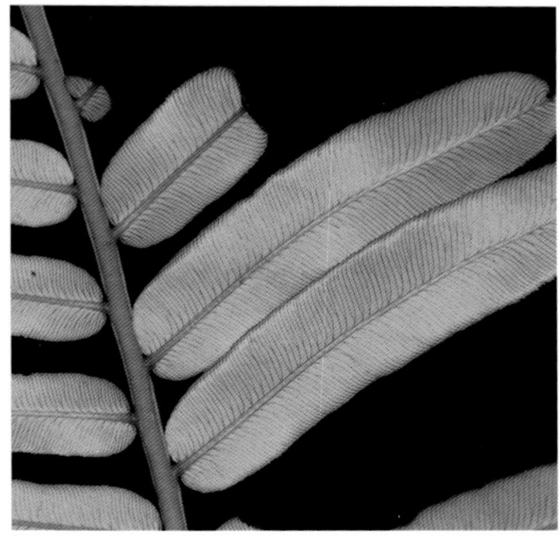

【形态特征】叶柄粗约 2~2.5cm；叶片广阔，二回羽状；羽片互生，长 60cm，下部的较短，宽 20~24cm，长圆形，基部稍狭，羽柄粗壮，直径约 2cm，羽轴向顶端有翅；小羽片约 20 对（在下部羽片约有 15 对），几开展，下部的对生，相距 2cm，向上部略为互生，相距约 3cm，基部的较短，长 8~9cm，中部的长 12~13cm，宽 2cm，渐尖头，基部为圆截形或近圆截形，有短柄，边缘几全缘，向先端有小锯齿；叶为纸质，干后经常变为褐色或褐绿色，下面光滑或沿中肋下部稍有少数线状鳞片疏生；叶脉近张开，多数分叉，上下两面明显，尤以下面为甚，倒行假脉纤细，向下达到 1/3 的小羽片的宽度。孢子囊群长圆形或线形，由 14~20 个孢子囊组成，近边缘生，只有一条很窄的不育的边缘，平坦或稍反转。

【分布现状】主要分布于中国云南、广西。

【广西产地】防城、上思、凭祥、宁明、龙州、乐业、凌云、田林、靖西、那坡。

【生　　境】生于海拔 1100m 的林下沟中。

【经济价值】药用根茎，苦、凉，解毒、凉血、活血，主治疮疡、咯血、骨折、蛇咬。

金毛狗

Cibotium barometz

国家保护等级	《IUCN 濒危物种红色名录》受胁等级	特有植物
二级	近危（NT）	

【形态特征】多年生树形蕨类。广垫状金黄色柔毛，形如金毛狗，植株高可达 3m。根状茎粗大，木质，平卧或斜升，连同叶柄基部密被金黄色的长茸毛。叶顶端丛生，叶柄粗壮，长达 120cm；叶片大形，三回羽裂；下部羽片为长圆形，长达 80cm，叶柄长 3~4cm，互生，远离；末回裂片线形，略呈镰刀形，长 1~1.4cm，浅锯齿；叶革质或厚质，两面光滑，下面灰色或灰蓝色，小羽轴上略有褐色短毛。孢子囊群生裂片上分叉小脉的顶端，囊群盖两瓣，形如蚌壳；孢子三角状四面形，透明。

【分布现状】主要分布于中国云南、贵州、四川、广东、广西、福建、台湾、海南、浙江、江西、湖南；东南亚各国。

【广西产地】南宁、武鸣、马山、横县、柳州、融水、三江、阳朔、临桂、全州、兴安、龙胜、资源、恭城、梧州、藤县、东兴、上思、桂平、平南、容县、扶绥、龙州、金秀、贺州、百色、乐业、凌云、德保、那坡、天峨、巴马、环江、荔浦。

【生　　境】生于海拔 900m 左右的山麓沟边及林下。

【经济价值】药用根茎，味苦甘、性温，具有补肝肾、强腰膝、除风湿、壮筋骨、利尿通淋等功效，茎上的茸毛能止血；具良好的观赏价值，株形高大，叶姿优美，坚挺有力，叶片革质有光泽，四季常青，在庭院中适于作林下配置或在林阴处种植，也可盆栽作为大型的室内观赏蕨类，特别是长满金色茸毛的根状茎能制成精美的工艺品供观赏。

中华桫椤

Alsophila costularis

国家保护等级	《IUCN 濒危物种红色名录》受胁等级	特有植物
二级	极危（CR）	

【形态特征】茎干高达 5m 或更高，直径 15~30cm。叶柄长达 45cm，近基部深红棕色，具短刺和疣突，向上色渐淡，上面有宽沟，两外侧各有一条气囊线，直达叶轴，但间隔渐疏远；叶柄基部的鳞片长达 2cm，宽约 1.5mm，黑棕色，有光泽，坚硬，边缘薄而早落；叶片长 2m，宽 1m，长圆形；叶轴下部红棕色，下面具星散小疣，上部棕黄色，其下面粗糙；三回羽状深裂，羽片约 15 对，披针形，长达 60cm，宽达 17cm，先端渐尖，羽轴上面有沟槽，密被红棕色刚毛，下面禾秆色，具疣突，上半部被灰白色弯曲毛；小羽片多达 30 对，无柄，平展，披针形，先端渐尖或长尾尖，基部阔楔形或近截形，长 6~10cm，宽 1.3~2cm，相距 1.5cm 间隔，深裂至 2/3 或几达小羽轴，裂片基部合生，主脉间隔 3.5~4.5mm，小羽轴两面密被卷曲的淡棕色软毛，连同主脉下面疏被薄的勺状淡棕色鳞片；裂片长方形，较薄，边缘具小圆锯齿，侧脉达 13 对，2 叉，少数 3 叉或单一；叶干后纸质，上面暗绿色，下面淡绿色。不育小羽片的主脉背面常有少数近于泡状的苍白色小鳞片。孢子囊群着生于侧脉分叉处，靠近主脉，每裂片约 3~6 对，囊群盖膜质，仅于主脉一侧附着在囊托基部，成熟时反折如鳞片状覆盖在主肋上，隔丝不及孢子囊长。

【分布现状】主要分布于中国广西、云南、西藏；不丹、印度、越南、缅甸、孟加拉国。

【广西产地】容县、凭祥、宁明、龙州。

【生　　境】生于海拔 700~2100m 的沟谷林中。

【经济价值】树干高大，形态优美，具有较高的园林观赏价值；茎干在中药里又被称为“龙骨风”，具有驱风湿、强筋骨和清热止咳等功效，主治风湿痹痛、肾虚腰痛、跌打损伤、风火牙痛、哮喘及预防流感。

大叶黑桫椤

Alsophila gigantea

国家保护等级	《IUCN 濒危物种红色名录》受胁等级	特有植物
二级	易危（VU）	

【形态特征】植株高 2~5m，有主干，径达 20cm。叶长达 3m，叶柄长 1m 多，乌木色，粗糙，疏被头垢状暗棕色短毛，基部、腹面密被棕黑色鳞片，鳞片条形，长达 2cm，基部宽 1.5~3mm，中部宽 1mm，光亮，平展；叶片三回羽裂，叶轴下部乌木色，粗糙，向上渐棕色而光滑；羽片平展，有短柄，长圆形，长 50~60cm，中部宽约 20cm，顶端渐尖有浅锯齿，羽轴下面近光滑，上面疏被褐色毛；小羽片约 25 对，互生，平展，柄长约 2mm，小羽轴相距 2~2.5cm，条状披针形，长约 10cm，宽 1.5~2cm，顶端渐尖有浅齿，基部截形，羽裂达 1/2~3/4，小羽轴上面被毛，下面疏被小鳞片，裂片 12~15 对，略斜展，主脉相距 4.5~6mm，宽三角形，长 5~6mm，基部宽 4~5mm，向顶端稍窄，钝头，边缘有浅钝齿；叶脉下面可见，小脉 6~7（8~10）对，单一，基部下侧叶脉多出自小羽轴；叶厚纸质，干后上面深褐色，下面灰褐色，两面无毛。孢子囊群着生主脉与叶缘之间，成“V”字形，无囊群盖，隔丝与孢子囊等长。

【分布现状】主要分布于中国云南、广西、广东、海南；日本、爪哇、苏门答腊、马来半岛、越南、老挝、柬埔寨、缅甸、泰国、锡金、尼泊尔及印度。

【广西产地】金秀、百色、龙州、苍梧、武鸣、临桂、东兴、上思、桂平、玉林、北流、宁明、靖西、那坡。

【生　　境】通常生于海拔 600~1000m 溪沟边的密林下。

【经济价值】全株药用，具有驱风湿、强筋骨和清热止咳等功效，主治风湿痹痛、肾虚腰痛、跌打损伤、风火牙痛、哮喘及预防流感；其株形美观，植株高大，具有较高的园林观赏价值，是室内外园林造景的优良植物材料。

阴生桫椤
Alsophila latebrosa

国家保护等级	《IUCN 濒危物种红色名录》受胁等级	特有植物
二级	极危（CR）	

【形态特征】茎干高达 5m，直径约 8cm。叶柄褐禾秆色至淡棕色，长约 30cm，下面密生小疣突；叶片三回羽状深裂；羽片稍斜展，柄长约 5mm，宽披针形，长达 50cm，中部宽约 14cm，顶端长渐尖；小羽片约 25 对，近平展，有短柄，相距约 1.5~2cm，条形，长 6~7cm，基部宽约 1.5cm，顶端长渐尖，基部截形而略不对称，深羽裂近小羽轴，裂片 16~20 对，主脉相距约 3~4mm，条状披针形，长 6~8mm，基部稍宽，钝头，边缘有浅圆齿；叶脉下面略可见，侧脉通常 2 叉；叶为纸质，干后上面深褐色，下面灰绿色，两面均无毛；叶轴褐禾秆色，下面有小疣突，羽轴下面粗糙，小羽轴上面密被棕色毛。孢子囊群近主脉孢生，囊群盖鳞片状，着生于囊托基部近主脉一侧，成熟时通常被孢子囊群覆盖，隔丝较孢子囊长。

【分布现状】主要分布于中国云南、广西；马来半岛、苏门答腊、加里曼丹、泰国和柬埔寨。

【广西产地】临桂、贺州。

【生　　境】生于海拔 350~1000m 的林下溪边阴湿处。

【经济价值】全株药用，具有驱风湿、强筋骨和清热止咳等功效，主治风湿痹痛、肾虚腰痛、跌打损伤、风火牙痛、哮喘及预防流感。

黑桫椤

Alsophila podophylla

国家保护等级	《IUCN 濒危物种红色名录》受胁等级	特有植物
二级	极危（CR）	

【形态特征】植株高 1~3m，有短主干，或树状主干高达数米，顶部生出几片大叶。叶柄红棕色，略光亮，基部略膨大，粗糙或略有小尖刺，被褐棕色披针形厚鳞片；叶片大，长 2~3m，一回、二回深裂以至二回羽状，沿叶轴和羽轴上面有棕色鳞片，下面粗糙；羽片互生，斜展，柄长 2.5~3cm，长圆状披针形，长 30~50cm，中部宽 10~18cm，顶端长渐尖，有浅锯齿；小羽片约 20 对，互生，近平展，柄长约 1.5mm，小羽轴相距 2~2.5cm，条状披针形，基部截形，宽 1.2~1.5cm，顶端尾状渐尖，边缘近全缘或有疏锯齿，或波状圆齿；叶脉两边均隆起，主脉斜疣，小脉 3~4 对，相邻两侧的基部一对小脉（有时下部同侧两条）顶端通常联结成三角状网眼，并向叶缘延伸出一条小脉（有时再和第二对小脉联结），叶为坚纸质，干后疣面褐绿色，下面灰绿色，两面均无毛。孢子囊群圆形，着生于小脉背面近基部处，无囊群盖，隔丝短。

【分布现状】主要分布于中国台湾、福建、广东、香港、海南、广西、云南和贵州；日本、越南、老挝、泰国及柬埔寨。

【广西产地】南宁、横县、博白、金秀、苍梧、平南。

【生　　境】生于海拔 95~1100m 的山坡林中、溪边灌丛。

【经济价值】全株药用，具有驱风湿、强筋骨和清热止咳等功效，主治风湿痹痛、肾虚腰痛、跌打损伤、风火牙痛、哮喘及预防流感；树形优美、别致，具有较高的园林观赏价值。

桫椤

Alsophila spinulosa

国家保护等级	《IUCN 濒危物种红色名录》受胁等级	特有植物
二级	近危（NT）	

【形态特征】茎干高达 6m 或更高，直径 10~20cm，上部有残存的叶柄，向下密被交织的不定根。叶螺旋状排列于茎顶端；茎段端和拳卷叶以及叶柄的基部密被鳞片和糠秕状鳞毛，鳞片暗棕色，有光泽，狭披针形，先端呈褐棕色刚毛状，两侧有窄而色淡的啮齿状薄边；叶柄长 30~50cm，通常棕色或上面较淡，连同叶轴和羽轴有刺状突起，背面两侧各有一条不连续的皮孔线，向上延至叶轴；叶片大，长矩圆形，长 1~2m，宽 0.4~1.5m，三回羽状深裂；羽片 17~20 对，互生，基部一对缩短，长约 30cm，中部羽片长 40~50cm，宽 14~18cm，长矩圆形，二回羽状深裂；小羽片 18~20 对，基部小羽片稍缩短，中部的长 9~12cm，宽 1.2~1.6cm，披针形，先端渐尖而有长尾，基部宽楔形，无柄或有短柄，羽状深裂；裂片 18~20 对，斜展，基部裂片稍缩短，中部的长约 7mm，宽约 4mm，镰状披针形，短尖头，边缘有锯齿；叶脉在裂片上羽状分裂，基部下侧小脉出自中脉的基部；叶纸质，干后绿色；羽轴、小羽轴和中脉上面被糙硬毛，下面被灰白色小鳞片。孢子囊群孢生于侧脉分叉处，靠近中脉，有隔丝，囊托突起，囊群盖球形，膜质；囊群盖球形，薄膜质，外侧开裂，易破，成熟时反折覆盖于主脉上面。

【分布现状】主要分布于中国福建、台湾、广东、海南、香港、广西、贵州、云南、四川、重庆、江西；日本、越南、柬埔寨、泰国北部、缅甸、孟加拉国、锡金、不丹、尼泊尔和印度。

【广西产地】南宁、武鸣、融水、三江、临桂、龙胜、梧州、苍梧、浦北、平南、桂平、博白、扶绥、金秀、贺州、百色、德保、靖西、隆林、罗城。

【生　　境】半耐阴树种，喜温暖潮湿气候。喜生于海拔 260~1600m 的冲积土中或山谷溪边林下。

【经济价值】树形美观，树冠犹如巨伞，虽历经沧桑却万劫余生，依然茎苍叶秀，高大挺拔，称得上是一件艺术品，园艺观赏价值极高；全株药用，具有驱风湿、强筋骨和清热止咳等功效，主治风湿痹痛、肾虚腰痛、跌打损伤、风火牙痛、哮喘及预防流感。

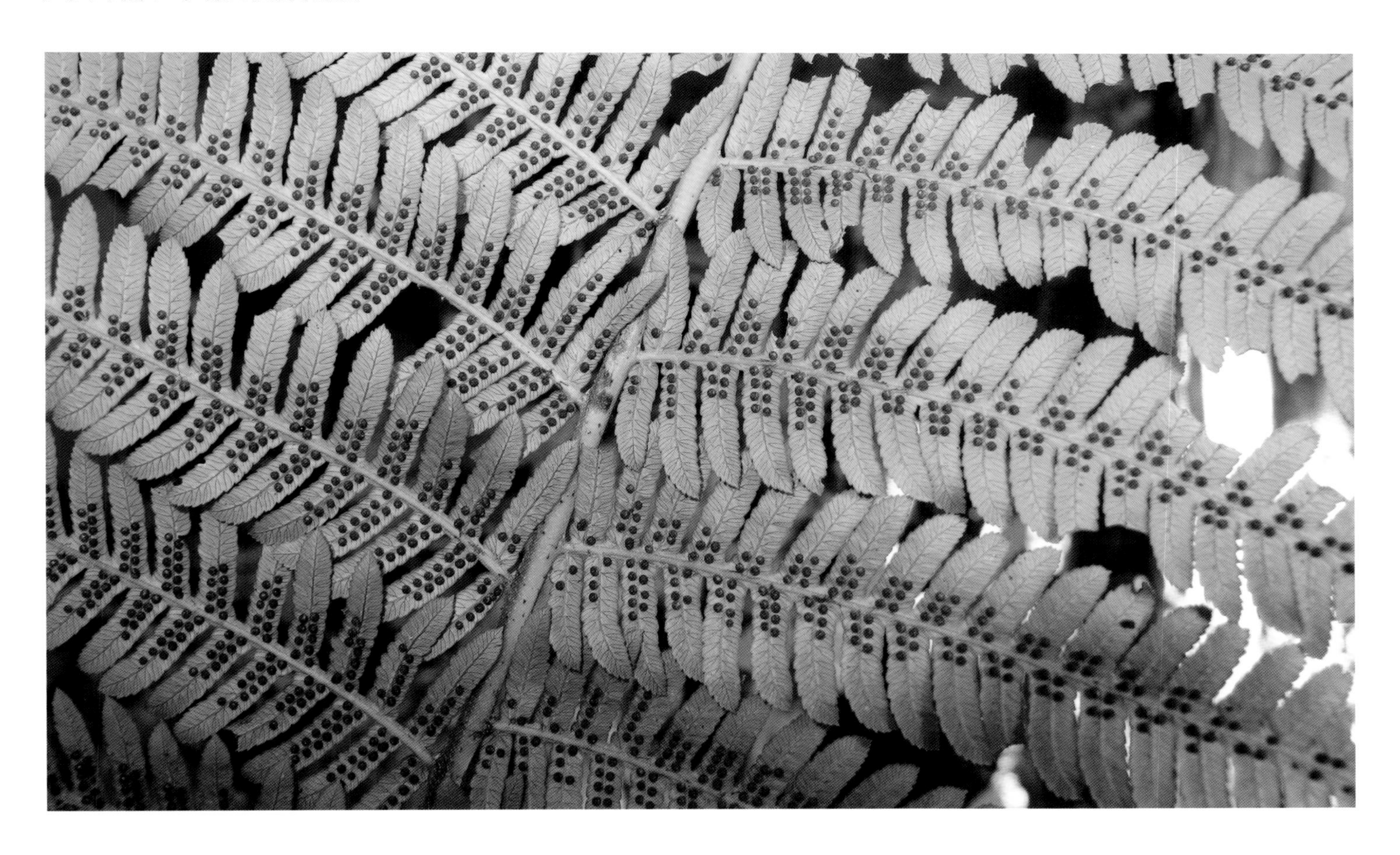

结脉黑桫椤
Gymnosphaera bonii

国家保护等级	《IUCN 濒危物种红色名录》受胁等级	特有植物
二级	易危（VU）	

【形态特征】树干直立，植株高 1~3m，有短主干，或树状主干高达数米，顶部生出几片大叶。叶柄红棕色，略光亮，基部略膨大，粗糙或略有小尖刺，被褐棕色披针形厚鳞片；叶片大，长 2~3m，一回、二回深裂以至二回羽状，沿叶轴和羽轴上面有棕色鳞片，下面粗糙；羽片互生，斜展，柄长 2.5~3cm，长圆状披针形，长 30~50cm，中部宽 10~18cm，顶端长渐尖，有浅锯齿；小羽片约 20 对，互生，近平展，小羽轴相距 2~2.5cm，条状披针形，基部截形，宽 1.2~1.5cm，顶端尾状渐尖，边缘近全缘或有疏锯齿，或波状圆齿；叶脉两边均隆起，主脉斜疣，小脉 3~4 对，相邻两侧的基部一对小脉顶端通常联结成三角状网眼，并向叶缘延伸出一条小脉，叶为坚纸质，干后疣面褐绿色，下面灰绿色，两面均无毛。孢子囊群圆形，着生于小脉背面近基部处，无囊群盖，隔丝短。

【分布现状】主要分布于中国台湾、福建、广东、香港、海南、广西、云南和贵州；日本、越南、老挝、泰国及柬埔寨。

【广西产地】南宁、横县、博白、金秀、苍梧、平南。

【生　　境】生于海拔 95~1100m 的山坡林中、溪边灌丛。

【经济价值】全株药用，具有驱风湿、强筋骨和清热止咳等功效，主治风湿痹痛、肾虚腰痛、跌打损伤、风火牙痛、哮喘及预防流感；树形优美、别致，具有较高的园林观赏价值。

平鳞黑桫椤

Gymnosphaera henryi

国家保护等级	《IUCN 濒危物种红色名录》受胁等级	特有植物
二级	易危（VU）	

【形态特征】植株低或半树栖树蕨，很少达到 3.5m。柄无皮；薄片 2 羽状半裂；叶轴的全部或至少下部为羽状复叶；茎和背面覆盖着微小的刺针形或粗糙的鳞片；单脉，羽叶上有“V ”形的毛刺。平鳞黑桫椤经常被错定为大桫椤，实际上，大桫椤在形态上与大叶黑桫椤非常相似；两者都与平鳞黑桫椤非常不同，在整个柄和轴下部缺乏二棱鳞片。

【分布现状】主要分布于中国台湾、福建、广东、香港、海南、广西、云南和贵州；日本、越南、老挝、泰国及柬埔寨。

【广西产地】南宁、横县、博白、金秀、苍梧、平南。

【生　　境】生于海拔 95~1100m 的山坡林中、溪边灌丛。

【经济价值】全株药用，具有驱风湿、强筋骨和清热止咳等功效，主治风湿痹痛、肾虚腰痛、跌打损伤、风火牙痛、哮喘及预防流感；树形优美、别致，观赏价值高。

白桫椤
Sphaeropteris brunoniana

国家保护等级	《IUCN 濒危物种红色名录》受胁等级	特有植物
二级	极危（CR）	

【形态特征】陆生蕨类植物。茎干高达 20m，中部以上直径达 20cm。叶柄禾秆色，常被白粉，长达 50cm，基部有小疣突，其余光滑，上面有宽沟，沟的两外侧各有一条由气囊体连成的灰白色纹线，延伸至叶轴渐稀疏；鳞片薄，灰白色，边缘有斜上的黑色刺毛；叶片大，长达 3m，宽达 1.6m，三回羽状深裂，叶轴光滑，浅禾秆色，被白粉；羽片 20~30 对，斜展，披针形，最长达 90cm，宽约 25cm，基部一对羽片的柄长达 7cm，尖端羽状深裂，羽轴光滑，浅禾秆色；小羽片条状披针形，下部稍狭，尖端长尾尖，长 9~14cm，宽 2~3cm，深裂至几全裂，小羽轴上面无毛或有疏毛，下面无毛；裂片约 16~25 对，长 10~16mm，宽 3~5mm，略呈镰刀形，基部较宽，边缘近全缘或略具波状齿，偶有浅裂，小脉 2~3 叉，叶为纸质，干后上面暗绿色，下面灰白色，两面均无毛。每裂片有孢子囊群 7~9 对，位于叶缘与主脉之间，无囊群盖，隔丝发达与孢子囊几等长或长过于孢子囊。

【分布现状】主要分布于中国西藏、云南、海南、广西；不丹、印度、尼泊尔、印度、孟加拉国、缅甸和越南。

【广西产地】东兴。

【生　　境】生于海拔 500~1150m 的常绿阔叶林缘、山沟谷底。性喜温暖至高温，生育适宜温度 18~28℃。忌干燥及通风不良，空气湿度越高，生长越旺盛。

【经济价值】大型乔木状树形蕨，茎干高大笔直，叶片较大，株形飒爽优雅，为庭园美化的首选；其嫩芽、嫩叶可食用，树干长满气根，可制蛇木板、蛇木盆或蛇木屑，是培养兰花的最常用材料。

广西白桫椤
Sphaeropteris guangxiensis

国家保护等级	《IUCN 濒危物种红色名录》受胁等级	特有植物
二级	极危（CR）	广西特有种

【形态特征】树干直立，约 10m 高，直径可达 20cm。柄疣状的在基部，光滑的上部和轴，淡黄色到略带紫色。叶片 2 羽状裂，可达 3m × 1.6m，羽状叶 20~30 对，上升，披针形；最大的羽叶可达 90cm × 25cm；小羽片狭披针形，9~14cm × 1.8~2.5cm，在基部稍狭窄，先端尾状，到羽状全裂；小针叶裂片 13~22 对，镰刀形，宽的在基部，完全或细具圆齿；脉 2 或 3 叉；小羽的背面无毛，正面无毛或具稀疏的毛；背面具灰质层；羽轴的正面光滑或具苍白的前向毛。中间有厚厚的鳞片，外面有棕色毛发。孢子囊接近可育针叶节的中脉，每节 5~8 对，覆盖 3/4~5/6 节；倒囊苍白色到棕色，丝状，长于或等于孢子囊的长度；孢子颗粒状，厚，直径约 35~45μm，极地视角三角形、直角边，赤道视角扇形。

【分布现状】主要分布于中国广西。

【广西产地】东兴、那坡。

【生　　境】生于海拔 500~1150m 的常绿阔叶林缘、山沟谷底。

【经济价值】全株药用，根状茎具有清热解毒、驱风湿等功效；乔木状树形蕨，形态奇特，具有很高的观赏价值。

水蕨

Ceratopteris thalictroides

国家保护等级	《IUCN 濒危物种红色名录》受胁等级	特有植物
二级	易危（VU）	

【形态特征】植株幼嫩时呈绿色，多汁柔软，由于水湿条件不同，形态差异较大，高可达 70cm。根状茎短而直立，以一簇粗根着生于淤泥。叶簇生，二型；不育叶的柄长 3~40cm，粗 10~13cm，绿色，圆柱形，肉质，不膨胀，上下几相等，光滑无毛，干后压扁；叶片直立或幼时漂浮，有时略短于能育叶，狭长圆形，长 6~30cm，宽 3~15cm，先端渐尖，基部圆楔形，二至四回羽状深裂，裂片 5~8 对，互生，斜展，彼此远离，下部 1~2 对羽片较大，长可达 10cm，宽可达 6.5cm，卵形或长圆形，先端渐尖，基部近圆形、心脏形或近平截，一至三回羽状深裂；小裂片 2~5 对，互生，斜展，彼此分开或接近，阔卵形或卵状三角形，长可达 35cm，宽可达 3cm，先端渐尖、急尖或圆钝，基部圆截形，有短柄，两侧有狭翅，下延于羽轴，深裂；末回裂片线形或线状披针形，长可达 2cm，宽可达 6mm，急尖头或圆钝头，基部均沿末回羽轴下延成阔翅，全缘，彼此疏离；第二对羽片距基部一对 3~5cm，向上各对羽片均与基部羽片同形而逐渐变小；能育叶的柄与不育叶的相同；叶片长圆形或卵状三角形，长 15~40cm，宽 10~22cm，先端渐尖，基部圆楔形或圆截形，二至三回羽状深裂；羽片 3~8 对，互生，斜展，具柄，下部 1~2 对羽片最大，长可达 14cm，宽可达 6cm，卵形或长三角形，柄长可达 2cm；第二对羽片距第一对 1.5~6cm，向上各对羽片均逐渐变小，一至二回分裂；裂片狭线形，渐尖头，角果状，长可达 1.5~4（6）cm，宽不超过 2mm，边缘薄而透明，无色，强度反卷达于主脉，好似假囊群盖；主脉两侧的小脉联结成网状，网眼 2~3 行，为狭长的五角形或六角形，不具内藏小脉；叶干后为软草质，绿色，两面均无毛；叶轴及各回羽轴与叶柄同色，光滑。

【分布现状】主要分布于中国广东、台湾、福建、江西、浙江、山东、江苏、安徽、湖北、四川、广西、云南等地；世界热带、亚热带各地及日本。

【广西产地】南宁、上林、桂林、岑溪、苍梧、浦北、合浦、贵港、平南、博白、大新、宁明、龙州、昭平、富川、百色。

【生　　境】生于池沼、水田或水沟的淤泥中，有时漂浮于深水面上。

【经济价值】可作药用，《本草纲目》记载：水蕨气味甘、苦寒、无毒，主治胎毒、痰积、跌打、咳嗽、痢疾、淋浊等；水蕨的嫩叶可作菜肴，常称水蕨菜，又称为龙头菜，其中可供食用的部分为叶芽生长出来未开展的羽状叶和幼嫩叶柄，味道独特鲜美，营养价值很高，是一种嫩滑可口的高档蔬菜。

苏铁蕨

Brainea insignis

国家保护等级	《IUCN 濒危物种红色名录》受胁等级	特有植物
二级	易危（VU）	

【形态特征】土生，大型草本，植株高达 1.5m。主轴直立或斜上，粗约 10~15cm，单一或有时分叉，黑褐色，木质，坚实，顶部与叶柄基部均密被鳞片；鳞片线形，长达 3cm，先端钻状渐尖，边缘略具缘毛，红棕色或褐棕色，有光泽，膜质。叶簇生于主轴的顶部，略呈二型；叶柄长 10~30cm，粗 3~6mm，棕禾秆色，坚硬，光滑或下部略显粗糙；叶片椭圆披针形，长 50~100cm，一回羽状；羽片 30~50 对，对生或互生，线状披针形至狭披针形，先端长渐尖，基部为不对称的心脏形，近无柄，边缘有细密的锯齿，偶有少数不整齐的裂片，干后软骨质的边缘向内反卷，下部羽片略缩短，彼此相距 2~5cm，平展或向下反折，羽片基部略覆盖叶轴，向上的羽片密接或略疏离，斜展，中部羽片最长，达 15cm，宽 7~11mm，羽片基部紧靠叶轴；能育叶与不育叶同形，仅羽片较短较狭，彼此较疏离，边缘有时呈不规则的浅裂；叶脉两面均明显，沿主脉两侧各有一行三角形或多角形网眼，网眼外的小脉分离，单一或一至二回分叉；叶革质，干后上面灰绿色或棕绿色，光滑，下面棕色，光滑或于下部（特别在主脉下部）有少数棕色披针形小鳞片；叶轴棕禾秆色，上面有纵沟，光滑。孢子囊群沿主脉两侧的小脉着生，成熟时逐渐满布于主脉两侧，最终满布于能育羽片的下面。

【分布现状】主要分布于中国广东、广西、海南、福建、台湾及云南；从印度经东南亚至菲律宾的亚洲热带地区广泛分布。

【广西产地】武鸣、藤县、防城、桂平、博白、容县、北流、扶绥、隆林、百色、平果、靖西。

【生　　境】生于海拔 450~1700m 的山坡向阳地方。

【经济价值】以茎入药，具有清凉解毒、止血散瘀、抗茁收敛的功效，还有治鼹伤、感冒和止血作用；树形美观，观赏价值极高。

5.3 裸子植物

宽叶苏铁
Cycas balansae

国家保护等级	《IUCN 濒危物种红色名录》受胁等级	特有植物
一级	濒危（EN）	

【形态特征】树干矮小，基部膨大成盘状茎，上部逐渐细窄成圆柱形或卵状圆柱形。地上部分高 40cm，径 35cm。叶 5~20 片，稀 30 片，一回羽状复叶，长 1.5~3m，宽 40~60cm；叶柄深褐色，密被鳞片，叶柄在第一年呈绿色，长 20~70cm，近圆柱形，两侧具 10~25 个刺，刺长 3~8mm，两边的刺相距 2~6cm；叶呈阔椭圆形，平直；羽状裂片 20~75 对，每对羽状裂片沿叶轴呈 60~100° 夹角，笔直，长 20~38cm，宽（1.2）1.8~2.5cm，纸状，基部收缩成一个很短的小叶柄，边缘直或微呈波浪形，叶尖长而渐尖；鳞片叶（低出叶）三角形，水培宽叶铁树长 4~6cm，宽 1.2~1.5cm，褐色且被茸毛。雄球花近圆柱状，长 15~25cm，宽 4~7cm；小孢子叶阔楔形，长 1.4~1.7cm，宽 7~10mm，密被浅褐色茸毛，中部的小孢子叶先端急尖，稍钝；大孢子叶 5~15（20）片，聚合松散，长 9~13cm，具浅褐色茸毛，茸毛很少；柄长 5~7cm；不育顶片阔卵形、近心形或极少呈倒卵形，长 3.5~5.5cm，宽 2.5~5cm，深裂为 15~25 个钻状裂片，钻状裂片长 2~3.5cm，末端裂片较为平整，长 2.5~4cm；胚珠生于柄的末端，2 或 3 对，光滑无毛。种子通常 2 个，新鲜时淡黄色，干燥后呈棕色宽卵形或椭球形，长 1.8~2.7，径 1.5~2.5cm；种皮硬质、光滑。授粉期 3~5 月，种子成熟期 9~11 月。

【分布现状】主要分布于中国广西南部、云南南部；老挝、缅甸、泰国、越南。

【广西产地】隆安、防城、凭祥。

【生　　境】生于海拔 100~800m 的山谷热带雨林下、石灰山季雨林中、森林中石灰岩衍生土壤的沙地、季雨林红土壤。

【经济价值】优良的观赏植物；髓含淀粉可供食用。

叉叶苏铁
Cycas bifida

国家保护等级	《IUCN 濒危物种红色名录》受胁等级	特有植物
一级	极危（CR）	

【形态特征】树干圆柱形，高 20~60cm，径 4~5cm，基部粗 10~12cm，光滑，暗赤色。叶呈叉状二回羽状深裂，长 2~3m，叶柄两侧具宽短的尖刺；羽片间距离约 4cm，叉状分裂；裂片条状披针形，边缘波状，长 20~30cm，宽 2~2.5cm，幼时被白粉，后呈深绿色，有光泽，先端钝尖，基部不对称。雄球花圆柱形，长 15~18cm，径约 4cm，梗长 3cm，粗 1.5cm；小孢子叶近匙形或宽楔形，光滑，黄色，边缘橘黄色，长 1~1.8cm，宽约 8mm，顶部不育部分长约 8mm，有茸毛，圆或有短而渐尖的尖头，花药 3~4 个聚生；大孢子叶基部柄状，橘黄色，长约 8cm，柄与上部的顶片近等长或稍短，胚珠 1~4 枚，着生于大孢子叶叶柄的上部两侧，近圆球形，被茸毛，上部的顶片菱形倒卵形，宽约 3.5cm，边缘具篦齿状裂片，裂片钻形，站立，长 1.5~2cm。种子成熟后变黄，长约 2.5cm。

【分布现状】主要分布于中国云南、广西、海南；越南、老挝。

【广西产地】防城、崇左、宁明、凭祥、龙州。

【生　　境】生于海拔上限 700m 的石灰岩低峰丛石山中下部的灌丛和草丛中，土壤为黄色石灰土。

【经济价值】多年生叶丛终年翠绿，可作园林绿化观赏植物；花、叶、根、种子均可入药，具有凉血止血、散瘀止痛的功效，主治咯血、便血、痔疮出血、月经过多、痢痰、胃痛、跌打损伤等病症。

德保苏铁
Cycas debaoensis

国家保护等级	《IUCN 濒危物种红色名录》受胁等级	特有植物
一级	极危（CR）	中国特有种

【形态特征】常绿木本植物。树干粗壮，圆柱形，高 20~40cm，直径 10~20cm，褐灰色；叶片只有 1 片，稀 2 片，顶生，直立，长达 3.5m，宽 0.7m；羽片三回羽状，馒形；具 12~18 枚近对生的一回羽片，以 60°~90° 夹角丛主轴展开，横断面观，以 100°~130° 夹角从主轴上向上张开成龙骨状；一回羽片披针形，中下部一对最长，长 35~45cm，宽 12~15cm，向着两端的逐渐变短，长 15~30cm，宽 5~10cm；具 7~11 枚互生的二回羽片，横断面观，以 95°~110° 夹角从次级轴上张开成龙骨状；二回羽片扇形或倒三角形，长 10~18cm，宽 4~14cm，3~5 次二歧分枝，在中央，尤在下半部形成合轴，柄长 0.5~4cm；小叶（小羽片）革质，倒卵状条形，长 7~12cm，宽 1.0~1.5cm，先端渐尖，基部渐狭，并下延 1.5~4.0cm；上面具光泽，深绿色，下面淡绿色，中脉两面稍隆起，下面后变无毛，边缘平或微波状；叶柄近圆柱状，约 40 对，着生于柄基部至近顶端，圆锥状，微扁，长 3~5mm，粗达 2.5cm，刺间距 3~5cm。

【分布现状】主要分布于中国广西、云南。

【广西产地】德保、靖西、那坡、百色右江区。

【生　　境】在百色市右江区的分布生境为土山次生林下，在德保县和那坡县为石灰岩向阳山坡灌丛生境。

【经济价值】形态优美，婆娑多姿，宛如翠竹；花朵尤为美丽，极具观赏价值。

锈毛苏铁
Cycas ferruginea

国家保护等级	《IUCN 濒危物种红色名录》受胁等级	特有植物
一级	易危（VU）	

【形态特征】茎干近一半地下生，地上茎高达 60cm，径 15cm，基部常膨大，中部常有数个稍凹陷的环；干皮灰色，上部有宿存叶基，下部近光滑。叶 25~40，一回羽裂，长 1~2m，宽 40~60cm；叶柄长 45~70cm，具刺（0）8~21 对，刺毛约 3mm，叶轴（尤一年生的背面）密被锈色茸毛；羽片与叶轴间夹角近 90°，叶间距 1~2cm，直或镰刀状，薄革质，长 20~28cm，宽 6~10mm，基部渐窄，具短柄，对称，几不下延，边缘强烈反卷，下面被锈色茸毛，中脉上面明显隆起，干时中央常有 1 条不明显的槽，下面稍隆起；小孢子叶球卵状纺锤形，长 20~35cm，径 6~10cm；小孢子叶宽楔形，长 1.5~3cm，宽 1.2~1.5cm，顶端边缘有少数浅齿，先端具上弯的短尖头；大孢子叶长 9~14cm，不育顶片菱状卵形，长 3.5~5.5cm，宽 3~4.5cm，裂片每侧 8~15，钻形，长 1~2.5cm，顶生裂片 3~4cm；胚珠 4~6，无毛；种子 2~4，黄色至橘红色，倒卵状球形或近球形，长 2~2.8cm，中种皮光滑。孢子叶球期 3~4 月，种子 9~10 月成熟。

【分布现状】主要分布于中国广西；越南。

【广西产地】田阳、大化。

【生　　境】分布区与周边区在地形方面较多为陡峭，土壤瘠薄，大多植株都长在石缝中，泥土很少，比较矮小，海拔 150~500m。

【经济价值】叶背面密被锈色茸毛，具有较好的园林观赏价值。

贵州苏铁
Cycas guizhouensis

国家保护等级	《IUCN 濒危物种红色名录》受胁等级	特有植物
一级	极危（CR）	中国特有种

【形态特征】树干高 65cm。羽状叶长达 1.6m；叶柄长 47~50cm，基部两侧具直伸短刺，长 2mm；羽状裂片条形或条状披针形，微弯曲或直伸。大孢子叶在茎顶密生呈球状，密生黄褐色或锈色茸毛；钻形裂片 17~33；顶上的裂片长 3~4.5cm，宽 1.1~1.7cm。上部有 3~5 个浅裂片。大孢子叶下部急缩成粗短柄状，长 3~5cm，球形近球形，稍扁。花单元性异株，花期 3 月，种子 9~10 月成熟。

【分布现状】主要分布于中国云南、贵州、广西。

【广西产地】隆林。

【生　　境】生于海拔 400~800m 的南盘江流域的河谷地带灌丛中及林下。

【经济价值】绿化庭院、美化环境的观赏植物；髓部含淀粉可供食用，并作为曲酒原料，提高出酒率。

叉孢苏铁
Cycas segmentifida

国家保护等级	《IUCN 濒危物种红色名录》受胁等级	特有植物
一级	濒危（EN）	中国特有种

【形态特征】树干圆柱形，高达 50cm，直径达 50cm。叶痕宿存；鳞叶三角状披针形，长 7~9cm，宽 1.5~5cm，羽叶长 2.6~3.3m，具 55~96 对羽片，叶柄长 78~140cm，两侧具长达 0.4cm 的刺，刺 33~35 对；羽片长 21~40cm，宽（1.1）1.4~1.7cm，无毛，先端渐尖，基部宽楔形，边缘平，中脉两面隆起，叶表面常绿色，发亮，下面浅绿色。雄球花狭圆柱形，黄色，长 30~60cm，直径 5~12cm；小孢子叶楔形，长 1~2.5cm，顶端有长 0.2~0.3cm 的小尖头；大孢子叶不育顶片卵圆形，被脱落性棕色茸毛，长 5~13cm，宽 5~15cm，边缘篦齿状深裂，两侧具 8~19 对侧裂片，裂片钻形，裂片长 1.5~7cm，纤细，渐尖，先端芒状，通常二叉或二裂，有时重复分叉，顶裂片钻形至菱状披针形，长 2~12.5cm，宽不足 0.2cm，有 14 枚浅裂片；大孢子叶柄部长 6~9（18）cm，具黄褐色茸毛，胚珠（2）4~6 枚，无毛，扁球形，长 0.5cm，宽 0.6cm，顶端具小尖头。种子球形，直径 2.8~3.5cm，成熟时黄色至黄褐色。花期 5~6 月，种子 11~12 月成熟。

【分布现状】主要分布于中国贵州、广西、云南。

【广西产地】百色、西林、乐业、德保、田林、田阳、隆林。

【生　　境】低海拔阔叶林下阴处，沟谷两旁，红壤土；主要伴生物种有灰毛浆果楝、盐肤木、八角枫、毛桐、三叶青、毛算盘子等。

【经济价值】叶片大型，是一种良好的观赏园林植物。

石山苏铁
Cycas sexseminifera

国家保护等级	《IUCN 濒危物种红色名录》受胁等级	特有植物
一级	濒危（EN）	

【形态特征】树干矮小，基部膨大成卵状茎或盘状茎，上部逐渐缩成圆柱形或卵状圆柱形，高 30~180cm 或稍高，直径 10~60cm，基部常有萌蘖生长成分枝状。叶羽状分裂，聚生于茎的顶部，全叶长 120~250cm 或更长，幼时被锈色柔毛，以后深绿色，无毛；叶柄长 40~100cm，两侧具稀疏的刺或有时无刺；羽片薄革质，披针状条形，直或微弯，长 25~33cm，宽 1.5~2.3cm，边缘稍厚，两面中脉隆起，平滑有光泽。球花单性异株；雄球花卵状圆柱形，长达 30cm，直径 6~8cm；小孢子叶楔形，长 2~3cm，顶部近菱形，密被黄色茸毛，以后脱落；雌球花由多数大孢子叶组成；大孢子叶密被红褐色茸毛，裂片条形，长 2~4cm，直径 1.8~2.5cm。胚珠 2~4 个，着生于叶柄的两侧，无毛。种子卵圆形，长 2~3cm，直径 1.8~2.5cm，顶端有尖头，种皮硬质，平滑，有光泽。传粉 3~4 月，种子 8~10 月成熟。

【分布现状】主要分布于中国云南、广东、广西；越南。

【广西产地】扶绥、龙州、凭祥、宁明、崇左、武鸣、田阳。

【生　　境】常生于低海拔的石灰岩山地或石灰岩缝隙，呈团状或小片状分布；生命力极强，可在峭壁或石缝、石穴中正常生长。

【经济价值】球形茎富含淀粉，可做粑饼或煮粥。茎如菠萝，为盆景的主要材料，观赏价值高。根、茎、叶、花、种子均可入药，但有小毒；根能祛风活络、补肾、治肠炎和痢疾；种子平肝、降血压；花能止血、益肾、固精。

罗汉松
Podocarpus macrophyllus

国家保护等级	《IUCN 濒危物种红色名录》受胁等级	特有植物
二级	近危（NT）	

【形态特征】乔木，高达 20m，胸径达 60cm。树皮灰色或灰褐色，浅纵裂，成薄片状脱落。枝开展或斜展，较密。叶螺旋状着生，条状披针形，微弯，长 7~12cm，宽 7~10mm，先端尖，基部楔形，上面深绿色，有光泽，中脉显著隆起，下面带白色、灰绿色或淡绿色，中脉微隆起。雄球花穗状、腋生，常 3~5 个簇生于极短的总梗上，长 3~5cm，基部有数枚三角状苞片；雌球花单生叶腋，有梗，基部有少数苞片。种子卵圆形，径约 1cm，先端圆，熟时肉质假种皮紫黑色，有白粉，种托肉质圆柱形，红色或紫红色，柄长 1~1.5cm。花期 4~5 月，种子 8~9 月成熟。

【分布现状】主要分布于中国江苏、浙江、福建、安徽、江西、湖南、四川、云南、贵州、广西、广东等地。

【广西产地】武鸣、上林、柳州、融安、临桂、全州、龙胜、东兴、上思、陆川、宁明、金秀、凌云、那坡。

【生　　境】喜温暖湿润气候，耐寒性弱，耐阴性强，喜排水良好湿润之砂质壤土，抗病虫害能力强。

【经济价值】材质细致均匀，易加工，可作家具、器具、文具及农具等用；树干挺拔通直，叶条状披针形，螺旋状排列，树姿古雅，婆娑葱茏，苍劲挺拔，四季常青，既适宜地植，也适合盆栽，是林业、园林和绿化佳木，亦是桩盆景之重要树种。

百日青
Podocarpus neriifolius

国家保护等级	《IUCN 濒危物种红色名录》受胁等级	特有植物
二级	无危（LC）	

【形态特征】乔木，高达 25m，胸径约 50cm。树皮灰褐色，薄纤维质，成片状纵裂。枝条开展或斜展。叶螺旋状着生，披针形，厚革质，常微弯，长 7~15cm，宽 9~13mm，上部渐窄，先端有渐尖的长尖头，萌生枝上的叶稍宽、有短尖头，基部渐窄，楔形，有短柄，上面中脉隆起，下面微隆起或近平。雄球花穗状，单生或 2~3 个簇生，长 2.5~5cm，总梗较短，基部有多数螺旋状排列的苞片。种子卵圆形，长 8~16mm，顶端圆或钝，熟时肉质假种皮紫红色，种托肉质橙红色，梗长 9~22mm。花期 5 月，种子 10~11 月成熟。

【分布现状】主要分布于中国浙江、福建、台湾、江西、湖南、贵州、四川、西藏、云南、广西、广东等地；尼泊尔、印度、不丹、缅甸、越南、老挝、印度尼西亚、马来西亚。

【广西产地】武鸣、马山、山林、融安、蒙山、防城、上思、宁明、贺州、昭平、罗城。

【生　　境】常生于海拔 400~1000m 的山地与阔叶林中。

【经济价值】优良的多用途树种，材质优良，木材坚韧，可作乐器、雕刻等用，也可供建筑及制作家具等用；枝叶、根可入药；树姿优美，常用于城市绿化和小区庭院观赏树种，尤其是百日青树的果实成熟，宛如一尊尊红头罗汉端坐在枝头，十分奇特有趣，极富观赏价值。

小叶罗汉松
Podocarpus wangii

国家保护等级	《IUCN 濒危物种红色名录》受胁等级	特有植物
二级	易危（VU）	中国特有种

【形态特征】乔木，高达 15m，胸径 30cm。树皮不规则纵裂，赭黄带白色或褐色。枝条密生，小枝向上伸展，淡褐色，无毛，有棱状隆起的叶枕。叶常密生枝的上部，叶间距离极短，革质或薄革质，斜展，窄椭圆形、窄矩圆形或披针状椭圆形，长 1.5~4cm，宽 3~8mm（幼树或萌芽枝的叶长达 5.5cm，宽达 11mm，先端钝、有凸起的小尖头），上面绿色，有光泽，中脉隆起，下面色淡，干后淡褐色，中脉微隆起，伸至叶尖，边缘微向下卷曲，先端微尖或钝，基部渐窄，叶柄极短、长 1.5~4mm。雄球花穗状、单生或 2~3 个簇生叶腋，长 1~1.5cm，径 1.5~2mm，近于无梗，基部苞片约 6 枚，花药卵圆形，几乎无花丝；雌球花单生叶腋，具短梗。种子椭圆状球形或卵圆形，长 7~8mm 或稍长，先端钝圆、有凸起的小尖头，种托肉质，圆柱形，长达 3mm，径 3~4mm，梗长 5~15mm。

【分布现状】主要分布于中国广西、广东、云南。

【广西产地】武鸣、马山、上林、鹿寨、融水、金秀、罗城。

【生　　境】半耐阴，喜温暖湿润气候，不耐寒，喜阴湿环境，常散生于常绿阔叶树林中或高山矮林内、亚高山森林、岩缝潮湿的地方。

【经济价值】木材结构细致、均匀，纹理直，强度大，易加工，干后不裂，可供家具、器具、车辆、农具等用；树姿苍古矫健，叶色四季鲜绿，苍劲，种托紫红色，形状奇特，是庭院、校园、公园、游乐区、廊宇等地优良的园林风景树。

翠柏

Calocedrus macrolepis

国家保护等级	《IUCN 濒危物种红色名录》受胁等级	特有植物
二级	极危（CR）	

【形态特征】常绿乔木，高 15~30m，胸径达 1m。树皮灰褐色，呈不规则纵裂。小枝互生，幼时绿色，扁平，排成一平面，直展。叶鳞形，二型，交互对生，4 片成一节，长 3~4mm，中央一对紧贴，先端急尖，侧面的一对折贴着中央之叶的侧边和下部，先端微急尖（幼树之叶呈尾状渐尖）；小枝上面的叶深绿色，下面的叶具气孔点，被白粉或淡绿色。雌雄同株，球花单生枝顶，着生雌球花的小枝圆或四棱形，长 3~17mm，弯曲或直。球果当年成熟，长圆形或椭圆状圆柱形，长 1~2cm，直径约 5mm，成熟时红褐色，具 3~4 对交互对生的种鳞，种鳞木质，扁平，先端有凸尖，下面 1 对小，微反曲，上面 1 对结合而生，仅中部的种鳞各生 2 种子 1 个短翅和 1 个与种鳞近等大的翅，种翅膜质。

【分布现状】主要分布于中国云南、广西、贵州；越南、缅甸。

【广西产地】靖西。

【生　　境】中性偏喜光树种，幼年耐阴，以后逐渐喜光，耐旱性、耐瘠薄性均较强。

【经济价值】木材优良，纹理通直，结构细密，有光泽及香气，耐腐，是建筑、桥梁、家具的优良用材，也是农村住房建筑材料中大柱、大梁的主要木材。

岩生翠柏

Calocedrus rupestris

国家保护等级	《IUCN 濒危物种红色名录》受胁等级	特有植物
二级	易危（VU）	

【形态特征】常绿乔木，植株高可达 25m，胸径可达 1m。树冠广圆形。树皮棕灰色至灰色，纵裂，片状剥落，树脂道多，树脂丰富，呈橙黄色，有松香味。小枝向上斜展、扁平、排成平面，明显成节。鳞叶交叉对生，先端宽钝状至钝状，叶基下延，两面异型，中央之叶扁平，两侧之叶对折，楔状，瓦覆于中央之叶的侧边，无腺体，叶背通常绿色或具不显著白色气孔带。花雌雄同株，雄球花单生枝顶，圆柱形，具（8）9~11 对雄蕊（至少 2~4 对不育），每雄蕊具 2~6 个下垂花药，钝圆至宽钝状，具不规则的边缘，先端钝状或宽钝状，浅绿色至浅棕色；花药宽卵形至近圆形；着生雌球花及球果的小枝圆柱形或四棱形。球果绿褐色，单生或成对生于枝顶，卵形，当年成熟时开裂；种鳞 2 对，扁平，木质或有时稍革质，宽卵状，下面一对可育，熟时开裂，通常种子 2 粒（很少 1 粒），先端弯曲而圆，表面粗糙，有时稍平坦或凹陷，无尖头；上面一对不育，结合而生。

【分布现状】主要分布于中国广西；越南。

【广西产地】环江、乐业、巴马、东兰都安、凤山。

【生　　境】生于海拔 600~1600m 的石灰岩山顶、山脊或陡峭的悬崖边。

【经济价值】因其木材珍贵而经常被开发利用，可用于建筑、家具和精细工艺品；翠柏属植物主要含有萜类、木脂素等成分，具有抗菌、抗炎、抗氧化、抗细胞毒等活性。

福建柏

Fokienia hodginsii

国家保护等级	《IUCN 濒危物种红色名录》受胁等级	特有植物
二级	近危（NT）	

【形态特征】乔木，高达 17m。树皮紫褐色，平滑。生鳞叶的小枝扁平，排成一平面，2、3 年生枝褐色，光滑，圆柱形。鳞叶 2 对交叉对生，成节状，生于幼树或萌芽枝上的中央之叶呈楔状倒披针形，上面之叶蓝绿色，下面之叶中脉隆起，两侧具凹陷的白色气孔带，侧面之叶对折，近长椭圆形，多少斜展，较中央之叶为长，背有棱脊，先端渐尖或微急尖，通常直而斜展，稀微向内曲，背侧面具 1 凹陷的白色气孔带；生于成龄树上之叶较小，两侧之叶长 2~7mm，先端稍内曲，急尖或微钝，常较中央的叶稍长或近于等长。雄球花近球形，长约 4mm。球果近球形，熟时褐色，径 2~2.5cm；种鳞顶部多角形，表面皱缩稍凹陷，中间有一小尖头突起；种子顶端尖，具 3~4 棱，长约 4mm，上部有两个大小不等的翅，大翅近卵形，长约 5mm，小翅窄小，长约 1.5mm。花期 3~4 月，种子翌年 10~11 月成熟。

【分布现状】主要分布于中国浙江、福建、广东、江西、湖南、贵州、广西、四川、云南；越南北部。

【广西产地】武鸣、马山、山林、融水、临桂、灌阳、资源、龙胜、恭城、防城、上思、贺州、金秀、乐业、那坡、天峨、南丹。

【生　　境】生于温暖湿润的山地森林中，垂直分布于海拔 580~1500m，但在 1000~1300m 的常绿阔叶林中较常见。

【经济价值】树形优美，树干通直，适应性强，生长较快，材质优良，是中国南方的重要用材树种，又是庭园绿化的优良树种；木材轻，收缩度小，强度中等，质地略软，纹理匀直，结构细，加工容易，切面光滑，油漆性欠佳，胶粘性良好，握钉力中等，易干燥，干后材质稳定，耐久性良好，是建筑、家具、细木工、雕刻的良好用材。

水松
Glyptostrobus pensilis

国家保护等级	《IUCN 濒危物种红色名录》受胁等级	特有植物
一级	易危（VU）	

【形态特征】常绿乔木，高 8~10m，稀高达 25m。生于湿生环境者，树干基部膨大成柱槽状，并且有伸出土面或水面的吸收根，柱槽高达 70 余厘米，干基直径达 60~120cm，树干有扭纹。树皮褐色或灰白色而带褐色，纵裂成不规则的长条片。枝条稀疏，大枝近平展，上部枝条斜伸；短枝从 2 年生枝的顶芽或多年生枝的腋芽伸出，长 8~18cm，冬季脱落；主枝则从多年生及 2 年生的顶芽伸出，冬季不脱落。鳞形叶较厚或背腹隆起，螺旋状着生于多年生或当年生的主枝上，长约 2mm，有白色气孔点，冬季不脱落；条形叶两侧扁平，薄，常列成二列，先端尖，基部渐窄，长 1~3cm，宽 1.5~4mm，淡绿色，背面中脉两侧有气孔带；条状钻形叶两侧扁，背腹隆起，先端渐尖或尖钝，微向外弯，长 4~11mm，辐射伸展或列成三列状；条形叶及条状钻形叶均于冬季连同侧生短枝一同脱落。球果倒卵圆形，长 2~2.5cm，径 1.3~1.5cm；种鳞木质，扁平，中部的倒卵形，基部楔形，先端圆，鳞背近边缘处有 6~10 个微向外反的三角状尖齿；苞鳞与种鳞几全部合生，仅先端分离，三角状，向外反曲，位于种鳞背面的中部或中上部；种子椭圆形，稍扁，褐色，长 5~7mm，宽 3~4mm，下端有长翅，翅长 4~7mm。子叶 4~5 枚，条状针形，长 1.2~1.6cm，宽不及 1mm，无气孔线；初生叶条形，长约 2cm，宽 1.5mm，轮生、对生或互生，主茎有白色小点。花期 1~2 月，球果秋后成熟。

【分布现状】主要分布于中国广东、福建、江西、四川、广西、云南。

【广西产地】梧州、合浦、桂林、防城、浦北、陆川、天等、富川。

【生　　境】喜光树种，喜温暖湿润的气候及水湿的环境，耐水湿不耐低温，对土壤的适应性较强，除盐碱土之外，在其他各种土壤上均能生长，而以水分较多的冲渍土生长最好。

【经济价值】根部木质松软，浮力大，可做救生圈、瓶塞等软木用具；球果、树皮含单宁，可提取栲胶；枝、叶及球果入药，有祛风湿、收敛止痛之功效，常用于治疗风湿性关节炎、高血压、皮炎。

越南黄金柏
Xanthocyparis vietnamensis

国家保护等级	《IUCN 濒危物种红色名录》受胁等级	特有植物
二级	极危（CR）	

【形态特征】常绿小乔木，高 10~15m。树干圆柱形，直径可达 50cm。树皮光滑，红色至红褐色，条状及鳞片状剥落，老树的树皮变为纤维状剥落，棕色至棕灰色。分枝多，通常斜向上交错伸展，很少下垂，幼时成金字塔形，随后变为不规则或顶端平截的皇冠形。幼树刺形叶着生稠密，分枝稀疏，小枝长 20~50mm，不压扁；成年树多为鳞状叶，有时存在线形叶或过渡型叶，整个枝条常扁平状，主枝条通常四棱形至圆柱形，3~4 年生主枝仍具绿叶，侧面小枝羽状，末端小枝羽片不规则，成 30°~45° 伸展，明显扁平状。线形叶 4 枚轮生，下延，全缘；过渡型叶和鳞状叶相似，但较长，长 5~7mm，披针形，成 45° 向上伸展；鳞状叶交叉对生，微下延，边缘重叠成覆瓦状，小枝下部的鳞状叶长 1.5~3mm，宽 1~1.3mm，侧面的鳞状叶折合状，下部下延，上部与小枝成约 30° 向上伸展，边缘疏被齿，先端锐尖，笔直或稍钩状弯曲，较正面的稍长，正面鳞状叶狭卵状菱形，龙骨脊状，多少扁平，边缘具小齿或全缘，先端锐尖，侧面叶较正面叶稍长；鳞状叶表面具蜡质层，气孔不明显。雄球花卵状圆柱形，长 2.5~3.5mm，直径 2~2.5mm，雄蕊 10~12 枚，长和直径约 1mm，顶端具短尖头，由绿色变为棕黄色，每枚雄蕊具 2 个大的近球形花药；雌球花疏生，有时 2~3 枚簇生于鳞状叶的外边缘或近基部。球果约 2 年发育成熟，由绿色变为黑色或暗棕色，扁球形，裂开后长 9~11mm，径 10~12mm。苞鳞在正常发育的球果上通常 4 枚交叉对生，有时在不规则或不正常发育的球果上具 6 枚苞鳞，镊合状至近盾状。种鳞 2~3 对，木质，背面弯拱，顶端中部具锥状突起。每珠鳞具胚珠 1~3 枚，种子卵形或不规则，扁平，长 4.5~6mm，具膜质翅。

【分布现状】主要分布于中国广西木论国家级自然保护区；越南哈江省北部。

【广西产地】环江。

【生　　境】生于云雾森林中喀斯特石灰岩地层、非常陡峭的山脉山脊和山顶上。在中国广西，它是从海拔 720m 开始有分布，而在越南，它通常生于海拔 1000~1600m。

【经济价值】树干呈黄褐色，非常坚硬，芳香，是建筑、家具、细木工、雕刻的良好用材；四季常青、笔直挺拔，被视为高尚、坚贞和长寿的象征，素有“百木之长”的称号。

穗花杉
Amentotaxus argotaenia

国家保护等级	《IUCN 濒危物种红色名录》受胁等级	特有植物
二级	近危（NT）	

【形态特征】灌木或小乔木，高达 7m。树皮灰褐色或淡红褐色，裂成片状脱落。小枝斜展或向上伸展，圆或近方形，1 年生枝绿色，2、3 年生枝绿黄色、黄色或淡黄红色。叶基部扭转列成两列，条状披针形，直或微弯镰状，长 3~11cm，宽 6~11mm，先端尖或钝，基部渐窄，楔形或宽楔形，有极短的叶柄，边缘微向下曲，下面白色气孔带与绿色边带等宽或较窄；萌生枝的叶较长，通常镰状，稀直伸，先端有渐尖的长尖头，气孔带较绿色边带为窄。雄球花穗 1~3（多为 2）穗，长 5~6.5cm，雄蕊有 2~5（多为 3 个花药）。种子椭圆形，成熟时假种皮鲜红色，长 2~2.5cm，径约 1.3cm，顶端有小尖头露出，基部宿存苞片的背部有纵脊，梗长约 1.3cm，扁四棱形。花期 4 月，种子 10 月成熟。

【分布现状】主要分布于中国江西、湖北、湖南、四川、西藏、甘肃、广西、广东等地；越南北部。

【广西产地】三江、融水、阳朔、临桂、资源、龙胜、苍梧、蒙山、防城、上思、宁明、龙州、金秀、昭平。

【生　　境】生于海拔 300~1100m 地带的阴湿溪谷两旁或林内。

【经济价值】根、树皮入药，能止痛、生肌，对于跌打损伤和骨折很有疗效；种子入药，有消积驱虫之功效。树形优美，叶常绿，上面深绿色，下面有明显的白色气孔带，种子大，假种皮成熟时鲜红色，点缀于青枝绿叶之间，极美观，可作庭园树。

云南穗花杉
Amentotaxus yunnanensis

国家保护等级	《IUCN 濒危物种红色名录》受胁等级	特有植物
二级	易危（VU）	

【形态特征】乔木，高达 15m，胸径 25cm。大枝开展，树冠广卵形；小枝向上伸展，微具棱脊，1 年生枝绿色或淡绿色，2、3 年生枝淡黄色、黄色或淡黄褐色。叶排成两列，条形、椭圆状条形或披针状条形，通常直，稀上部微弯，长 3.5~10cm，稀长达 15cm，宽 8~15mm，先端钝或渐尖，基部宽楔形或近圆形，几无柄，边缘微向下反曲，上面绿色，中脉显著隆起，下面淡绿色，中脉近平或微隆起，中脉带宽 1~2mm，两侧的气孔带干后褐色或淡黄白色，宽 3~4mm，较绿色边带宽 1 倍或稍宽；萌生枝及幼树之叶的气孔带较窄。雄球花穗常 4~6 穗，长 10~15cm，雄蕊有 4~8（多为 6~7）个花药。种子椭圆形，假种皮成熟时红紫色，微被白粉，长 2.2~3cm，径约 1.4cm，顶端有小尖头露出，基部苞片宿存，背有棱脊，梗较粗，长约 1.5cm，下部扁平，上部扁四棱形。花期 4 月，种子 10 月成熟。

【分布现状】主要分布于中国云南、贵州、广西等地；越南。

【广西产地】德保、靖西、那坡、环江。

【生　　境】生于海拔 1000~2100m 的石灰岩山地，生长环境脆弱，植株几乎着生于岩石裸露的石缝裂隙中。

【经济价值】木材材质优良，纹理均匀，结构细致，易加工，用作工艺品及雕刻用材；树姿优美，色彩鲜艳，叶面浓绿整洁、叶背有较宽的白色气孔带而具有观赏价值，可开发作为庭园观赏植物。

海南粗榧

Cephalotaxus hainanensis

国家保护等级	《IUCN 濒危物种红色名录》受胁等级	特有植物
二级	濒危（EN）	

【形态特征】乔木，通常高 10~20m，胸径 30~50cm、稀达 110cm。树皮通常浅褐色或褐色，稀黄褐色或红紫色，裂成片状脱落。叶条形，排成两列，通常质地较薄，向上微弯或直，长 2~4cm，宽 2.5~3.5mm，基部圆截形，稀圆形，先端微急尖、急尖或近渐尖，干后边缘向下反曲，上面中脉隆起，下面有 2 条白色气孔带。雄球花的总梗长约 4mm。种子通常微扁，倒卵状椭圆形或倒卵圆形，长 2.2~2.8cm，顶端有凸起的小尖头，成熟前假种皮绿色，熟后常呈红色。

【分布现状】主要分布于中国广东、海南、广西、云南、西藏。

【广西产地】融安、容县。

【生　　境】典型的耐阴湿、喜土壤肥力高的树种，通常散生于海拔 700~1200m 的山地雨林或季雨林区的沟谷、溪涧或山坡。

【经济价值】海南粗榧的总生物碱制剂主要成分三尖杉酯碱类对治疗白血病和急性淋巴病有特殊疗效，是目前抗癌最有潜力的自然药源之一。

篦子三尖杉
Cephalotaxus oliveri

国家保护等级	《IUCN 濒危物种红色名录》受胁等级	特有植物
二级	易危（VU）	中国特有种

【形态特征】灌木，高达4m。树皮灰褐色。叶条形，质硬，平展成两列，排列紧密，通常中部以上向上方微弯，稀直伸，长1.5~3.2（多为1.7~2.5）cm，宽3~4.5mm，基部截形或微呈心形，几无柄，先端凸尖或微凸尖，上面深绿色，微拱圆，中脉微明显或中下部明显，下面气孔带白色，较绿色边带宽1~2倍。雄球花6~7聚生成头状花序，径约9mm，总梗长约4mm，基部及总梗上部有10余枚苞片，每一雄球花基部有1枚广卵形的苞片，雄蕊6~10枚，花药3~4，花丝短；雌球花的胚珠通常1~2枚发育成种子。种子倒卵圆形、卵圆形或近球形，长约2.7cm，径约1.8cm，顶端中央有小凸尖，有长梗。花期3~4月，种子8~10月成熟。

【分布现状】主要分布于中国广东、江西、湖南、湖北、四川、贵州、云南、广西。

【广西产地】三江、龙胜、南丹。

【生　　境】分布区的土壤为酸性黄壤或中性微碱性的石灰土，常生于山谷、溪旁常绿阔叶林或常绿落叶阔叶混交林下的灌木层中，喜温暖湿润的生境。

【经济价值】用途广泛，种子、枝、叶可提取多种植物碱，经临床试验证明，对于治疗人体非淋巴系统白血病，特别是急性粒细胞白血病和单核型细胞白血病有较好的疗效。此外，木材结构细致，材质优良，宜作雕刻、棋类及工艺品材料；且叶片富含单宁，可提制拷胶；种子可榨油作工业原料；树形美观，树冠常绿，也是园林绿化的良好树种。

白豆杉

Pseudotaxus chienii

国家保护等级	《IUCN 濒危物种红色名录》受胁等级	特有植物
二级	易危（VU）	中国特有种

【形态特征】灌木，高达 4m。树皮灰褐色，裂成条片状脱落。1 年生小枝圆，近平滑，稀有或疏或密的细小瘤状突起，褐黄色或黄绿色，基部有宿存的芽鳞。叶条形，排列成两列，直或微弯，长 1.5~2.6cm，宽 2.5~4.5mm，先端凸尖，基部近圆形，有短柄，两面中脉隆起，上面光绿色，下面有两条白色气孔带，宽约 1.1mm，较绿色边带为宽或几等宽。种子卵圆形，长 5~8mm，径 4~5mm，上部微扁，顶端有凸起的小尖，成熟时肉质杯状假种皮白色，基部有宿存的苞片。花期 3 月下旬至 5 月，种子 10 月成熟。

【分布现状】主要分布于中国浙江、江西、湖南、广东、广西。

【广西产地】上林、灌阳、龙胜、金秀、环江、灵川。

【生　　境】生于亚热带中山地区的林下，土壤属山地黄壤，强酸性。群落外貌多为常绿、落叶阔叶混交林，一般喜生长在郁闭度高的林阴下，在干热和强光照下生长萎缩。

【经济价值】木材纹理均匀，结构细致，可作雕刻及器具等用材。叶常绿，种子具白色肉质的假种皮，颇为美观，为庭园树种。

灰岩红豆杉
Taxus calcicola

国家保护等级	《IUCN 濒危物种红色名录》受胁等级	特有植物
一级	濒危（EN）	

【形态特征】乔木，高达 10m。单轴树干，胸径可达 20cm。小枝绿色，干后绿色或浅绿色或浅棕色。该种与红豆杉 *T. chinensis*（Pilg.）Rehd. 形态相似，但灰岩红豆杉叶为条形，直或微弯，叶缘平行，叶长与叶宽的比值较小，叶背面气孔带内气孔多为 9~15 列，而与红豆杉不同。

【分布现状】主要分布于中国云南、贵州、广西；越南。

【广西产地】隆林、田林、环江。

【生　　境】通常生于海拔（800）1000~1500m 的石灰岩山季节雨林或次生林中。

【经济价值】木材呈黄褐色，非常坚硬，芳香，材质优良，可用于建筑、家具、器具等；其提取物紫杉醇有抗癌作用，是集用材、药用、绿化于一体的珍贵树种。

南方红豆杉

Taxus wallichiana var. *mairei*

国家保护等级	《IUCN 濒危物种红色名录》受胁等级	特有植物
一级	易危（VU）	

【形态特征】乔木，高达 20m，胸径达 1m。树皮灰褐色、灰紫色或淡紫褐色，裂成鳞状薄片脱落。叶常较宽长，多呈弯镰状，通常长 2~3.5（4.5）cm，宽 3~4（5）mm，上部常渐窄，先端渐尖，下面中脉带上无角质乳头状突起点，或局部有成片或零星分布的角质乳头状突起点，或与气孔带相邻的中脉带两边有一至数条角质乳头状突起点，中脉带明晰可见，其色泽与气孔带相异，呈淡黄绿色或绿色，绿色边带亦较宽而明显。种子通常较大，微扁，多呈倒卵圆形，上部较宽，稀柱状矩圆形，长 7~8mm，径 5mm，种脐常呈椭圆形。

【分布现状】主要分布于中国安徽南部、浙江、台湾、福建、江西、广东北部、广西北部及东北部、湖南、湖北西部、河南西部、陕西南部、甘肃南部、四川、贵州、云南东北部。

【广西产地】融水、三江、临桂、灵川、全州、兴安、灌阳、资源。龙胜、钟山、富川、天峨、凤山、环江。

【生　　境】常散生或群聚于海拔 1500m 以下的常绿阔叶林或落叶常绿阔叶混交林中。

【经济价值】木材坚实、纹理均匀、结构致密、韧性强、坚硬、弹性大、具光泽、防腐性强，为著名的工业材用树种，可用作家具、桥梁、车辆、建筑等用材。在我国古代，《本草推陈》就已记载紫杉可入药，用皮易引起呕吐，用木部及叶则不吐。且利尿、通经，治肾脏病、糖尿病；其提取物紫杉醇有抗癌作用，对卵巢癌、细胞性肺癌、前列腺癌、胃癌、白血病等具有极好的疗效。树干挺直，树姿优美，叶色翠绿，种子藏于鲜艳的假种皮中，分外夺目，为优良绿化观赏植物，是集用材、药用、绿化于一体的珍贵树种。

资源冷杉

Abies beshanzuensis var. *ziyuanensis*

国家保护等级	《IUCN 濒危物种红色名录》受胁等级	特有植物
一级	易危（VU）	中国特有种

【形态特征】常绿乔木，高 20~25m，胸径 40~90cm. 树皮灰白色，片状开裂。1 年生枝淡褐黄色，老枝灰黑色。冬芽圆锥形或锥状卵圆形，有树脂，芽鳞淡褐黄色。叶在小枝上面向外向上伸展或不规则两列，下面的叶呈梳状，线形，长 2~4.8cm，宽 3~3.5mm，先端有凹缺，上面深绿色，下面有两条粉白色气孔带，树脂道边生。球果椭圆状圆柱形，长 10~11cm，直径 4.2~4.5cm，成熟时暗绿褐色；种鳞扇状四边形，长 2.3~2.5cm，宽 3~3.3cm；苞鳞稍较种鳞为短，长 2.1~2.3cm，中部较窄缩，上部圆形，宽 9~10mm，先端露出，反曲，有突起的短刺尖；种子倒三角状椭圆形，长约 1cm，淡褐色，种翅倒三角形，长 2.1~2.3cm，淡紫黑灰色。花期 4~5 月，球果 10 成熟。结实有间隔期。

【分布现状】主要分布于中国广西东北部资源县银竹老山，湖南西南部新宁县舜皇山、城步县二宝鼎、银竹老山及炎陵县桃源洞国家森林公园。

【广西产地】资源、全州。

【生　　境】分布于中亚热带中山上部，成土母岩多为花岗岩与砂页岩，土壤为酸性黄棕壤。

【经济价值】材质优良，可用于建筑、家具、器具等，是我国南方中山地带造林不可多得的针叶树种。

元宝山冷杉
Abies yuanbaoshanensis

国家保护等级	《IUCN 濒危物种红色名录》受胁等级	特有植物
一级	濒危（EN）	广西特有种

【形态特征】常绿乔木，高达 25m，胸径 60~80cm。树干通直，树皮暗红褐色，不规则块状开裂。小枝黄褐色或淡褐色，无毛。冬芽圆锥形，褐红色，具树脂。叶在小枝下面排成两列，上面的叶密集，向外向上伸展，中央的叶较短，长 1~2.7cm，宽 1.8~2.5mm，先端钝有凹缺，上面绿色、中脉凹下，下面有两条粉白色气孔带，横切面有两个边生树脂道；幼树的叶长 3~3.8cm，先端通常 2 裂。球果直立，短圆柱形，长 8~9cm，直径 4.5~5cm，成熟时淡褐黄色；种鳞扇状四边形，长约 2cm，宽 2.2cm，鳞背密生灰白色短毛；苞鳞长约种鳞的 4/5，微外露，中部较宽，约 9mm，先端有刺尖；种子倒三角状椭圆形，长约 1m，种翅倒三角形，淡黑褐色，长约为种子的一倍，宽 9~11mm。每隔 3~4 年开花结果一次，花期 5 月，果期 10 月。

【分布现状】主要分布于中国广西融水元宝山老虎口以北。

【广西产地】融水。

【生　　境】多散生于海拔 1700~2050m 的山脊及其东侧。分布区位于中亚热带中山上部，生于以落叶阔叶树为主的针阔叶混交林中。土壤主要为花岗岩发育而成山地红壤、山地黄壤和山地黄棕壤，表土层为枯枝落叶所覆盖的黑色腐质土。

【经济价值】材质优良，可用于建筑、家具、器具等。

银杉
Cathaya argyrophylla

国家保护等级	《IUCN 濒危物种红色名录》受胁等级	特有植物
一级	濒危（EN）	

【形态特征】常绿乔木，胸径 40cm 以上。树皮暗灰色，老时则裂成不规则的薄片。大枝平展，小枝节间的上端生长缓慢、较粗，或少数侧生小枝因顶芽死亡而成距状；1 年生枝黄褐色，密被灰黄色短柔毛，逐渐脱落；2 年生枝呈深黄色。冬芽卵圆形或圆锥状卵圆形，顶端钝，淡黄褐色，无毛，通常长 6~8mm。叶枕近条形，稍隆起，顶端具近圆形、圆形或近四方状的叶痕，其色较淡。叶螺旋状着生成辐射伸展，在枝节间的上端排列紧密，成簇生状，在其之下侧疏散生长，多数长 4~6cm，宽 2.5~3mm，边缘微反卷，在横切面上其两端为圆形，下面沿中脉两侧具极显著的粉白色气孔带，每条气孔带有 11~17 行气孔，气孔带一般较浅绿色的叶缘边带为宽。侧生小枝的节间较短，叶排列较密，上端之叶密集、近轮状簇生，多数长不超过 3cm，边缘平或近平，在横切面上其两端斜尖，下面粉白色气孔带有 9~13 行气孔，宽与边带近相等；叶条形，多少镰状弯曲或直，先端圆，基部渐窄成不明显的叶柄，上面深绿色，被疏柔毛，沿凹陷的中脉有较密的褐色短毛；幼叶上面的毛较多，沿叶缘具睫毛，睫毛不久即脱落，仅留痕迹。雄球花开放前长椭圆状卵圆形，长约 2cm，径 8~9mm，盛开时穗状圆柱形，长 5~6cm，近于无柄，基部围绕的苞片半透明膜质，背面凸起，边缘具不规则的锯齿，位于内部的苞片较大，阔卵形，长 6~8mm，宽 4~5mm，外部的苞片多为三角状扁圆形，承托基部的变形叶不久即脱落，雄蕊黄色，长约 6mm；雌球花基部无苞片，卵圆形或长椭圆状卵圆形，长 8~10mm，径约 3mm，珠鳞近圆形或肾状扁圆形，黄绿色，苞鳞黄褐色，三角状扁圆形或三角状卵形，先端具尾状长尖，边缘波状有不规则的细锯齿。球果成熟前绿色，熟时由栗色变暗褐色，卵圆形、长卵圆形或长椭圆形，长 3~5cm，径 1.5~3cm，种鳞 13~16 枚，近圆形或带扁圆形至卵状圆形，长 1.5~2.5cm，宽 1~2.5cm，背面（尤其是被覆盖着的部分）密被微透明的短柔毛；苞鳞长达种鳞的 1/4~1/3；种子略扁，斜倒卵圆形，基部尖，长 5~6mm，径 3~4mm，橄榄绿带墨绿色，有不规则的浅色斑纹，种翅膜质，黄褐色，呈不对称的长椭圆形或椭圆状倒卵形，长 10~15mm，宽 4~6mm。

【分布现状】主要分布于中国广西北部龙胜县花坪及东部金秀县大瑶山，湖南东南部资兴、雷县及西南部城步县沙角洞，重庆金佛山、柏枝山、箐竹山与武隆区白马山，贵州道真县大沙河与桐梓县白芷山。

【广西产地】龙胜、金秀。

【生　　境】阳性树种，根系发达，多生于土壤浅薄、岩石裸露或孤立的帽状石山的顶部，或悬岩、绝壁隙缝间。喜光，喜雾，耐寒性较强，能忍受 -15℃低温，耐旱，耐土壤瘠薄，抗风，幼苗需庇荫。

【经济价值】优良的材用树种，材质坚硬，纹理细致，是制作家具的上等材料；树干挺直，主枝平展，青翠欲滴的针叶，仪态刚健优美，整棵树像托塔天王的宝塔，屹立在山脊之上，具有较高的观赏价值。

黄枝油杉

Keteleeria davidiana var. *calcarea*

国家保护等级	《IUCN 濒危物种红色名录》受胁等级	特有植物
二级	濒危（EN）	中国特有种

【形态特征】乔木，高 20m，胸径 80cm。树皮黑褐色或灰色，纵裂，成片状剥落。小枝无毛或近于无毛，叶脱落后，留有近圆形的叶痕，1 年生枝黄色，2、3 年生枝呈淡黄灰色或灰色。冬芽圆球形。叶条形，在侧枝上排列成两列，长 2~3.5cm，宽 3.5~4.5mm，稀长达 4.5cm，宽 5mm，两面中脉隆起，先端钝或微凹，基部楔形，有短柄，上面光绿色，无气孔线，下面沿中脉两侧各有 18~21 条气孔线，有白粉；横切面上面有一层连续排列的皮下层细胞，其下常有少数散生的皮下层细胞，两端角部三层，下面两侧及中部一层。球果圆柱形，长 11~14cm，径 4~5.5cm，成熟时淡绿色或淡黄绿色；中部的种鳞斜方状圆形或斜方状宽卵形，长 2.5~3cm，宽 2.5~2.8cm，上部圆，间或先端微平，边缘向外反曲，稀不反曲而先端微内曲，鳞背露出部分有密生的短毛，基部两侧耳状；鳞苞中部微窄，下部稍宽，上部近圆形，先端三裂，中裂窄三角形，侧裂宽圆，边缘有不规则的细齿；种翅中下部或中部较宽，上部较窄。花期 3~4 月，种子 10~11 月成熟。

【分布现状】主要分布于中国广西东北部至北部，湖南西南江永，贵州东南部黎明平、独山、平塘、荔波等地。

【广西产地】临桂、桂林、灵川、融安、恭城、平乐、金秀、乐业。

【生　　境】中亚热带树种，在钙质土、黄壤和红壤上均能生长，但多见于石灰岩石山钙质土上。在土层浅薄、土壤干燥或岩石裸露的地方，其幼树的主根短而粗壮，常比地上部分为粗，具发达的皮层，能贮藏较多水分。在石山上生长时，如主根受阻，则侧根发达，穿插力强，伸延在石缝中，能耐石山干旱。

【经济价值】木材较坚硬，纹理直，结构细，是家具和建筑优良用材；树干通直，雄伟挺拔，枝叶浓密，适于庭园绿化；根系发达，能耐石山干旱，是石灰岩石山绿化的优良树种。

柔毛油杉
Keteleeria pubescens

国家保护等级	《IUCN 濒危物种红色名录》受胁等级	特有植物
二级	易危（VU）	中国特有种

【形态特征】乔木。树皮暗褐色或褐灰色，纵裂。1~2 年生枝绿色，有密生短柔毛，干后枝呈深褐色或暗红褐色，毛呈锈褐色。叶条形，在侧枝上排列成不规则两列，先端钝或微尖，主枝及果枝的叶辐射伸展，先端尖或渐尖，长 1.5~3cm，宽 3~4mm，上面深绿色，中脉隆起，无气孔线，下面淡绿色，沿中脉两侧各有 23~35 条气孔线，干后边缘多少向下反曲；横切面上面有一层不连续的皮下层细胞，其下有少数散生皮下层细胞，两侧端及下面中部有一层连续的皮下层细胞。球果成熟前淡绿色，有白粉，短圆柱形或椭圆状圆柱形，长 7~11cm，径 3~3.5cm；中部的种鳞近五角状圆形，长约 2cm，宽与长相等或稍宽，上部宽圆，中央微凹，背面露出部分有密生短毛，边缘微向外反曲；苞鳞长约为种鳞的 2/3，中部窄，下部稍宽，上部宽圆；种子近倒卵形，先端三裂，中裂呈窄三角状刺尖，长约 3mm，侧裂宽短，先端三角状，外侧边缘较薄，有不规则细齿；种子具膜质长翅，种翅近中部或中下部较宽，连同种子与种鳞等长。

【分布现状】主要分布于中国广西、贵州。

【广西产地】乐业、罗城、融水、三江、资源。

【生　　境】生于海拔 600~1100m 的土层深厚、湿润的山地。对土壤、岩石和地形有广泛的适应力，能耐干旱瘠薄的土壤，在酸性、中性、微碱性（pH4.5~7.5）的壤土、石砾土、黏土和山脊阳坡的薄层土上都能生长。喜光，成片的天然林大多处于山顶上坡或较空旷之地。

【经济价值】材质坚硬，心材红褐色，耐腐朽，可作建筑、家具、桥梁等用材。

华南五针松

Pinus kwangtungensis

国家保护等级	《IUCN 濒危物种红色名录》受胁等级	特有植物
二级	近危（NT）	中国特有种

【形态特征】乔木，高达 30m，胸径 1.5m。幼树树皮光滑，老树树皮褐色，厚，裂成不规则的鳞状块片。小枝无毛，1 年生枝淡褐色，老枝淡灰褐色或淡黄褐色。冬芽茶褐色，微有树脂。针叶 5 针一束，长 3.5~7cm，径 1~1.5mm，先端尖，边缘有疏生细锯齿，仅腹面每侧有 4~5 条白色气孔线；横切面三角形，皮下层由单层细胞组成，树脂道 2~3 个，背面 2 个边生，有时腹面 1 个中生或无；叶鞘早落。球果柱状矩圆形或圆柱状卵形，通常单生，熟时淡红褐色，微具树脂，通常长 4~9cm，径 3~6cm，稀长达 17cm、径 7cm，梗长 0.7~2cm；种鳞楔状倒卵形，通常长 2.5~3.5cm，宽 1.5~2.3cm，鳞盾菱形，先端边缘较薄，微内曲或直伸；种子椭圆形或倒卵形，长 8~12mm，连同种翅与种鳞近等长。花期 4~5 月，球果翌年 10 月成熟。

【分布现状】主要分布于中国湖南、贵州、广西、广东、海南。

【广西产地】武鸣、马山、山林、融水、融安、全州、资源、临桂、恭城、天等、平南、龙州、金秀、靖西、隆林、环境、田东。

【生　　境】喜生于气候温湿、雨量多、土壤深厚、排水良好的酸性土及多岩石的山坡与山脊上，常与阔叶树及针叶树混生。喜温凉湿润气候、土壤深厚，在排水良好的酸性土上生长良好。也能耐瘠薄，在悬岩、石隙中也能生长。常在海拔 1000~1500m 的山地组成纯林。

【经济价值】干材端直、质地优良木材、坚实、结构较细密，具树脂，耐久用，是中亚热带至北亚带中山地区的优良造林树种，可作建筑、枕木、电杆、矿柱及高级家具等用材；树形优美，姿态万千，针叶较短，立体感强，具有极高的观赏价值。

毛枝五针松

Pinus wangii

国家保护等级	《IUCN 濒危物种红色名录》受胁等级	特有植物
一级	濒危（EN）	

【形态特征】常绿乔木，高约 20m，胸径 60cm。1 年生枝暗红褐色，较细，密被褐色柔毛，2、3 年生枝呈暗灰褐色，毛渐脱落。冬芽褐色或淡褐色，无树脂，芽鳞排列疏松。针叶 5 针一束，粗硬，微内弯，长 2.5~6cm，径 1~1.5mm，先端急尖，边缘有细锯齿，背面深绿色，仅腹面两侧各有 5~8 条气孔线；横切面三角形，单层皮下层细胞，稀有 1~2 个第二层细胞，树脂道 3 个，中生，叶鞘早落。球果单生或 2~3 个集生，微具树脂或无树脂，熟时淡黄褐色、褐色或暗灰褐色，矩圆状椭圆形或圆柱状长卵圆形，长 4.5~9cm，径 2~4.5cm，梗长 1.5~2cm；中部种鳞近倒卵形，长 2~3cm，宽 1.5~2cm，鳞盾扁菱形，边缘薄，微内曲，稀球果中下部的鳞盾边缘微向外曲，鳞脐不肥大，凹下；种子淡褐色，椭圆状卵圆形，两端微尖，长 8~10mm，径约 6mm，种翅偏斜，长约 1.6cm，宽约 7mm。

【分布现状】主要分布于中国云南、广西。

【广西产地】龙胜、贺州、靖西、田林、环江。

【生　　境】生于海拔 500~1800m 的石灰岩山地，疏生不成森林，或与栎类树种混交成林。喜雨量充沛、气候温和、湿润及土壤深厚、排水良好的环境。常生于石灰岩山地常绿阔叶林中或石山岩坡和悬崖峭壁。

【经济价值】树干木材质地松软、含松脂，材质优良，可作石灰岩山地的造林树种。枝细，松针短，是极好的盆景植物，具较高的观赏价值。

短叶黄杉
Pseudotsuga brevifolia

国家保护等级	《IUCN 濒危物种红色名录》受胁等级	特有植物
二级	易危（VU）	中国特有种

【形态特征】乔木。树皮褐色，纵裂成鳞片状。1 年生枝干后红褐色，有较密的短柔毛，尤以凹槽处为多，或主枝的毛较少或几无毛，2、3 年生枝灰色或淡褐色，无毛或近无毛。冬芽近圆球形，芽鳞多数，覆瓦状排列，红褐色，常向外开展，宽卵形，先端钝或宽圆形，边缘有睫毛。叶近辐射伸展或排列成不规则两列，条形，较短，长 0.7~1.5（稀达 2）cm，宽 2~3.2mm，上面绿色，下面中脉微隆起，有 2 条白色气孔带，气孔带由 20~25 条（稀达 30）气孔线所组成，绿色边带与中脉带近等宽，先端钝圆有凹缺，基部宽楔形或稍圆，有短柄。球果熟时淡黄褐色、褐色或暗褐色，卵状椭圆形或卵圆形，长 3.7~6.5cm，径 3~4cm；种鳞木质，坚硬，拱凸呈蚌壳状，中部种鳞横椭圆状斜方形，长 2.2~2.5cm，宽约 3.3cm，上部宽圆，鳞背密生短毛，露出部分毛渐稀少；苞鳞露出部分反伸或斜展，先端三裂，中裂呈渐尖的窄三角形，长约 3mm，侧裂三角状，较中裂片稍短，外缘具不规则细锯齿，苞鳞中部较窄，向下逐渐增宽；种子斜三角状卵形，下面淡黄色，有不规则的褐色斑纹，长约 1cm，种翅淡红褐色，有光泽，上面中部常有短毛，宽约 7.5mm，连同种子长约 2cm。

【分布现状】主要分布于中国广西西南部和西北部。

【广西产地】大新、龙州、乐业、凌云、田林、靖西、那坡、隆林、南丹、环江。

【生　　境】分布于中国广西西南部海拔约 1250m 的向阳山坡或山顶，常散生于疏林中。分布区地跨北热带季雨林至中亚热带常绿阔叶林地带的南部，属半湿润至湿润的气候类型。天然更新能力强，种子可随风飘扬，大树附近或较远处，有不少中龄树、幼树和幼苗。

【经济价值】材质优良，可作广西、贵州、云南东南部石灰岩山地的造林树种。

黄杉
Pseudotsuga sinensis

国家保护等级	《IUCN 濒危物种红色名录》受胁等级	特有植物
二级	易危（VU）	中国特有种

【形态特征】乔木，高达 50m，胸径达 1m。幼树树皮淡灰色，老则灰色或深灰色，裂成不规则厚块片。1 年生枝淡黄色或淡黄灰色（干时褐色），2 年生枝灰色，通常主枝无毛，侧枝被灰褐色短毛。叶条形，排列成两列，长 1.3~3（多为 2~2.5）cm，宽约 2mm，先端钝圆有凹缺，基部宽楔形，上面绿色或淡绿色，下面有 21 条白色气孔带；横切面两端尖，上面有一层不连续排列的皮下层细胞，下面中部有一（稀二）层连续排列的皮下层细胞。球果卵圆形或椭圆状卵圆形，近中部宽，两端微窄，长 4.5~8cm，径 3.5~4.5cm，成熟前微被白粉；中部种鳞近扇形或扇状斜方形，上部宽圆，基部宽楔形，两侧有凹缺，长约 2.5cm，宽约 3cm，鳞背露出部分密生褐色短毛；苞鳞露出部分向后反伸，中裂窄三角形，长约 3mm，侧裂三角状微圆，较中裂为短，边缘常有缺齿；种子三角状卵圆形，微扁，长约 9mm，上面密生褐色短毛，下面具不规则的褐色斑纹，种翅较种子为长，先端圆，种子连翅稍短于种鳞；子叶 6（稀 7）枚，条状披针形，长 1.7~2.8cm，宽约 1mm，先端尖，深绿色，上面中脉隆起，有 2 条白色气孔带，下面平，不隆起；初生叶条形，长 1.5~2.3cm，宽 1~1.4mm，先端渐尖或急尖，上面平，无气孔线，下面中脉隆起，有两条白色气孔带。花期 4 月，球果 10~11 月成熟。

【分布现状】主要分布于中国云南、四川、贵州、陕西、湖北、湖南、广西。

【广西产地】龙州、乐业、田林、那坡、隆林、南丹。

【生　　境】分布区地处中亚热带至北亚热带，多生于中山地带的向阳山地和山脊。喜气候温和或温凉，雨量适中，湿度大，土壤为酸性黄壤、黄棕壤及紫色土的生境。喜光树种，根系发达，能耐干旱瘠薄，在岩石裸露的山脊、山坡亦能生长。

【经济价值】材质优良，边材淡褐色，心材红褐色，纹理直，结构细致，是房屋建筑，桥梁、家具、文具及人造纤维原料等优良用材。适应性强，生长较快，木材优良，在喀斯特地区的高山中上部可选为造林树种。

5.4 被子植物

地枫皮
Illicium difengpi

国家保护等级	《IUCN 濒危物种红色名录》受胁等级	特有植物
一级	易危（VU）	

【形态特征】灌木，高 1~3m。全株均具八角的芳香气味。树皮有纵向皱纹。根外皮暗红褐色，内皮红褐色。嫩枝褐色。叶常 3~5 片聚生或在枝的近顶端簇生，革质或厚革质。花紫红色或红色，腋生或近顶生，单朵或 2~4 朵簇生。果梗长 1~4cm；聚合果直径 2.5~3cm，蓇葖 9~11 枚；种子长 6~7mm。花期 4~5 月，果期 8~10 月。

【分布现状】主要分布于中国广西西南部和广东南部。

【广西产地】马山、天等、龙州、忻城、德保、田阳、靖西、都安。

【生　　境】常生于海拔 200~500m 的石灰岩石山山顶与有土的石缝中或石山疏林下。土壤为石灰岩，中性。喜光树种，适应干旱风大的石山境地，常生在石山山顶阳光充足的地方，扎根于岩缝石隙中，很少出现在林阴下和阴暗沟谷。

【经济价值】春、秋二季剥取其树皮，晒干或低温干燥后即为中药材地枫皮，其具有祛风除湿、行气止痛等功效，主治风湿痹痛、劳伤腰痛。地枫皮中含有苯丙素类、木脂素类、萜类、黄酮类、酚类及挥发油等成分，并显示出抗炎、镇痛、抗氧化、抗病毒等广泛的药理活性，极具药用价值。

金耳环

Asarum insigne

国家保护等级	《IUCN 濒危物种红色名录》受胁等级	特有植物
二级	易危（VU）	

【形态特征】多年生草本。根状茎粗短，根丛生，稍肉质，直径 2~3mm，有浓烈的麻辣味。叶片长卵形、卵形或三角状卵形，先端急尖或渐尖，基部耳状深裂，叶面中脉两旁有白色云斑，偶无，具疏生短毛，叶背可见细小颗粒状油点，脉上和叶缘有柔毛；花被裂片宽卵形至肾状卵形，中部至基部有一半圆形垫状斑块，白色；药隔伸出，锥状或宽舌状，或中央稍下凹；子房下位，裂片长约 1mm；柱头侧生。花期 3~4 月。

【分布现状】主要分布于中国广东、广西、江西。

【广西产地】金秀、永福、三江、灵川、兴安。

【生　　境】生于海拔 450~700m 的林下阴湿地或土石山坡上。

【经济价值】以全草入药，具有温经散寒、祛痰止咳、散瘀消肿、行气止痛之功效，其所含成分包括黄酮类、氨基酸、糖类和挥发油等，为广东产的“跌打万花油”的主要原料之一。

风吹楠
Horsfieldia amygdalina

国家保护等级	《IUCN 濒危物种红色名录》受胁等级	特有植物
二级	濒危（EN）	

【形态特征】乔木，高 10~25m，胸径 20~40cm。树皮灰白色，纵裂，分枝平展。小枝褐色，圆柱形，具淡褐色卵形皮孔。叶坚纸质，椭圆状披针形或长圆状椭圆形，长 12~18cm，宽 3.5~5.5（7.5）cm，先端急尖或渐尖，基部楔形，两面无毛；侧脉 8~12 对，表面略显，背面微隆起，第三次小脉不明显；叶柄长 1.5~2（2.5）cm，宽 1.5~2mm，无毛。雄花序腋生或从落叶的腋生出，圆锥状，长 8~15cm，近无毛，分叉稀疏，苞片披针形，被微茸毛，成熟时脱落，花几成簇，近平顶圆球形，与花梗均无毛，近等长，约 1~1.5mm；花被 2，通常 3，稀 4 裂，无毛，雄蕊聚合成平顶球形，柱有短柄，花药 10（12~15）枚。雌花序通常着生老枝，长 3~6cm，无毛，花梗粗壮，长约 1.5~2mm，雌花球形，约与花梗等长或略短，花被裂片 2，柱头在子房顶端近盘状，花柱缺，子房无柄，无毛。果序长达 10cm；果成熟时卵圆形至椭圆形，长 3~3.5（4）cm，径 1.5~2.5cm，橙黄色，先端具短喙，基部有时下延成短柄，花被片不存，果皮肉质，厚 2~3mm；假种皮橙红色，完全包被或有时仅顶端成极短的覆瓦状条裂；种子卵形，淡红褐色，平滑，种皮脆壳质，具纤细脉纹，有光泽；珠孔在中部以下。花期 8~10 月，果期 3~5 月。

【分布现状】主要分布于中国云南、广东、广西西南部；从越南、缅甸至印度东北部和安达曼群岛。

【广西产地】崇左、扶绥、大新。

【生　　境】生于海拔 140~1200m 的平坝疏林或山坡、沟谷的密林中。

【经济价值】种子含油量高，种仁含油率 50%~55%，脂肪酸成分主要为肉豆蔻酸和月桂酸，是机械润滑油增黏降凝双效添加剂，使汽油在气温 -40~-30℃不会凝固，是军用坦克、汽车等的重要防凝固用油，不必加热可立即发动起行。

滇南风吹楠
Horsfieldia tetratepala

国家保护等级	《IUCN 濒危物种红色名录》受胁等级	特有植物
二级	濒危（EN）	中国特有种

【形态特征】乔木，高可达 25m。树皮灰白色。小枝棕褐色，皮孔显著，髓中空。叶薄革质，叶片长圆形或倒卵状长圆形，两面无毛；叶柄扁。雄花序圆锥状，着生于老枝的落叶腋部，花序轴、花梗和花蕾外面被锈色树枝状毛，雄花簇生，球形；裂片三角状卵形。果序通常着生老枝落叶腋部，果椭圆形，果皮厚，近木质，假种皮近橙红色；种子卵状椭圆形，种皮淡黄褐色。花期 4~6 月，果期 11 月至翌年 4 月。

【分布现状】主要分布于中国云南、广西。

【广西产地】防城、大新、宁明、龙州、田阳、靖西、东兰、巴马。

【生　　境】生于海拔 300~650m 的沟谷坡地密林中。性喜高温多雨，常分布于气温高、降水量丰的低湿热地区。

【经济价值】种子含油率高，主要脂肪酸成分是肉豆蔻酸和月桂酸，具有较好的开发利用价值；木材淡红褐色、纹理直，结构细、质轻软、易加工，可作建筑、造船、家具、细木工的优良用材；生长较快，能培育大径材，树干挺直，树冠伞形，为热带地区速生用材树种之一。

鹅掌楸

Liriodendron chinense

国家保护等级	《IUCN 濒危物种红色名录》受胁等级	特有植物
二级	近危（NT）	

【形态特征】乔木，高达 40m，胸径 1m 以上。小枝灰色或灰褐色。叶马褂状，长 4~12（18）cm，近基部每边具 1 侧裂片，先端具 2 浅裂，下面苍白色，叶柄长 4~8（16）cm。花杯状，花被片 9，外轮 3 片绿色，萼片状，向外弯垂，内两轮 6 片，直立，花瓣状、倒卵形，长 3~4cm，绿色，具黄色纵条纹，花药长 10~16mm，花丝长 5~6mm，花期时雌蕊群超出花被之上，心皮黄绿色。聚合果长 7~9cm，具翅的小坚果长约 6mm，顶端钝或钝尖，具种子 1~2 颗。花期 5 月，果期 9~10 月。

【分布现状】主要分布于中国陕西、安徽以南，西至四川、云南，南至南岭山地；越南。

【广西产地】临桂、兴安、灌阳、资源、龙胜、西林。

【生　　境】生于海拔 900~1000m 的山地林中。常与多脉青冈、木荷、小叶青冈、亮叶水青冈、粉椴、亮叶桦、黄山木兰等树种组成常绿落叶阔叶混交林。植株高大挺拔，通常占据林冠最上层。喜光，幼树稍耐荫蔽。喜温湿、凉爽气候，适应性较强，能耐 -20℃的低温，也能忍耐轻度的干旱和高温。适合在肥沃疏松、排水良好的土壤（pH4.5~6.5）上生长；忌低湿水涝，在干旱土地上会生长不良。

【经济价值】花大而美丽，秋季叶色金黄，形似一个个黄马褂，是珍贵的行道树和庭园观赏树种；适应性强，生长迅速，树形美观，是建筑及制作家具的上好用材；作为珍贵用材及园林绿化等树种具有十分广阔的推广应用前景；叶和树皮均可入药，味辛、性温，有祛风除湿、散寒止咳之功效，主治风湿痹痛、风寒咳嗽。

香木莲
Manglietia aromatica

国家保护等级	《IUCN 濒危物种红色名录》受胁等级	特有植物
二级	近危（NT）	

【形态特征】乔木，高达 35m，胸径 1.2m。树皮灰色，光滑。新枝淡绿色。除芽被白色平伏毛外全株无毛，各部揉碎有芳香。顶芽椭圆柱形，长约 3cm，直径约 1.2cm。叶薄革质，倒披针状长圆形，倒披针形，长 15~19cm，宽 6~7cm，先端短渐尖或渐尖，1/3 以下渐狭至基部稍下延，侧脉每边 12~16 条，网脉稀疏，干时两面网脉明显凸起；叶柄长 1.5~2.5cm，托叶痕长为叶柄的 1/4~1/3。花梗粗壮，果时长 1~1.5cm，直径 0.6~0.8cm，苞片脱落痕 1，距花下约 5~7mm；花被片白色，11~12 片，4 轮排列，每轮 3 片，外轮 3 片，近革质，倒卵状长圆形，长 7~11cm，宽 3.5~5cm，内数轮厚肉质，倒卵状匙形，基部成爪，长 9~11.5cm，宽 4~5.5cm；雄蕊约 100 枚，长 1.5~1.8cm，花药长 0.7~1cm，药隔伸出长 2mm 的尖头；雌蕊群卵球形，长 1.8~2.4cm，心皮无毛。聚合果鲜红色，近球形或卵状球形，直径 7~8cm，成熟蓇葖沿腹缝及背缝开裂。花期 5~6 月，果期 9~10 月。

【分布现状】主要分布于中国云南东南部、广西西南部。

【广西产地】龙州、百色、乐业、那坡、罗城、环江。

【生　　境】喜光树种，多为森林上层乔木，具有板根，主根发达。生于海拔 900~1600m 的山地、丘陵常绿阔叶林中。分布区跨南亚热带季风常绿阔叶林地带和北热带季雨林、雨林地带，气候较为温凉湿润。在石灰岩山坡地岩石裸露、土壤稀少的石隙亦可生长，但以在沟谷或山坡下部、土壤覆盖率较大、土层较深厚的环境生长良好。

【经济价值】全株香气浓郁，枝、叶、花及木材均可提取芳香油；花大而芳香、纯白美丽，聚合果熟时鲜红夺目，是庭园观赏的佳木奇花，是重要的香料和园林绿化观赏树种；树干通直，木材纹理直，结构细，抗虫蛀与腐蚀，也是群众喜用的优良用材。

大叶木莲
Manglietia dandyi

国家保护等级	《IUCN 濒危物种红色名录》受胁等级	特有植物
二级	濒危（EN）	

【形态特征】乔木，高达 30~40m，胸径 80~100cm。小枝、叶下面、叶柄、托叶、果柄、佛焰苞状苞片均密被锈褐色长茸毛。叶革质，常 5~6 片集生于枝端，倒卵形，先端短尖，2/3 以下渐狭，基部楔形，长 25~50cm，宽 10~20cm，上面无毛，侧脉每边 20~22 条，网脉稀疏，干时两面均凸起；叶柄长 2~3cm；托叶痕为叶柄长的 1/3~2/3。花梗粗壮，长 3.5~4cm，径约 1.5cm，紧靠花被下具 1 厚约 3mm 的佛焰苞状苞片；花被片厚肉质，9~10 片，3 轮，外轮 3 片倒卵状长圆形，长 4.5~5cm，宽 2.5~2.8cm，腹面具约 7 条纵纹，内面 2 轮较狭小；雄蕊群被长柔毛，雄蕊长 1.2~1.5cm，花药长 0.8~1cm，药室分离，宽约 1mm，药隔伸出一成长约 1mm 的三角尖；花丝宽扁，长约 2mm；雌蕊群卵圆形，长 2~2.5cm，具 60~75 枚雌蕊，无毛；雌蕊长约 1.5cm，具 1 纵沟直至花柱末端。聚合果卵球形或长圆状卵圆形，长 6.5~11cm；蓇葖长 2.5~3cm，顶端尖，稍向外弯，沿背缝及腹缝开裂；果梗粗壮，长 1~3cm，直径 1~1.3cm。花期 6 月，果期 9~10 月。

【分布现状】主要分布于中国广西、云南。

【广西产地】那坡、靖西。

【生　　境】分布区属亚热带湿润季风气候，生于海拔 450~1500m 的山地林中、沟谷两旁。

【经济价值】在木莲属中属于比较原始的种类，对木莲属的系统分类研究具有较高科研价值。树干粗壮挺直光滑，材质上佳，是优良用材树种；花大且显著易观赏，白色，有香味，是优秀的观赏树种。

大果木莲
Manglietia grandis

国家保护等级	《IUCN 濒危物种红色名录》受胁等级	特有植物
二级	易危（VU）	中国特有种

【形态特征】乔木，高达 12m。小枝粗壮，淡灰色，无毛。叶革质，椭圆状长圆形或倒卵状长圆形，长 20~35.5cm，宽 10~13cm，先端钝尖或短突尖，基部阔楔形，两面无毛，上面有光泽，下面有乳头状突起，常灰白色，侧脉每边 17~26 条，干时两面网脉明显；叶柄长 2.6~4cm，托叶无毛，托叶痕约为叶柄的 1/4。花红色，花被片 12，外轮 3 片较薄，倒如状长圆形，长 9~11cm，具 7~9 条纵纹，内 3 轮肉质，倒卵状匙形，长 8~12cm，宽 3~6cm；雄蕊长 1.4~1.6cm，花药长约 1.3cm，药隔伸出约 1mm 长的短尖头；雌蕊群卵圆形，长约 4cm，每心皮背面中肋凹至花柱顶端。聚合果长圆状卵圆形，长 10~12cm，果柄粗壮，直径 1.3cm，成熟蓇葖长 3~4cm，沿背缝线及腹缝线开裂，顶端尖，微内曲。花期 5 月，果期 9~10 月。

【分布现状】主要分布于中国云南东南部及广西西南部。

【广西产地】靖西、那坡。

【生　　境】多见于海拔 800~1500m 的石灰岩山地；分布区气候湿热多雨，土壤为石灰岩土或山地黄壤，有机质含量丰富。喜光树种，常零散生长在向阳的沟谷或山腰中部季风常绿阔叶林中，林内幼树罕见。

【经济价值】叶大亮绿，花大色艳，芳香怡人，树形优美，是南方城市、庭园、道路绿化非常珍贵的优良树种；木材结构细致，耐腐、耐水湿、不虫蛀、易加工，是家具、建筑、室内装修的优良用材。

香子含笑（香籽含笑）

Michelia gioi

国家保护等级	《IUCN 濒危物种红色名录》受胁等级	特有植物
二级	易危（VU）	

【形态特征】乔木，高达 21m，胸径 60cm。小枝黑色，老枝浅褐色，疏生皮孔。芽、嫩叶柄、花梗、花蕾及心皮密被平伏短绢毛，其余无毛。叶揉碎有八角气味，薄革质，倒卵形或椭圆状倒卵形，长 6~13cm，宽 5~5.5cm，先端尖，尖头钝，基部宽楔形，两面鲜绿色，有光泽，无毛，侧脉每边 8~10 条，网脉细密，侧脉及网脉两面均凸起；叶柄长 1~2cm，无托叶痕。花蕾长圆体形，长约 2cm，花梗长约 1cm，花芳香，花被片 9，3 轮，外轮膜质，条形，长约 1.5cm，宽约 2mm，内两轮肉质，狭椭圆形，长 1.5~2cm，宽约 6mm；雄蕊约 25 枚，长 8~9mm，药隔伸出长约 1~1.5mm 的锐尖头；雌蕊群卵圆形，雌蕊群柄长 4~5mm，心皮约 10 枚，狭椭圆体形，长 6~7mm，背面有 5 条纵棱，花柱长约 2mm，外卷，胚珠 6~8。聚合果果梗较粗，长 1.5~2cm，雌蕊群柄果时增长至 2~3cm；蓇葖灰黑色，椭圆体形，长 2~4.5cm，宽 1~2.5cm，密生皮孔，顶端具短尖，基部收缩成柄，柄长 2~8mm，果瓣质厚，熟时向外反卷，露出白色内皮；种子 1~4 粒。花期 3~4 月，果期 9~10 月。

【分布现状】主要分布于中国海南、广西、云南。

【广西产地】上思、龙州、靖西、那坡、防城、凭祥、靖西等。

【生　　境】分布区属北热带和南亚热带，垂直分布在海拔 800m 以下，多散生在山坡中下部和沟谷两旁的常绿阔叶林内。

【经济价值】用材树种，散孔材，纹理通直，适用作横梁、桁条和门窗框，以及车船、家具等的优良用材，又因材质细韧，节疤少，旋刨容易，也适用作胶合板、文具和器具等。此外，花瓣雪白、芳香、花期长，树形笔直呈塔型、枝叶浓绿、外形挺拔秀丽，被广泛运用于园林绿化树种。

云南拟单性木兰
Parakmeria yunnanensis

国家保护等级	《IUCN 濒危物种红色名录》受胁等级	特有植物
二级	易危（VU）	

【形态特征】常绿乔木，高达 30m，胸径 50cm。树皮灰白色，光滑不裂。叶薄革质，卵状长圆形或卵状椭圆形、长 6.5~15（20）cm，宽 2~5cm，先端短渐尖或渐尖，基部阔楔形或近圆形，上面绿色，下面浅绿色，嫩叶紫红色，侧脉每边 7~15 条，两面网脉明显，叶柄长 1~2.5cm。雌花雄花两性花异株，芳香；雄花花被片 12，4 轮，外轮红色，倒卵形，长约 4cm，宽约 2cm，内 3 轮白色，肉质，狭倒卵状匙形，长 3~3.5cm，基部渐狭成爪状；雄蕊约 30 枚，长约 2.5cm，花药长约 1.5cm，药隔伸出 1mm 的短尖。花丝长约 10mm，红色，花托顶端圆；两性花：花被片与雄花同而雄蕊极少，雌蕊群卵圆形，绿色。聚合果长圆状卵圆形，长约 6cm，蓇葖菱形，熟时背缝开裂；种子扁，长 6~7mm，宽约 1cm，外种皮红色。花期 5 月，果期 9~10 月。

【分布现状】主要分布于中国云南、广西。

【广西产地】融水、临桂、灌阳、龙胜、上思、金秀。

【生　　境】生于海拔 1200~1500m 的山谷密林中。土壤为沙页岩发育的黄壤，湿润肥沃，枯枝落叶腐殖层较厚，无机养分和有机质含量比较丰富。

【经济价值】树干挺拔、材质优良、树冠浓绿，结实率高，花、叶可提取香精；生长迅速，适应性强，是营造混交用材林和香料林的优良树种。

单性木兰（焕镛木）

Woonyoungia septentrionalis

国家保护等级	《IUCN 濒危物种红色名录》受胁等级	特有植物
二级	易危（VU）	中国特有种

【形态特征】常绿乔木，高达 20m。叶革质，椭圆状长圆形或倒卵状长圆形；托叶痕几达叶柄顶端。是木兰科较原始的种类。雌雄异株，单生枝顶，稀腋生。雄花：花被片多数为一轮，稀两轮，2~6 片，倒卵形或椭圆形，花药线形；雌花：花被片两轮，外轮 2~4 片，倒卵形，内轮 4~13 片，线状倒披针形，芳香。聚合果近球形。花期 5~6 月，果期 8~9 月。

【分布现状】主要分布于中国广西、云南、贵州。

【广西产地】环江、那坡、罗城。

【生　　境】生于海拔 300~500m 的石灰岩山地林中和密林中。

【经济价值】树干通直，材质轻软，树叶浓绿、秀气、革质，在森林中宛如亭亭玉立少女，为名贵稀有观赏树种。

卵叶桂
Cinnamomum rigidissimum

国家保护等级	《IUCN 濒危物种红色名录》受胁等级	特有植物
二级	近危（NT）	

【形态特征】小至中乔木，高 3~22m，胸径 50cm。树皮褐色。枝条圆柱形，灰褐色或黑褐色，无毛，有松脂的香气；小枝略扁，有棱角，幼嫩时被灰褐色的茸毛，棱角更为显著。叶对生，卵圆形，阔卵形或椭圆形，长（3.5）4~7（8）cm，宽（2.2）2.5~4（6）cm，先端钝或急尖，基部宽楔形、钝至近圆形，革质或硬革质，上面绿色，光亮，下面淡绿色，晦暗，两面无毛或下面初时略被微柔毛后变无毛，离基三出脉，中脉及侧脉两面凸起，侧脉自叶基 0~5（7）mm 处生出，弧曲，在叶端下消失，向叶缘一侧有少数不明显的支脉，有时自叶基近叶缘附加有纤细的短支脉，横脉两面隐约可见，网脉两面不明显；叶柄扁平而宽，腹面略具沟，长（0.8）1~2cm，无毛。花序近伞形，生于当年生枝的叶腋内，长 3~6（8.5）cm，有花 3~7（11）朵，总梗长 2~4cm，略被稀疏贴伏的短柔毛。花未见。成熟果卵球形，长达 2cm，直径 1.4cm，乳黄色；果托浅杯状，高 1cm，顶端截形，宽 1.5cm，淡绿色至绿蓝色，下部为近柱状长约 0.5cm 的果梗。果期 8 月。

【分布现状】主要分布于中国广西、广东、台湾。

【广西产地】融水、防城、上思、金秀、乐业、靖西。

【生　　境】生于海拔约 1700m 或以下的林中沿溪边。

【经济价值】材质优良，结构细致，不易开裂，可制作高档家具，是优良家具用材树种之一，具有重要的经济和科研价值。

闽楠

Phoebe bournei

国家保护等级	《IUCN 濒危物种红色名录》受胁等级	特有植物
二级	近危（NT）	中国特有种

【形态特征】大乔木，高达 15~20m。树干通直，分枝少。老的树皮灰白色，新的树皮带黄褐色。小枝有毛或近无毛。叶革质或厚革质，披针形或倒披针形，长 7~13（15）cm，宽 2~3（4）cm，先端渐尖或长渐尖，基部渐狭或楔形，上面发亮，下面有短柔毛，脉上被伸展长柔毛，有时具缘毛，中脉上面下陷，侧脉每边 10~14 条，上面平坦或下陷，下面突起，横脉及小脉多而密，在下面结成十分明显的网格状；叶柄长 5~11（20）mm。花序生于新枝中、下部，被毛，长 3~7（10）cm，通常 3~4 个，为紧缩不开展的圆锥花序，最下部分枝长 2~2.5cm；花被片卵形，长约 4mm，宽约 3mm，两面被短柔毛；第 1、2 轮花丝疏被柔毛，第 3 轮密被长柔毛，基部的腺体近无柄，退化雄蕊三角形，具柄，有长柔毛；子房近球形，与花柱无毛，或上半部与花柱疏被柔毛，柱头帽状。果椭圆形或长圆形，长 1.1~1.5cm，直径约 6~7mm；宿存花被片被毛，紧贴。花期 4 月，果期 10~11 月。

【分布现状】主要分布于中国江西、福建、浙江、广东、广西、湖南、湖北、贵州。

【广西产地】融水、兴安、富川、靖西。

【生　　境】多见于山地沟谷阔叶林中，多生于海拔 1000m 以下的常绿阔叶林中。分布于中亚热带常绿阔叶林地带，所在地气候温暖湿润，春季多雨，土壤为红壤或黄壤。耐阴树种，根系深，在土层深厚、排水良好的砂壤土上生长良好。

【经济价值】材质致密坚韧，纹理美观，是传统的建筑家具、工艺雕刻的上等良材，是珍贵的乡土用材树种。

高雄茨藻

Najas browniana

国家保护等级	《IUCN 濒危物种红色名录》受胁等级	特有植物
二级	濒危（EN）	

【形态特征】一年生沉水草本，高 20~30cm。植株纤弱，易碎，呈黄绿色或褐黄绿色，有时茎呈浅紫色，尤以节部色更深；下部匍匐，上部直立，基部节生有 1 至数枚不定根。茎圆柱形，直径约 1mm，节间长 1~3cm；分枝多，呈二叉状。叶呈 3 叶假轮生，于枝端较密集，无柄；叶片线形，长 1~2cm，宽 0.5~1mm，渐尖，叶缘每侧有 10~20 枚细锯齿，长约为叶宽的 1/5，齿端有一褐色刺细胞；叶脉 1 条；叶基扩大成鞘，抱茎；叶耳短三角形，长约 2mm，先端具数枚细齿，略呈撕裂状。花小，单性，多单生，或 2~3 枚聚生于叶腋；雄花具 1 佛焰苞和 1 花被；雄蕊 1 枚，花药 1 室；雌花狭长椭圆形，长约 1mm，无佛焰苞和花被，雌蕊 1 枚，柱头 2 裂。瘦果狭长椭圆形，长 1.5~1.7mm；种皮细胞数十列，近四方形至五角形。花果期 8~11 月。

【分布现状】主要分布于中国台湾、广西；印度尼西亚、巴布亚新几内亚和澳大利亚等地。

【广西产地】北海。

【生　　境】生于水深 0.5~1m 的咸水中。

【经济价值】生于湖泊等静水水域，在园林水体中常有生长，有助于增加水中氧气，净化水质。

海菜花

Ottelia acuminata var. *acuminata*

国家保护等级	《IUCN 濒危物种红色名录》受胁等级	特有植物
二级	易危（VU）	中国特有种

【形态特征】沉水草本。茎短缩。叶基生，叶形变化较大，线形、长椭圆形、披针形、卵形以及阔心形，先端钝，基部心形或少数渐狭，全缘或有细锯齿；叶柄长短因水深浅而异，深水湖中叶柄长达 200~300cm，浅水田中柄长仅 4~20cm，柄上及叶背沿脉常具肉刺。花单生，雌雄异株；佛焰苞无翅，具 2~6 棱，无刺或有刺；雄佛焰苞内含 40~50 朵雄花，花梗长 4~10cm，萼片 3，开展，绿色或深绿色，披针形，长 8~15mm，宽 2~4mm，花瓣 3，白色，基部黄色或深黄色，倒心形，长 1~3.5cm，宽 1.5~4cm；雄蕊 9~12 枚，黄色，花丝扁平，花药卵状椭圆形，退化雄蕊 3 枚，线形，黄色；雌佛焰苞内含 2~3 朵雌花，花梗短，花萼、花瓣与雄花的相似，花柱 3，橙黄色，2 裂至基部，裂片线形，长约 1.4cm；子房下位，三棱柱形，有退化雄蕊 3 枚，线形，黄色，长 3~5mm。果为三棱状纺锤形，褐色，长约 8cm，棱上有明显的肉刺和疣凸；种子多数，无毛。花果期 5~10 月。

【分布现状】主要分布于中国广东、海南、广西、四川、贵州、云南。

【广西产地】鹿寨、永福、灌阳、东兰、都安。

【生　　境】生于湖泊、池塘、沟渠及水田中。

【经济价值】具有食用和药用价值；一种传统中药材，入药治小便不利、便秘、热咳、咯血、哮喘、淋症、水肿等多种病症；观赏价值很高，其花色洁白淡雅、黄蕊素萼，洁白的花朵飘满水面，如白衣仙子轻盈地立在水面，靓丽动人。

靖西海菜花
Ottelia acuminata var. *jingxiensis*

国家保护等级	《IUCN 濒危物种红色名录》受胁等级	特有植物
二级	易危（VU）	广西特有种

【形态特征】沉水草本。根茎短，长约 2cm，径约 5mm。叶基生，同型；叶片长椭圆形或带状椭圆形，先端渐尖或钝，基部渐狭或浅心形，全缘，略有波状皱褶，长 24~50cm，宽 8~14cm；叶脉 9 条，在叶背面凸起，光滑；叶柄长 30~60cm，宽 5~8mm，扁平状三棱形，基部具鞘，白色，宽约 2.5cm。花单性，雌雄异株；佛焰苞扁平状椭圆形，光滑，长 3~6cm，宽 1.2~2.6cm，中部隆起呈龙骨状，其上具 3 肋，两侧棱明显，先端 2 齿裂；佛焰苞梗扁圆柱形，长 10~90cm，宽约 5mm，弯曲或螺旋状扭曲；雄佛焰苞内含雄花 60~190 朵，甚至更多，花梗三棱形至圆形，长 8~9cm，直径约 1.8cm，开花于佛焰苞外；萼片 3，阔披针形，长 1.8~2cm，宽 0.5~0.7cm，向外反卷，绿色；花瓣倒卵形，先端微凹，有纵纹，白色，基部黄色，长约 2.5cm，宽 3.5~4cm；雄蕊 12 枚，2 轮，内轮较外轮长，花丝扁平，淡黄色，密被茸毛；退化雄蕊 3 枚，线形，扁平，绿色，长 8~12mm，先端 2 裂，裂片长 1~3mm；退化雌蕊球形，淡黄色，具 6 槽；雌佛焰苞内含雌花 8~9 朵，花后花序梗作螺旋状扭曲；萼片和花瓣与雄花的相似，稍小；退化雄蕊 3 枚，长约 5mm；子房三棱形，淡紫色，长 5.5~8cm，宽 0.3~0.7cm，1 室，侧膜胎座。果实三棱形，具疣点，长于佛焰苞；种子多数，长椭圆形，有极稀疏的毛。花期 6~10 月。

【分布现状】主要分布于中国广西。

【广西产地】靖西、那坡。

【生　　境】生于流水河湾处或溪沟中。

【经济价值】用途广，主要表现在水质净化、观赏、科研和生产等方面；对生长水域的要求非常严格，清晰透明干净的水域才能生存下来，被誉为净化水质的“试金石”；雄花数量多且花期长，使其更具观赏价值，可以发展成为旅游的特色。

龙舌草
Ottelia alismoides

国家保护等级	《IUCN 濒危物种红色名录》受胁等级	特有植物
二级	易危（VU）	

【形态特征】沉水草本，具须根。茎短缩。叶基生，膜质；叶片因生境条件的不同而形态各异，多为广卵形、卵状椭圆形、近圆形或心形，长约 20cm，宽约 18cm，或更大，常见叶形尚有狭长形、披针形乃至线形，长达 8~25cm，宽仅 1.5~4cm，全缘或有细齿；在植株个体发育的不同阶段，叶形常依次变更：初生叶线形，后出现披针形、椭圆形、广卵形等；叶柄长短随水体的深浅而异，多变化于 2~40cm。两性花，偶见单性花，即杂性异株；佛焰苞椭圆形至卵形，长 2.5~4cm，宽 1.5~2.5cm，顶端 2~3 浅裂，有 3~6 条纵翅，翅有时成折叠的波状，有时极窄，在翅不发达的脊上有时出现瘤状凸起；总花梗长 40~50cm；花无梗，单生；花瓣白色、淡紫色或浅蓝色；雄蕊 3~9（12）枚，花丝具腺毛，花药条形，黄色，长 3~4mm，宽 0.5~1mm，药隔扁平；子房下位，近圆形，心皮 3~9（10）枚，侧膜胎座；花柱 6~10，2 深裂。果长 2~5cm，宽 0.8~1.8cm；种子多数，纺锤形，细小，长 1~2mm，种皮上有纵条纹，被有白毛。花期 6~7 月，果期 8~10 月。

【分布现状】主要分布于中国东北地区以及河北、河南、江苏、安徽、浙江、江西、福建、台湾、湖北、湖南、广东、海南、广西、四川贵州、云南等地；非洲东北部、亚洲东部及东南部（朝鲜、日本、泰国、印度等）至澳大利亚热带地区。

【广西产地】南宁、邕宁、桂林、临桂、玉林、北流、龙州。

【生　　境】常生于湖泊、沟渠、水塘、水田以及积水洼地。喜光照充足，喜温暖，怕寒冷，在 18~26℃的温度范围内生长良好。

【经济价值】全株可作饲料，嫩叶还可作为蔬菜食用；全草入药，主治肺热、咳嗽及水肿等病症。

凤山水车前

Ottelia fengshanensis

国家保护等级	《IUCN 濒危物种红色名录》受胁等级	特有植物
二级	易危（VU）	广西特有种

【形态特征】一年生或多年生草本植物。根状茎短。叶完全浸没水中，深绿色，线形或长圆形，30~70cm × 8~14cm，基部圆形，先端锐尖或钝；纵脉 9；有明显中脉，延伸到先端，在距基部 5~7cm 的距离处形成三脉，具明显的横脉；叶柄平滑，绿色，长 8~10cm，基部膨大成鞘。佛焰苞扁球形，约 3cm × 3.5cm，沿边缘有疣或平滑，纵向有肋，侧缘具翅，含 3~4 朵花；花两性；萼片红绿色，长 1~1.5cm，宽 0.5cm，具纵棱；花瓣白色，基部黄色，倒卵形，长 2cm，宽约 2~2.5cm，具纵向褶皱；雄蕊 3，与萼片对生，花药椭圆形，药隔不明显，花丝长 3~5mm；腺体 3，长 0.5~1.0mm，宽 0.5~1.5mm，与花瓣对生，淡黄色。子房六角状圆筒形到圆筒形，长 5~10cm，具 3 心皮；花柱 3，白色，纤细和有毛，长 1.2~1.5cm，柱头二裂，分裂到基部；柱头 6，线形，有毛，长约 8mm。果为六角状圆筒形蒴果，具 6 个不明显的翅，深绿色，具宿存花萼，4~9cm × 6.5mm，总是长于佛焰苞；种子多数，纺锤形，长约 1mm，两端有毛。花粉，近球形，直径约 40μm，具刺状颗粒。花期 4~11 月。

【分布现状】主要分布于中国广西。

【广西产地】凤山。

【生　　境】生于喀斯特地区深度小于 1.5m 河流中。

【经济价值】全草可作猪饲料、绿肥，嫩叶可代菜食用；茎叶捣烂可敷治痈疽、汤火灼伤等病症。

灌阳水车前

Ottelia guangtangensis

国家保护等级	《IUCN 濒危物种红色名录》受胁等级	特有植物
二级	易危（VU）	广西特有种

【形态特征】多年生草本植物。根状茎短。叶完全浸没水中，深绿色，不透明，线形，15~50cm × 4~6cm，基部圆形，先端锐尖；纵脉 9；中脉明显，延伸至先端，在距基部 4~6cm 处形成三脉，具明显的横脉；叶柄平滑，深绿色，长 8~13cm，基部膨大成鞘。佛焰苞扁球形，3~4.5cm × 2.5~3cm，沿边缘有长疣，具纵肋，侧缘具翅，含 2~5 朵花；花两性；萼片红棕色，1.0~1.5cm × 0.5cm，具明显的纵棱；花瓣白色基部黄色，倒卵形，1.5~2cm × 2~2.5cm，具纵向褶皱；雄蕊 3，与萼片对生，花药椭圆形，药隔不明显，花丝长 5~7mm；腺体 3，0.5~1mm × 0.5~1.5mm，与花瓣对生，淡黄色到乳白色。子房六角形圆筒状，长 4~5cm，具 3 心皮；花柱 3，淡黄色，纤细，有毛，长 1~1.3cm，柱头二裂，完全裂至基部；柱头 6，线形，有毛，长约 7mm。蒴果，六角形圆筒状，具 6 翅，深绿色到红棕色，具宿存花萼，4~7.5cm × 6.5mm，长于佛焰苞；种子多数，长约 1.5mm，两端有毛。花粉，近球形，直径约 45μm，具刺状颗粒。花期 4~11 月。

【分布现状】主要分布于中国广西。

【广西产地】灌阳。

【生　　境】生于海拔 350~500m 的河流或溪流中。

【经济价值】全草可作猪饲料、绿肥，嫩叶可代菜食用；茎叶捣烂可敷治痈疽、汤火灼伤等病症。

高平重楼
Paris caobangensis

国家保护等级	《IUCN 濒危物种红色名录》受胁等级	特有植物
二级	易危（VU）	

【形态特征】多年生草本植物。根状茎圆筒状，偏斜或水平，直径 2~3cm，长 5~7cm，顶端有一个芽；肉质根长约 10cm。茎直立，圆筒状，紫色下部为白色绿色，上部为白色绿色，长 30~35cm × 3~5mm。叶在茎（开花植物）顶部的轮生；叶片卵形披针形，绿色，纸质，先端渐尖，基部圆形，9.5cm × 4.5cm；中脉明显，三内翻，网脉不显眼的，叶柄绿色，长 2.5~3cm。花单生，从茎的顶部生长，基本数 4~6，等于叶子数；花梗黄绿色，约 15cm；花瓣 4~6，窄线形下部逐渐变宽，上部 2~3mm，黄绿色，6~9cm，长于萼片；雄蕊是萼片的 2 倍，花丝黄绿色，1.6~1.9cm，花药囊黄色，6~9mm；结缔组织的游离部分在先端几乎没有；子房圆锥形，绿色，有 4~6 个纵翅，心皮 4~6 个，单室，有侧膜胎座；紫色，长约 4mm，子房顶部有一个扩大的基部（横向边缘）；柱头 4~5 裂，紫色，直立；子房顶部的横向边缘呈多面体，紫色；胚珠卵形，透明，多数，沿胎座排列。花期 3~5 月，果期 8~11 月。

【分布现状】主要分布于中国云南、广西；越南。

【广西产地】靖西。

【生　　境】生于海拔 550~2100m 的林下或阴湿处。

【经济价值】干燥块茎是我国名贵的中药材，是云南白药、季德胜蛇药片、宫血宁、热毒清等的重要成分；味苦，性微寒，有小毒，具有消肿止痛、止血、抗肿瘤、抗氧化、免疫调节、凉肝定惊等功效，常用于治疗疔疮痈肿、咽喉肿痛、毒蛇咬伤、惊风抽搐、跌扑伤痛等病症。

华重楼
Paris chinensis

国家保护等级	《IUCN 濒危物种红色名录》受胁等级	特有植物
二级	濒危（EN）	

【形态特征】植株高 35~100cm，无毛；根状茎粗厚，直径达 1~2.5cm，外面棕褐色，密生多数环节和许多须根。茎通常带紫红色，直径（0.8）1~1.5cm，基部有灰白色干膜质的鞘 1~3 枚。叶 5~8 枚轮生，通常 7 枚，倒卵状披针形、矩圆状披针形或倒披针形，基部通常楔形。内轮花被片狭条形，通常中部以上变宽，宽约 1~1.5mm，长 1.5~3.5cm，长为外轮的 1/3 至近等长或稍超过；雄蕊 8~10 枚，花药长 1.2~1.5（2）cm，长为花丝的 3~4 倍，药隔突出部分长 1~1.5（2）mm。子房近球形，具棱，顶端具一盘状花柱基，花柱粗短，具（4）5 分枝。蒴果紫色，直径 1.5~2.5cm，3~6 瓣裂开；种子多数，具鲜红色多浆汁的外种皮。花期 5~7 月，果期 8~10 月。

【分布现状】主要分布于中国江苏、浙江、江西、福建、台湾、湖北、湖南、广东、广西、四川、贵州、云南。

【广西产地】武鸣、马山、上林、宾阳、横县、融水、桂林、全州、兴安、资源、灌阳、永福、龙胜、平南、龙州、金秀、凌云、德保、田林、环江。

【生　　境】生于海拔 600~1350（2000）m 的林下阴处或沟谷边的草丛中。耐阴植物，在疏松肥沃、有一定保水性的土壤中生长良好。

【经济价值】同“高平重楼”。

凌云重楼

Paris cronquistii

国家保护等级	《IUCN 濒危物种红色名录》受胁等级	特有植物
二级	濒危（EN）	中国特有种

【形态特征】植株高 1m。根状茎长 2~10cm，茎干粗。叶 4~6 枚；叶柄 2.5~7.5cm；叶片卵形，正面或有紫斑，背面紫色或具紫斑。花序梗 12~60cm。外轮花被片 5 或 6，绿色，卵状披针形或披针形，长 3.5~9cm；内轮花被片黄绿色，狭线形，长 3~8cm。雄蕊通常 15~18；花丝长 3~8mm；花药长 0.7~1.5cm；药隔离生部分 1~2mm，先端锐尖。子房绿色或浅紫色，球状，1 室，5 或 6 棱。花柱短；柱头裂片 5 或 6。成熟时蒴果红色，开裂；种子近球形，全被红色假种皮。花期 5~6 月，果期 10~11 月。

【分布现状】主要分布于中国广西、重庆、四川、贵州、云南。

【广西产地】凌云、德保、田林、环江。

【生　　境】生于海拔 900~2100m 的石灰石山坡、山谷林下、山谷阴湿地、石坡灌丛中。

【经济价值】同“高平重楼”。

金线重楼
Paris delavayi

国家保护等级	《IUCN 濒危物种红色名录》受胁等级	特有植物
二级	易危（VU）	

【形态特征】植株高 50~100cm。根状茎直径粗达 1~2cm。叶（3）4~6 枚，宽卵形，基部近圆形，极少为心形，长 9~20cm，宽 4.5~14cm，先端短尖，基部略呈心形；叶柄长 2~4cm。花梗长 20~40cm；外轮花被片通常 5 枚，极少（3）4 枚，卵状披针形，先端具长尾尖，基部变狭成短柄；内轮花被片长 4.5~5.5cm，雄蕊 12 枚，长 1.2cm，药隔突出部分为小尖头状，长约 1~2mm。花期 6 月。

【分布现状】主要分布于中国江西、湖北、广东、四川、贵州。

【广西产地】融水、龙胜、龙州、贺州、凌云、乐业、靖西、环江。

【生　　境】生于海拔 1300~1800m 的林下阴处。

【经济价值】干燥块茎是我国名贵的中药材，性味苦、辛、寒、有毒，具有清热解毒、平喘止咳、熄风定惊的功效；主治痈肿、疔疮、瘰疬、喉痹、慢性气管炎、小儿惊风抽搐等病症。其 7 片绿叶衬托着中间一朵黄花或红果，样子精致好看，有较高的观赏价值。

海南重楼
Paris dunniana

国家保护等级	《IUCN 濒危物种红色名录》受胁等级	特有植物
二级	易危（VU）	

【形态特征】根状茎粗。茎高达 1.6m，径达 2.2cm，绿色或暗紫色。叶 4~8，倒卵状长圆形，长（17）23~30cm，宽（7.5）9.7~14cm，先端具长 1~2cm 的尖头；叶柄长（3.5）5~8cm。花梗长 0.6~1.4m；花基数（5）6~8；萼片绿色，膜质，长圆状披针形，长 6.6~10cm，宽 1.5~2.4cm；花瓣绿色，丝状，长于萼片，雄蕊（3）4~6 轮，长 2~3cm，花丝长 0.8~1.3cm，花药长 1.2~2cm，药隔锐尖；子房淡绿色、紫色，具棱，长 8mm，径 5mm，1 室，侧膜胎座 6~8，胚珠多数，柱头。花期 5~7 月，果期 8~9 月。

【分布现状】主要分布于中国云南东南部、贵州中南部、广西西部、海南中南部。

【广西产地】柳江、上思、宁明、龙州、田林、靖西。

【生　　境】生于海拔 1100m 以下的山坡林中。

【经济价值】干燥块茎是我国名贵的中药材，具清热解毒、祛风止痛之功效，治疗疮痈疖、小儿惊风、无名肿毒、毒蛇咬伤。

球药隔重楼

Paris fargesii

国家保护等级	《IUCN 濒危物种红色名录》受胁等级	特有植物
二级	近危（NT）	

【形态特征】植株高 50~100cm。根状茎直径粗达 1~2cm。叶（3）4~6 枚，宽卵圆形，长 9~20cm，宽 4.5~14cm，先端短尖，基部略呈心形；叶柄长 2~4cm。花梗长 20~40cm；外轮花被片通常 5 枚，极少（3）4 枚，卵状披针形，先端具长尾尖，基部变狭成短柄；内轮花被片通常长 1~1.5cm，少有长达 3~4.5cm（仅见于城口的模式）；雄蕊 8 枚，花丝长约 1~2mm，花药短条形，稍长于花丝，药隔突出部分圆头状，肉质，长约 1mm，呈紫褐色。花期 5 月。

【分布现状】主要分布于中国江西、湖北、广东、四川、贵州。

【广西产地】融水、横县、临桂、全州、资源、恭城、贺州、凌云、乐业。

【生　　境】生于海拔 550~2100m 的林下或阴湿处。

【经济价值】根状茎可以入药，具有活血消肿、止痛止喘的功效，用于治疗疔肿痈肿、毒蛇咬伤、跌打伤痛等病症；叶、花都具有观赏价值。

狭叶重楼

Paris lancifolia

国家保护等级	《IUCN 濒危物种红色名录》受胁等级	特有植物
二级	濒危（EN）	

【形态特征】植株高 35~100cm，无毛。根状茎粗厚，直径达 1~2.5cm，外面棕褐色，密生多数环节和许多须根。茎通常带紫红色，直径（0.8）1~1.5cm，基部有灰白色干膜质的鞘 1~3 枚。叶 8~13（22）枚轮生，披针形、倒披针形或条状披针形，有时略微弯曲呈镰刀状，长 5.5~19cm，通常宽 1.5~2.5cm，很少为 3~8mm，先端渐尖，基部楔形，具短叶柄。外轮花被片叶状，5~7 枚，狭披针形或卵状披针形，长 3~8cm，宽（0.5）1~1.5cm，先端渐尖头，基部渐狭成短柄；内轮花被片狭条形，远比外轮花被片长；雄蕊 7~14 枚，花药长 5~8mm，与花丝近等长；药隔突出部分极短，长 0.5~1mm；子房近球形，暗紫色，花柱明显，长 3~5mm，顶端具 4~5 分枝。花期 6~8 月，果期 9~10 月。

【分布现状】主要分布于中国四川、贵州、云南、西藏、广西、湖北、湖南、福建、台湾、江西、浙江、江苏、安徽、山西、陕西、甘肃；不丹、印度。

【广西产地】融水、龙胜。

【生　　境】生于海拔 1000~2700m 的林下或草丛阴湿处。

【经济价值】干燥块茎入药，味苦、微寒、有小毒，具有清热解毒、消肿止痛、凉肝定惊之功效。

南重楼

Paris vietnamensis

国家保护等级	《IUCN 濒危物种红色名录》受胁等级	特有植物
二级	易危（VU）	

【形态特征】多年生草本，高 30~150cm。根茎粗壮，长达 20cm，粗达 7.5cm，粉质。叶 4~6，叶片膜质，绿色，倒卵形、倒卵状长圆形、倒卵圆形或宽菱状卵形，先端短渐尖，基部圆形至宽楔形，长（10）15~26cm，宽（5）10~17cm，有时较小；中脉宽，侧脉 2~3 对，近基出；叶柄长 3.5~10cm。花基数 4~7，常与叶数相等；雄蕊 2~3 轮；萼片 4~7，绿色，披针形，长圆形，常明显不等大，长 3.5~10cm，宽 1.3~3.5cm，基部常具短爪；花瓣 4~7，黄绿色，线形，先端渐尖，小数先端扩大，有时为丝状，长 3.5~10cm，宽 0.5~3mm，大都比萼长，或与萼等长，或稍短于萼；雄蕊 3 轮（广西南部、越南北部标本），或 2 轮（云南标本），花丝紫色，长 4~10mm，花药长（9）11~22mm 药隔突出部分常紫色，长 1~4（5）mm；子房紫色，有时绿色，1 室，侧膜胎座 4~7，外具 4~7 棱或狭翅，花柱基紫色，增厚、星状，花柱紫色，常不明显，柱头 4~7，长 5~10mm，向外卷曲。蒴果黄红色，开裂，果皮厚革质，有时较薄，种子近球形，径达 5mm，外种皮红色，多汁，完全包住种子；珠柄白色，短楔形，长约 1.5mm，粗 2mm。花期 5~6 月，果期 10~12 月。

【分布现状】主要分布于中国云南盈江、瑞丽、双江、沧源、景东、西双版纳、绿春、蒙自、屏边、金平、西畴、麻栗坡、马关及贵州和广西；越南北部。

【广西产地】龙胜、隆林、那坡。

【生　　境】生于海拔 2000m 以下的常绿阔叶林内。

【经济价值】同“高平重楼”。

宽瓣重楼

Paris yunnanensis

国家保护等级	《IUCN 濒危物种红色名录》受胁等级	特有植物
二级	易危（VU）	

【形态特征】植株高 35~100cm，无毛。根状茎粗厚，直径达 1~2.5cm，外面棕褐色，密生多数环节和许多须根。茎通常带紫红色，直径（0.8）1~1.5cm，基部有灰白色干膜质的鞘 1~3 枚。叶（6）8~10（12）枚，厚纸质、披针形、卵状矩圆形或倒卵状披针形，叶柄长 0.5~2cm。外轮花被片披针形或狭披针形，长 3~4.5cm，内轮花被片 6~8（12）枚，条形，中部以上宽达 3~6mm，长为外轮的 1/2 或近等长；雄蕊（8）10~12 枚，花药长 1~1.5cm，花丝极短，药隔突出部分长约 1~2（3）mm；子房球形，花柱粗短，上端具 5~6（10）分枝。蒴果紫色，直径 1.5~2.5cm，3~6 瓣裂开；种子多数，具鲜红色多浆汁的外种皮。花期 6~7 月，果期 9~10 月。

【分布现状】主要分布于中国福建、湖北、湖南、广西、四川、贵州、云南。

【广西产地】龙胜、隆林、那坡。

【生　　境】喜凉爽、阴湿环境。大部分生于荫蔽、潮湿的林阴地下和杂草丛生的山沟里。适宜生长在海拔 2000~3000m 的林下，光照较强会使叶片枯萎，以海拔 2300~2700m、气候凉爽、雨量适当的地方为宜。在透水性好的微酸性腐殖土或红壤土中生长良好，黏重易积水和易板结的土壤不宜生长。

【经济价值】干燥块茎是我国名贵的中药材，是云南白药、季德胜蛇药片、宫血宁、热毒清等的重要成分；味苦，性微寒，有小毒，具有消肿止痛、止血、抗肿瘤、抗氧化、免疫调节、凉肝定惊等功效，常用于治疗疗疮痈肿、咽喉肿痛、毒蛇咬伤、惊风抽搐、跌扑伤痛等病症。

灰岩金线兰

Anoectochilus calcareus

国家保护等级	《IUCN 濒危物种红色名录》受胁等级	特有植物
二级	近危（NT）	

【形态特征】花倒置，唇瓣均三裂，“Y”形，前唇裂片白色，近三角形，中唇收狭成爪，爪两侧具短齿，后唇延伸成距。花期 8~11 月。

【分布现状】主要分布于中国云南、贵州、广西；越南。

【广西产地】龙州、大新、乐业、靖西、那坡。

【生　　境】生于林下遮阴、湿润的地方。

【经济价值】全草入药，具有清热凉血、祛风利湿、解毒、止痛、镇咳等功效，可用于治疗小儿惊风、咳血、尿血、肺热咳嗽、风湿痹痛等病症；还是一种极具观赏价值的室内观叶珍品，其叶形、叶色俊美，叶脉常嵌有金色，是近年来广受消费者青睐的高端盆景。

麻栗坡金线兰

Anoectochilus malipoensis

国家保护等级	《IUCN 濒危物种红色名录》受胁等级	特有植物
二级	极危（CR）	中国特有种

【形态特征】地生草本，高 15cm。根状茎匍匐，肉质，具节，节上生根。茎直立，圆柱状，长 8~10cm，直径 0.2cm，光滑无毛，具 3~4 枚叶。叶柄基部扩大成鞘，长 3~5mm，直径 3.2~3.5mm；叶片卵圆形，长 2.5~3cm，宽 1.5~2cm，光滑无毛，叶表面紫红色，具绢丝光泽的绿白色脉，边缘微波状，基部近圆形或宽楔形，先端尖。总状花序顶生，长 7cm，花 2~4 朵，花序轴长 5.5~5.7cm，淡紫红色，具两枚淡紫红色不育苞片，鞘状，三角卵状，长 0.8~0.9cm，宽 0.5~0.6cm；花苞片披针形，长 2~5mm，宽 1~2mm，先端尖，背面被柔毛；花梗与子房不扭曲，长 9~10mm，被白色柔毛；花不倒置，萼片紫红色，具一脉，背面被白色柔毛，中萼片卵状，长 5mm，宽 3mm，先端钝，具小短尖，与花瓣靠合成兜状；侧萼片斜椭圆形，长 7mm，宽 3mm，先端渐尖；花瓣白色，膜质，镰状披针形，长 6mm，宽 2mm，无毛，具一脉，基部窄，先端尖；唇瓣三裂，上唇两裂片，呈“Y”形，裂片卵圆形，长 6mm，宽 2.5~3mm，边缘具细锯齿，基部楔形；中唇收狭成爪，长 4mm，每侧具一个斜近正方形的先端具锯齿的裂片，长 3mm，宽 2mm；后唇基部具圆锥状距，先端两裂，距与子房近垂直，长 6~7mm，具 2 枚胼胝体，长 1~1.2mm，近方形带小柄。蕊柱短，长 5mm，具两个蕊柱翅，蕊柱翅宽倒三角形，长 1.5mm，宽 0.8mm。花药盖卵状三角形，长 5mm，宽 2mm。花粉块倒卵形，长 2mm，宽 1mm，黏附在花粉块柄。蕊喙直立，二裂。柱头 2，离生。花期 8~11 月。

【分布现状】主要分布于中国云南、广西。

【广西产地】那坡。

【生　　境】生于林下遮阴、湿润的地方。

【经济价值】同“灰岩金线兰”。

南丹金线兰

Anoectochilus nandanensisi

国家保护等级	《IUCN 濒危物种红色名录》受胁等级	特有植物
二级	极危（CR）	广西特有种

【形态特征】陆生草本，高 12~17cm。茎匍匐肉质，具节，节上生根；茎直立，直径 2mm，光滑无毛，具 3~4 枚叶子。叶背面紫红色，叶面墨绿色，具金红色网脉，卵圆形，长 1.5~2.0cm，宽 1.5~2.5cm，先端急尖，叶柄基部收狭成管状鞘长 7mm。花序轴淡棕红色，长 8~11cm，具 2~3 枚淡棕红色不育苞片，长 1.3cm；花 2~5 朵，花苞片淡紫红色，披针形，长 1cm，外面被柔毛，先端渐尖，花不倒置，萼片棕红色，外疏被柔毛，一脉，中萼片宽卵圆形，长 5mm，宽 3.5mm，先端急尖，与花瓣靠合成兜状，侧萼片宽卵形，斜，长 6mm，宽 3.5mm，急尖至短尖，花瓣白，边缘绿，宽半卵圆形，偏斜，长 6mm，宽 3mm，一脉，先端急尖；唇瓣白色，上部扩大成两裂片，呈“Y”形，裂片椭圆形至披针形，长 3.5mm，宽 2mm，全缘，先端钝，唇瓣中部收狭成爪，长 3.5mm，宽 2mm，具细长片，边缘不规则裂，与上唇裂片形成钝角，距圆锥状，长 6mm，棕红色，尖端浅裂，含两个不规则近方形，带不明显小柄的肉质胼胝体，蕊柱长 5.5mm，具两个宽倒三角形蕊柱翅，蕊喙直立，花粉块 2，具短柄，柱头 2，子房与花梗圆柱状或纺锤形，不扭曲，长 10~12mm，被柔毛。花期 8~9 月，果期 9~11 月。

【分布现状】主要分布于中国广西。

【广西产地】南丹。

【生　　境】生于林下遮阴、湿润的地方。

【经济价值】全草入药，具有清热凉血、祛风利湿、解毒、止痛、镇咳等功效，可用于治疗小儿惊风、咳血、尿血、肺热咳嗽、风湿痹痛等病症；具较高的观赏价值。

金线兰

Anoectochilus roxburghii

国家保护等级	《IUCN 濒危物种红色名录》受胁等级	特有植物
二级	濒危（EN）	

【形态特征】植株高 8~18cm。根状茎匍匐，伸长，肉质，具节，节上生根。茎直立，肉质，圆柱形，具（2）3~4枚叶。叶片卵圆形或卵形，长 1.3~3.5cm，宽 0.8~3cm，上面暗紫色或黑紫色，具金红色带有绢丝光泽的美丽网脉，背面淡紫红色，先端近急尖或稍钝，基部近截形或圆形，骤狭成柄；叶柄长 4~10mm，基部扩大成抱茎的鞘。总状花序具2~6 朵花，长 3~5cm；花序轴淡红色，和花序梗均被柔毛，花序梗具 2~3 枚鞘苞片；花苞片淡红色，卵状披针形或披针形，长 6~9mm，宽 3~5mm，先端长渐尖，长约为子房长的 2/3；子房长圆柱形，不扭转，被柔毛，连花梗长 1~1.3cm；花白色或淡红色，不倒置（唇瓣位于上方）；萼片背面被柔毛，中萼片卵形，凹陷呈舟状，长约 6mm，宽 2.5~3mm，先端渐尖，与花瓣黏合呈兜状；侧萼片张开，偏斜的近长圆形或长圆状椭圆形，长 7~8mm，宽 2.5~3mm，先端稍尖。花瓣质地薄，近镰刀状，与中萼片等长；唇瓣长约 12mm，呈“Y”字形，基部具圆锥状距，前部扩大并 2 裂，其裂片近长圆形或近楔状长圆形，长约 6mm，宽 1.5~2mm，全缘，先端钝，中部收狭成长 4~5 的爪，其两侧各具 6~8 条长约4~6mm 的流苏状细裂条，距长 5~6mm，上举指向唇瓣，末端 2 浅裂，内侧在靠近距口处具 2 枚肉质的胼胝体；蕊柱短，长约 2.5mm，前面两侧各具 1 枚宽、片状的附属物；花药卵形，长 4mm；蕊喙直立，叉状 2 裂；柱头 2 个，离生，位于蕊喙基部两侧。花期（8）9~11（12）月。

【分布现状】主要分布于中国浙江、江西、福建、湖南、广东、海南、广西、四川、云南、西藏；日本、泰国、老挝、越南、印度、不丹至尼泊尔、孟加拉国。

【广西产地】南宁、武鸣、隆安、鹿寨、阳朔、苍梧、蒙山、融水、上思、防城、桂平、平南、龙州、金秀、凤山。

【生　　境】一种土生兰，生于海拔 50~1600m 的常绿阔叶林下或沟谷阴湿处。喜肥沃潮湿的腐殖土壤，空气清新、荫蔽的森林生态环境中能形成成片的较为单纯的群落；也能在山坡半荫蔽状态下的林窗、林缘生长，在此类环境条件下，往往个体稀疏呈散生状态；偶见于林下水渍地单生的个体与苔藓伴生。

【经济价值】中国民间视其为珍稀的青草药，尤喜作药膳；全草入药，性平、味甘，清热凉血、祛风利湿，主治腰膝痹痛、肾炎、支气管炎等炎症及糖尿病、吐血、血尿和小儿惊风等症；民间普遍认为金线兰对现代“三高”病症，即高血脂、高血压、高血糖症有防治功能，常将其作防病、治病、调理人体功能的药膳。

浙江金线兰

Anoectochilus zhejiangensis

国家保护等级	《IUCN 濒危物种红色名录》受胁等级	特有植物
二级	濒危（EN）	中国特有种

【形态特征】植株高 8~16cm。根状茎匍匐，淡红黄色，具节，节上生根。茎淡红褐色，肉质，被柔毛，下部集生 2~6 枚叶，叶之上具 1~2 枚鞘状苞片。叶片稍肉质，宽卵形至卵圆形，长 0.7~2.6cm，宽 0.6~2.1cm，先端急尖，基部圆形，边缘微波状，全缘，上面呈鹅绒状绿紫色，具金红色带绢丝光泽的美丽网脉，背面略带淡紫红色，基部骤狭成柄；叶柄长约 6mm，基部扩大成抱茎的鞘。总状花序具 1~4 朵花，花序轴被柔毛；花苞片卵状披针形，膜质，长约 6.5mm，宽约 3.5mm，先端渐尖，背面被短柔毛，与子房近等长或稍长；子房圆柱形，不扭转，淡红褐色，被白色柔毛，连花梗长约 6mm；花不倒置（唇瓣位于上方）；萼片淡红色，近等长，长约 5mm，背面被柔毛，中萼片卵形，凹陷呈舟状，先端急尖，与花瓣黏合呈兜状，侧萼片长圆形，稍偏斜；花瓣白色，倒披针形至倒披针形；唇瓣白色，呈“Y”字形，基部具圆锥状距，中部收狭成长 4mm、两侧各具 1 枚鸡冠状褶片且其边缘具（2）3~4（5）枚长约 3mm 小齿的爪，前部扩大并 2 深裂，裂片斜倒三角形，长约 6mm，上部宽约 5mm，边缘全缘；距长约 6mm，上举，向唇瓣方向翘起几成“U”字形，末端 2 浅裂，其内具 2 枚瘤状胼胝体，胼胝体生于距中部从蕊柱紧靠唇瓣处伸入距内的 2 条褶片状脊上；蕊柱短；蕊喙直立，叉状 2 裂；柱头 2 个，离生，位于蕊喙的基部两侧。花期 7~9 月。

【分布现状】主要分布于中国浙江、福建、广西。

【广西产地】融水、龙胜、贺州、金秀、那坡、环江。

【生　　境】生于海拔 700~1200m 的山坡或沟谷的密林下阴湿处。

【经济价值】全草入药，具有清热凉血、祛风利湿、解毒、止痛、镇咳等功效，可用于治疗小儿惊风、咳血、尿血、肺热咳嗽、风湿痹痛等病症。

白及

Bletilla striata

国家保护等级	《IUCN 濒危物种红色名录》受胁等级	特有植物
二级	近危（NT）	

【形态特征】草本、地生植物，高 18~60cm。假鳞茎扁球形，上面具荸荠似的环带，富黏性。茎粗壮，劲直。叶 4~6 枚，狭长圆形或披针形，长 8~29cm，宽 1.5~4cm，先端渐尖，基部收狭成鞘并抱茎。花序具 3~10 朵花，常不分枝或极罕分枝；花序轴或多或少呈“之”字状曲折；花苞片长圆状披针形，长 2~2.5cm，开花时常凋落；花大，紫红色或粉红色；萼片和花瓣近等长，狭长圆形，长 25~30mm，宽 6~8mm，先端急尖；花瓣较萼片稍宽；唇瓣较萼片和花瓣稍短，倒卵状椭圆形，长 23~28mm，白色带紫红色，具紫色脉；唇盘上面具 5 条纵褶片，从基部伸至中裂片近顶部，仅在中裂片上面为波状；蕊柱长 18~20mm，柱状，具狭翅，稍弓曲。花期 4~5 月。

【分布现状】主要分布于中国陕西、甘肃、江苏、安徽、浙江、江西、福建、湖北、湖南、广东、广西、四川、贵州；日本及朝鲜半岛。

【广西产地】融水、桂林、全州、资源、永福、玉林、乐业、凌云、那坡、隆林、环江。

【生　　境】生于海拔 100~3200m 的常绿阔叶林下、栎树林或针叶林下、路边草丛或岩石缝中。

【经济价值】花朵比较漂亮，具较高的观赏价值，能在阴暗的环境中开花，可在室外种植，也可采用盆栽方式，还比较适合插花。块茎具收敛止血、消肿生肌之功效，现代研究表明其具有止血、抗肿瘤、抗菌、抗炎、促进创伤愈合、促进细胞生长等药理活性。此外，提取物还是一种优良的生物高分子材料和性能优良的药用辅料。

独花兰

Changnienia amoena

国家保护等级	《IUCN 濒危物种红色名录》受胁等级	特有植物
二级	极危（CR）	中国特有种

【形态特征】假鳞茎近椭圆形或宽卵球形，长 1.5~2.5cm，宽 1~2cm，肉质，近淡黄白色，有 2 节，被膜质鞘。叶 1 枚，宽卵状椭圆形至宽椭圆形，长 6.5~11.5cm，宽 5~8.2cm，先端急尖或短渐尖，基部圆形或近截形，背面紫红色；叶柄长 3.5~8cm。花葶长 10~17cm，紫色，具 2 枚鞘；鞘膜质，下部抱茎，长 3~4cm；花苞片小，凋落；花梗和子房长 7~9mm；花大，白色而带肉红色或淡紫色晕，唇瓣有紫红色斑点；萼片长圆状披针形，长 2.7~3.3cm，宽 7~9mm，先端钝，有 5~7 脉；侧萼片稍斜歪。花瓣狭倒卵状披针形，略斜歪，长 2.5~3cm，宽 1.2~1.4cm，先端钝，具 7 脉；唇瓣略短于花瓣，3 裂，基部有距；侧裂片直立，斜卵状三角形，较大，宽 1~1.3cm；中裂片平展，宽倒卵状方形，先端和上部边缘具不规则波状缺刻；唇盘上在两枚侧裂片之间具 5 枚褶片状附属物；距角状，稍弯曲，长 2~2.3cm，基部宽 7~10mm，向末端渐狭，末端钝；蕊柱长 1.8~2.1cm，两侧有宽翅。花期 4 月。

【分布现状】主要分布于中国陕西南部、江苏、安徽、浙江、江西、湖北、湖南、广西、四川。

【广西产地】兴安。

【生　　境】生于疏林下腐殖质丰富的土壤上或沿山谷荫蔽的地方。

【经济价值】在《全国中草药汇编》中记载：其药材名为长年兰，以假鳞茎或全草入药，其功效为清热、凉血、解毒，主治咳嗽、痰中带血、热疖疔疮。独花兰的外部形态特殊、色彩美丽，全株只有一叶一花，花瓣有红色和紫白色等，花色艳丽，具有较高观赏价值。

杜鹃兰

Cremastra appendiculata

国家保护等级	《IUCN 濒危物种红色名录》受胁等级	特有植物
二级	极危（CR）	

【形态特征】假鳞茎卵球形或近球形，长 1.5~3cm，直径 1~3cm，密接，有关节，外被撕裂成纤维状的残存鞘。叶通常 1 枚，生于假鳞茎顶端，狭椭圆形、近椭圆形或倒披针状狭椭圆形，长 18~34cm，宽 5~8cm，先端渐尖，基部收狭，近楔形；叶柄长 7~17cm，下半部常为残存的鞘所包蔽。花葶从假鳞茎上部节上发出，近直立，长 27~70cm；总状花序长（5）10~25cm，具 5~22 朵花；花苞片披针形至卵状披针形，长（3）5~12mm；花梗和子房（3）5~9mm；花常偏花序一侧，多少下垂，不完全开放，有香气，狭钟形，淡紫褐色；萼片倒披针形，从中部向基部骤然收狭而成近狭线形，全长 2~3cm，上部宽 3.5~5mm，先端急尖或渐尖；侧萼片略斜歪。花瓣倒披针形或狭披针形，向基部收狭成狭线形，长 1.8~2.6cm，上部宽 3~3.5mm，先端渐尖；唇瓣与花瓣近等长，线形，上部 1/4 处 3 裂；侧裂片近线形，长 4~5mm，宽约 1mm；中裂片卵形至狭长圆形，长 6~8mm，宽 3~5mm，基部在两枚侧裂片之间具 1 枚肉质突起；肉质突起大小变化甚大，上面有时有疣状小突起；蕊柱细长，长 1.8~2.5cm，顶端略扩大，腹面有时有很窄的翅。蒴果近椭圆形，下垂，长 2.5~3cm，宽 1~1.3cm。花期 5~6 月，果期 9~12 月。

【分布现状】主要分布于中国山西、广西、陕西、甘肃、江苏、安徽、浙江、江西、台湾、河南、湖北、湖南、广东、四川、贵州、云南、西藏；尼泊尔、不丹、锡金、印度、越南、泰国和日本。

【广西产地】融水、金秀、乐业、靖西、那坡、隆林、环江。

【生　　境】生于海拔 500~2900m 的林下湿地或沟边湿地上。

【经济价值】干燥假鳞茎，用于治疗上火引起的口鼻肿痛、肺热引起的咳嗽、跌打损伤引起的筋骨伤痛及烧伤烫伤，还可用于治疗食道癌、淋巴肿瘤等病症，在急性痛风性关节炎、降糖降压治疗上有较好的效果，化学成分如黄酮类、生物碱等均具有重要的药用价值。

纹瓣兰
Cymbidium aloifolium

国家保护等级	《IUCN 濒危物种红色名录》受胁等级	特有植物
二级	近危（NT）	

【形态特征】附生植物。假鳞茎卵球形，长 3~6（10）cm，宽 2.5~4cm，通常包藏于叶基之内。叶 4~5 枚，带形，厚革质，坚挺，略外弯，长 40~90cm，宽 1.5~4cm，先端不等的 2 圆裂或 2 钝裂，关节位于距基部 8~16cm 处。花莛从假鳞茎基部穿鞘而出，下垂，长 20~60cm；总状花序具（15）20~35 朵花；花苞片长 2~5mm；花梗和子房长 1.2~2cm；花略小，稍有香气；萼片与花瓣淡黄色至奶油黄色，中央有 1 条栗褐色宽带和若干条纹，唇瓣白色或奶油黄色而密生栗褐色纵纹；萼片狭长圆形至狭椭圆形，长 1.5~2cm，宽 4~6mm；花瓣略短于萼片，狭椭圆形；唇瓣近卵形，长 1.3~2cm，3 裂，基部多少囊状，上面有小乳突或微柔毛；侧裂片超出蕊柱与药帽之上，中裂片外弯；唇盘上有 2 条纵褶片，略弯曲，中部变窄或有时断开，末端和基部膨大；蕊柱长 1~1.2cm，略向前弧曲；花粉团 2 个。蒴果长圆状椭圆形，长 3.5~6.5cm，宽 2~3cm。花期 4~5 月，偶见 10 月。

【分布现状】主要分布于中国广东、广西、贵州、云南等；从斯里兰卡北至尼泊尔，东至印度尼西亚爪哇。

【广西产地】隆安、东兴、扶绥、大新、宁明、龙州、田阳、那坡、隆林、河池、东兰。

【生　　境】生于海拔 100~1100m 的疏林中或灌木丛中树上或溪谷旁岩壁上。

【经济价值】生长强健，抗病力强，具有较高观赏价值；可全草入药，用于治疗肺热咳嗽、肺结核、咽喉炎、腮腺炎等病症。

莎叶兰
Cymbidium cyperifolium

国家保护等级	《IUCN 濒危物种红色名录》受胁等级	特有植物
二级	近危（NT）	

【形态特征】地生或半附生植物。假鳞茎较小，长 1~2cm，包藏于叶鞘之内。叶 4~12 枚，带形，常整齐二列而多少呈扇形，长 30~120cm，宽 6~13mm，先端急尖，基部二列套叠的鞘有宽达 2~3mm 的膜质边缘，关节位于距基部 4~5cm 处。花莛从假鳞茎基部发出，直立，长 20~40cm；总状花序具 3~7 朵花；花苞片近披针形，长 1.4~4.1cm，在花序上部的亦超过花梗和子房长度的 1/2；花梗和子房长 1.5~2.5cm；花与寒兰颇相似，有柠檬香气；萼片与花瓣黄绿色或苹果绿色，偶见淡黄色或草黄色，唇瓣色淡或有时带白色或淡黄色，侧裂片上有紫纹，中裂片上有紫色斑；萼片线形至宽线形，长 1.8~3.5cm，宽 4~7mm。花瓣狭卵形，长 1.6~2.6cm，宽 5.5~8.5mm；唇瓣卵形，长 1.4~2.2cm，稍 3 裂；侧裂片上有小乳突或细小的短柔毛；中裂片强烈外弯，前部疏生小乳突，近全缘；唇盘上 2 条纵褶片从近基部处向上延伸到中裂片基部，上部略向内倾斜；蕊柱长 1.1~1.5cm，稍向前弯曲，两侧有狭翅；花粉团 4 个，成 2 对。蒴果狭椭圆形，长 5~6cm，宽约 2cm。花期 10 月至翌年 2 月。

【分布现状】主要分布于产中国广东、海南、广西、贵州、云南；尼泊尔、不丹、印度、缅甸、泰国、越南、柬埔寨、菲律宾。

【广西产地】防城、龙州、乐业、凌云、靖西、那坡、凤山、环江。

【生　　境】生于海拔 900~1600m 的林下排水良好、多石之地或岩石缝中。

【经济价值】花形及花色与寒兰（*C. kanran*）相似，具柠檬香气，有较高的园艺观赏性。

冬凤兰

Cymbidium dayanum

国家保护等级	《IUCN 濒危物种红色名录》受胁等级	特有植物
二级	易危（VU）	

【形态特征】附生植物。假鳞茎近梭形，稍压扁，长 2~5cm，宽 1.5~2.5cm，包藏于叶基内。叶 4~9 枚，带形，长 32~60（110）cm，宽 7~13mm，坚纸质，暗绿色，先端渐尖，不裂，中脉与侧脉在背面凸起（通常侧脉较中脉更为凸起，尤其在下部），关节位于距基部 7~12cm 处。花莛自假鳞茎基部穿鞘而出，长 18~35cm，下弯或下垂；总状花序具 5~9 朵花；花苞片近三角形，长 4~5mm；花梗和子房长 1~2cm，后期继续延长；花直径 4~5cm，一般无香气；萼片与花瓣白色或奶油黄色，中央有 1 条栗色纵带自基部延伸到上部 3/4 处或偶见整个瓣片充满淡枣红色，唇瓣仅在基部和中裂片中央为白色，其余均为栗色，侧裂片则密具栗色脉，褶片呈白色或奶油黄色；萼片狭长圆状椭圆形，长 2.2~2.7cm，宽 5~7mm；花瓣狭卵状长圆形，长 1.7~2.3cm，宽 4~6mm；唇瓣近卵形，长 1.5~1.9cm，3 裂；侧裂片与蕊柱近等长；中裂片外弯；唇盘上有 2 条纵褶片自基部延伸至中裂片基部，上有密集的腺毛，褶片前端有 2 条具腺毛的线延伸至中裂片中部；蕊柱长 9~10mm，稍向前弯曲，长度约为萼片长度的 1/2~3/5；花粉团 2 个，近三角形。蒴果椭圆形，长 4~5cm，宽 2~2.8cm。花期 8~12 月。

【分布现状】主要分布于中国福建、台湾、广东、海南、广西、云南；锡金、印度、缅甸、越南、老挝、柬埔寨、泰国、马来西亚、印度尼西亚、菲律宾、日本。

【广西产地】兴安、上思、宁明、龙州、靖西、那坡、河池。

【生　　境】生于海拔 300~1600m 的疏林中树上或溪谷旁岩壁上。

【经济价值】花期持久，株形优美，具有极大的观赏价值。

独占春

Cymbidium eburneum

国家保护等级	《IUCN 濒危物种红色名录》受胁等级	特有植物
二级	极危（CR）	中国特有种

【形态特征】附生植物。假鳞茎近梭形或卵形，长 4~8cm，宽 2.5~3.5cm，包藏于叶基之内，基部常有由叶鞘撕裂后残留的纤维状物。叶 6~11 枚，每年继续发出新叶，多者可达 15~17 枚，长 57~65cm，宽 1.4~2.1cm，带形，先端为细微的不等的 2 裂，基部二列套叠并有褐色膜质边缘，边缘宽 1~1.5mm，关节位于距基部 4~8cm 处。花莛从假鳞茎下部叶腋发出，直立或近直立，长 25~40cm；总状花序具 1~2（3）朵花；花苞片卵状三角形，长 6~7mm；花梗和子房长 2.5~3.5cm；花较大，不完全开放，稍有香气；萼片与花瓣白色，有时略有粉红色晕，唇瓣亦白色，中裂片中央至基部有一黄色斑块，连接于黄色褶片末端，偶见紫粉红色斑点，蕊柱白色或稍带淡粉红色，有时基部有黄色斑块；萼片狭长圆状倒卵形，长 5.5~7cm，宽 1.5~2cm，先端常略钝。花瓣狭倒卵形，与萼片等长，宽 1.3~1.8cm；唇瓣近宽椭圆形，略短于萼片，3 裂，基部与蕊柱合生达 3~5mm；侧裂片直立，略围抱蕊柱，有小乳突或短毛，边缘不具缘毛；中裂片稍外弯，中部至基部有密短毛区，其余部分有细毛，边缘波状；唇盘上 2 条纵褶片汇合为一，从基部延伸到中裂片基部，上面生有小乳突和细毛；蕊柱长 3.5~4.5cm，两侧有狭翅；花粉团 2 个，四方形；粘盘基部两侧有丝状附属物。蒴果近椭圆形，长 5~7cm，宽 3~4cm。花期 2~5 月。独占春的花箭是直立或稍倾斜，常是一支花箭有两朵兰花，一前一后似两只燕子相伴展翅高飞。花箭高约 30cm，花朵硕大，直径约 10cm，萼也长，瓣披长形，每边长约 6cm，宽 2cm，故属大型花。花色通常是白色，中脉淡黄，有丁香香味，但花香很淡。花期 2~5 月。

【分布现状】主要分布于中国海南（崖州、昌江）、广西南部和、云南西南部。

【广西产地】龙州、南宁。

【生　　境】生于溪谷旁岩石上。

【经济价值】有“双燕齐飞”或“双燕迎春”的美称，农历正月初五开放，具较高的观赏价值。

建兰
Cymbidium ensifolium

国家保护等级	《IUCN 濒危物种红色名录》受胁等级	特有植物
二级	近危（NT）	

【形态特征】地生植物。假鳞茎卵球形，长 1.5~2.5cm，宽 1~1.5cm，包藏于叶基之内。叶 2~4（6）枚，带形，有光泽，长 30~60cm，宽 1~1.5（2.5）cm，前部边缘有时有细齿，关节位于距基部 2~4cm 处。花葶从假鳞茎基部发出，直立，长 20~35cm 或更长，但一般短于叶；总状花序具 3~9（13）朵花；花苞片除最下面的 1 枚长可达 1.5~2cm 外，其余的长 5~8mm，一般不及花梗和子房长度的 1/3，至多不超过 1/2；花梗和子房长 2~2.5（3）cm；花常有香气，色泽变化较大，通常为浅黄绿色而具紫斑；萼片近狭长圆形或狭椭圆形，长 2.3~2.8cm，宽 5~8mm；侧萼片常向下斜展。花瓣狭椭圆形或狭卵状椭圆形，长 1.5~2.4cm，宽 5~8mm，近平展；唇瓣近卵形，长 1.5~2.3cm，略 3 裂；侧裂片直立，多少围抱蕊柱，上面有小乳突；中裂片较大，卵形，外弯，边缘波状，亦具小乳突；唇盘上 2 条纵褶片从基部延伸至中裂片基部，上半部向内倾斜并靠合，形成短管；蕊柱长 1~1.4cm，稍向前弯曲，两侧具狭翅；花粉团 4 个，成 2 对，宽卵形。蒴果狭椭圆形，长 5~6cm，宽约 2cm。花期通常为 6~10 月。

【分布现状】主要分布于中国安徽、浙江、江西、福建、台湾、湖南、广东、海南、广西、四川、贵州、云南；东南亚和南亚各国，北至日本。

【广西产地】融水、龙胜、平南、金秀、昭平、靖西、那坡、隆林、河池、环江。

【生　　境】生于海拔 600~1800m 的疏林下、灌丛中、山谷旁或草丛中。

【经济价值】全草入药，具有滋阴润肺、止咳化痰、活血、止痛等功效。植株雄健，花繁叶茂，气魄很大，花开盛夏，凉风吹送兰香，使人倍感清幽，观赏价值高。

蕙兰

Cymbidium faberi

国家保护等级	《IUCN 濒危物种红色名录》受胁等级	特有植物
二级	近危（NT）	

【形态特征】地生草本植物。假鳞茎不明显。叶 5~8 枚，带形，直立性强，长 25~80cm，宽（4）7~12mm，基部常对折而呈“V”形，叶脉透亮，边缘常有粗锯齿。花莛从叶丛基部最外面的叶腋抽出，近直立或稍外弯，长 35~50（80）cm，被多枚长鞘；总状花序具 5~11 朵或更多的花；花苞片线状披针形，最下面的 1 枚长于子房，中上部的长 1~2cm，约为花梗和子房长度的 1/2，至少超过 1/3；花梗和子房长 2~2.6cm；花常为浅黄绿色，唇瓣有紫红色斑，有香气；萼片近披针状长圆形或狭倒卵形，长 2.5~3.5cm，宽 6~8mm；花瓣与萼片相似，常略短而宽；唇瓣长圆状卵形，长 2~2.5cm，3 裂；侧裂片直立，具小乳突或细毛；中裂片较长，强烈外弯，有明显、发亮的乳突，边缘常皱波状；唇盘上 2 条纵褶片从基部上方延伸至中裂片基部，上端向内倾斜并汇合，多少形成短管；蕊柱长 1.2~1.6cm，稍向前弯曲，两侧有狭翅；花粉团 4 个，成 2 对，宽卵形。蒴果近狭椭圆形，长 5~5.5cm，宽约 2cm。花期 3~5 月。

【分布现状】主要分布于中国陕西、甘肃、安徽、浙江、江西、福建、台湾、河南、湖北、湖南、广东、广西、四川、贵州、云南、西藏；尼泊尔、印度北部。

【广西产地】乐业、南丹、罗城、环江。

【生　　境】生于海拔 700~3000m 的湿润但排水良好的透光处。

【经济价值】植株挺拔，花茎直立或下垂，花大色艳，主要用作盆栽观赏；根皮入药，具有润肺止咳、杀虫之功效。

多花兰

Cymbidium floribundum

国家保护等级	《IUCN 濒危物种红色名录》受胁等级	特有植物
二级	近危（NT）	

【形态特征】附生植物。假鳞茎近圆柱形，长 1.5~2.5cm，宽约 1cm，包藏于宿存的叶基内。叶 2~4 枚，近直立，矩圆状倒披针形，较厚革质，长 22~27cm，宽 3.5~4.7cm，先端急尖或钝，具明显的中脉，基部明显具柄；叶柄纤细，长 15~23cm，宽 4~5mm，腹面有槽，关节位于近中部。花葶自假鳞茎基部穿鞘而出，近直立或外弯，长 16~28（35）cm；花序通常具 10~40 朵花；花苞片小；花较密集，直径 3~4cm，一般无香气；萼片与花瓣红褐色或偶见绿黄色，极罕灰褐色，唇瓣白色而在侧裂片与中裂片上有紫红色斑，褶片黄色；萼片狭长圆形，长 1.6~1.8cm，宽 4~7mm；花瓣狭椭圆形，长 1.4~1.6cm，萼片近等宽；唇瓣近卵形，长 1.6~1.8cm，3 裂；侧裂片直立，具小乳突；中裂片稍外弯，亦具小乳突；唇盘上有 2 条纵褶片，褶片末端靠合；蕊柱长 1.1~1.4cm，略向前弯曲；花粉团 2 个，三角形。蒴果近长圆形，长 3~4cm，宽 1.3~2cm。花期 4~8 月。

【分布现状】主要分布于中国浙江、江西、福建、台湾、湖北、湖南、广东、广西、四川东部、贵州、云南西北部至东南部；印度、尼泊尔、泰国、越南。

【广西产地】武鸣、马山、融水、临桂、全州、兴安、永福、龙胜、恭城、德保、靖西、那坡、凌云、乐业、隆林、环江、金秀、宁明、龙州、大新。

【生　　境】生于海拔 100~3300m 的林中或林缘树上，或溪谷旁透光的岩石上或岩壁上，或石缝沉积的腐殖壤土之中，有机质含量较高，pH 一般在 4.5~5。

【经济价值】叶革质肥厚，并具有光泽，抗旱防寒力强，花色繁丽多姿，亦有较高的观赏价值，是较理想的盆栽花卉之一；全草入药，具有清热解毒、滋阴润肺、化痰止咳等功效。

春兰

Cymbidium goeringii

国家保护等级	《IUCN 濒危物种红色名录》受胁等级	特有植物
二级	易危（VU）	

【形态特征】地生植物。假鳞茎较小，卵球形，长 1~2.5cm，宽 1~1.5cm，包藏于叶基之内。叶 4~7 枚，带形，通常较短小，长 20~40（60）cm，宽 5~9mm，下部常多少对折而呈“V”形，边缘无齿或具细齿。花葶从假鳞茎基部外侧叶腋中抽出，直立，长 3~15（20）cm，极罕更高，明显短于叶；花序具单朵花，少有 2 朵；花苞片长而宽，一般长 4~5cm，多少围抱子房；花梗和子房长 2~4cm；花色泽变化较大，通常为绿色或淡褐黄色而有紫褐色脉纹，有香气；萼片近长圆形至长圆状倒卵形，长 2.5~4cm，宽 8~12mm；花瓣倒卵状椭圆形至长圆状卵形，长 1.7~3cm，与萼片近等宽，展开或多少围抱蕊柱；唇瓣近卵形，长 1.4~2.8cm，不明显 3 裂；侧裂片直立，具小乳突，在内侧靠近纵褶片处各有 1 个肥厚的皱褶状物；中裂片较大，强烈外弯，上面亦有乳突，边缘略呈波状；唇盘上 2 条纵褶片从基部上方延伸中裂片基部以上，上部向内倾斜并靠合，多少形成短管状；蕊柱长 1.2~1.8cm，两侧有较宽的翅；花粉团 4 个，成 2 对。蒴果狭椭圆形，长 6~8cm，宽 2~3cm。花期 1~3 月。

【分布现状】主要于中国分布于陕西南部、甘肃南部、江苏、安徽、浙江、江西、福建、台湾、河南、湖北、湖南、广东、广西、四川、贵州、云南；日本、朝鲜半岛南端和印度东北部。

【广西产地】融水、临桂、百色。

【生　　境】生于海拔 300~2200m（在中国台湾可上升到 3000m）的多石山坡、林缘、林中透光处。

【经济价值】开花时有特别幽雅的香气，为室内布置的佳品；根、叶、花均可入药，用于治疗神经衰弱、阴虚、肺结核咯血、跌打损伤、痈肿等病症。

寒兰

Cymbidium kanran

国家保护等级	《IUCN 濒危物种红色名录》受胁等级	特有植物
二级	近危（NT）	

【形态特征】地生植物。假鳞茎狭卵球形，长 2~4cm，宽 1~1.5cm，包藏于叶基之内。叶 3~5（7）枚，带形，薄革质，暗绿色，略有光泽，长 40~70cm，宽 9~17mm，前部边缘常有细齿，关节位于距基部 4~5cm 处。花葶发自假鳞茎基部，长 25~60（80）cm，直立；总状花序疏生 5~12 朵花；花苞片狭披针形，最下面 1 枚长可达 4cm，中部与上部的长 1.5~2.6cm，一般与花梗和子房近等长；花梗和子房长 2~2.5（3）cm；花常为淡黄绿色而具淡黄色唇瓣，也有其他色泽，常有浓烈香气；萼片近线形或线状狭披针形，长 3~5（6）cm，宽 13.5~5（7）mm，先端渐尖；花瓣常为狭卵形或卵状披针形，长 2~3cm，宽 5~10mm；唇瓣近卵形，不明显的 3 裂，长 2~3cm；侧裂片直立，多少围抱蕊柱，有乳突状短柔毛；中裂片较大，外弯，上面亦有类似的乳突状短柔毛，边缘稍有缺刻；唇盘上 2 条纵褶片从基部延伸至中裂片基部，上部向内倾斜并靠合，形成短管；蕊柱长 1~1.7cm，稍向前弯曲，两侧有狭翅；花粉团 4 个，成 2 对，宽卵形。蒴果狭椭圆形，长约 4.5cm，宽约 1.8cm。花期 8~12 月。

【分布现状】主要分布于中国安徽、浙江、江西、福建、台湾、湖南、广东、海南、广西、四川、贵州、云南；日本南部和朝鲜半岛南端。

【广西产地】融水、三江、阳朔、临桂、全州、兴安、龙胜、走远、那坡、昭平、罗城、环江、金秀。

【生　　境】生于海拔 400~2400m 的林下、溪谷旁或稍荫蔽、湿润、多石之土壤上。

【经济价值】株形修长健美，叶姿优雅俊秀，花色艳丽多变，香味清醇久远，凌霜冒寒吐芳，实为可贵，因此有“寒兰”之名，为国兰之一。

大根兰

Cymbidium macrorhizon

国家保护等级	《IUCN 濒危物种红色名录》受胁等级	特有植物
二级	极危（CR）	

【形态特征】腐生植物。无绿叶，亦无假鳞茎。地下有根状茎，根状茎肉质，白色，斜生或近直立，常分枝。花莛直立，紫红色，中部以下具数枚圆筒状的鞘；总状花序具 2~5 朵花；花白色带黄色至淡黄色，萼片与花瓣常有 1 条紫红色纵带，唇瓣上有紫红色斑；花瓣狭椭圆形，长 1.5~1.8cm，宽 5~6mm；唇瓣近卵形，长 1.3~1.6cm，略 3 裂。花期 6~8 月。

【分布现状】主要分布于中国四川、贵州、广西和云南；尼泊尔、锡金、巴基斯坦、印度北部、缅甸、越南、老挝、泰国、日本等地。

【广西产地】乐业。

【生　　境】生于海拔 700~1500m 的河边林下、松树林缘或开旷山坡上。

【经济价值】花白色带黄色至淡黄色，花期时间长，观赏价值高。

硬叶兰
Cymbidium mannii

国家保护等级	《IUCN 濒危物种红色名录》受胁等级	特有植物
二级	易危（VU）	

【形态特征】附生植物。假鳞茎狭卵球形，长 2.5~5cm，宽 2~3cm，稍压扁，包藏于叶基之内。叶（4）5~7 枚，带形，厚革质，长 22~80cm，宽 1~1.8cm，先端为不等的 2 圆裂或 2 尖裂，有时微缺，基部的鞘有宽 1~1.5mm 的黑色膜质边缘。花莛从假鳞茎基部穿鞘而出，长 17~28cm，下垂或下弯；总状花序通常具 10~20 朵花；花苞片近三角形，长 1.5~4.5mm；花梗和子房长 1~1.5cm；花略小，直径 3~4cm；萼片与花瓣淡黄色至奶油黄色，中央有 1 条宽阔的栗褐色纵带，带宽达 3~4mm，唇瓣白色至奶油黄色，有栗褐色斑；萼片狭长圆形，长 1.4~1.7（2）cm，宽 3~5mm；花瓣近狭椭圆形，长 1.2~1.4（1.7）cm，宽 3~4mm；唇瓣近卵形，长 1.2~1.4cm，3 裂，基部多少囊状，上面有小乳突或微柔毛；侧裂片短于蕊柱；中裂片外弯；唇盘上有 2 条纵褶片，不间断，两端略膨大，上面有小乳突或微柔毛；蕊柱长 8~12mm，略向前弯曲，有很短的蕊柱足；花粉团 2 个。蒴果近椭圆形，长 3.5~5cm，宽 2.5~3cm。花期 3~4 月。

【分布现状】主要分布于中国广东、海南、广西、贵州、云南；尼泊尔、不丹、印度、缅甸、越南、老挝、柬埔寨、泰国。

【广西产地】桂西南、桂北。

【生　　境】喜阴，怕阳光直射；喜湿润，忌干燥；喜肥沃、富含大量腐殖质；宜空气流通的环境。

【经济价值】全草含黄酮甙、氨基酸，以全草入药，具有清热润肺、化痰止咳、散瘀止血等功效，极具药用和观赏价值。

珍珠矮

Cymbidium nanulum

国家保护等级	《IUCN 濒危物种红色名录》受胁等级	特有植物
二级	濒危（EN）	中国特有种

【形态特征】地生植物。矮小，常单株生长，无假鳞茎。地下有 1 条近肉质的根状茎，根状茎扁圆柱形，直径达 1cm 以上，有数节，与周围数条肥厚根的色泽相同，不易分辨。叶 2~3 枚，带形，直立，长 25~30cm，宽 1~1.2cm，先端近急尖，边缘具细齿，中脉在两面凹陷，侧脉则两面浮凸，无明显关节；叶鞘常带紫色。花葶从植株基部发出，直立，长 10~13cm；总状花序疏生 3~4 朵花；花苞片线形或线状披针形，长 4~9mm；花梗和子房长 1.6~2cm；花直径 2.5~3.2cm，有香气，黄绿色或淡紫色，花瓣有 5 条深色脉纹；花瓣为长圆形，长 1.1~1.4cm，宽 6~7mm，先端亦圆钝；唇瓣长圆状卵形，长 8~10mm，不明显 3 裂；侧裂片上有紫色斜脉纹；中裂片外弯，亦有紫斑；唇盘上有 2 条纵褶片，上半部向内倾斜并靠合；蕊柱长 6~7mm。花期 6 月。

【分布现状】主要分布于中国海南、广西、贵州西南部和云南东南部至西南部。

【广西产地】乐业。

【生　　境】生于林中多石地上。

【经济价值】属于比较罕见的品种，花美、味香，观赏价值高。

邱北冬蕙兰

Cymbidium qiubeiense

国家保护等级	《IUCN 濒危物种红色名录》受胁等级	特有植物
二级	濒危（EN）	中国特有种

【形态特征】地生植物。假鳞茎较小，长 1~1.5cm，宽 6~9mm，包藏于青紫褐色的鞘之内；鞘卵形至卵状披针形，长 3~5cm，宽约 1cm，3~4 枚。叶 2~3 枚，带形，深绿并带污紫色，长 30~80cm，宽 5~10cm，先端渐尖，边缘有细齿缺，基部收狭成长柄；叶柄紫黑色，铁丝状，长 1020cm，有关节。花莛从假鳞茎基部鞘内发出，直立，长 25~30cm，紫色，疏生 5~6 朵花；花苞片披针形，紫色，下部的长约 1.5cm，宽约 5mm；花有香气；萼片与花瓣绿色，花瓣基部有暗紫色斑块，唇瓣白色，侧裂片带红色，中裂片绿色，有紫斑；萼片线状披针形，长约 2.5cm，宽约 6mm，具 5 脉。花瓣狭长圆状披针形，长约 2.2cm，宽约 7mm；唇瓣不明显 3 裂，长约 2cm，宽约 1cm；侧裂片直立；中裂片外弯；唇盘上 2 条纵褶片从基部延伸至中裂片基部上方；蕊柱长约 1.3cm，稍向前弯曲。花期 10~12 月。

【分布现状】主要分布于中国贵州、广西。

【广西产地】柳江、靖西、那坡、乐业、环江。

【生　　境】生于海拔 700~1800m 的林下。

【经济价值】花具有香味，萼片与花瓣绿色，唇瓣白色、侧裂片淡红色，十分珍稀，近年来受越来越多园艺爱好者喜爱。

豆瓣兰

Cymbidium serratum

国家保护等级	《IUCN 濒危物种红色名录》受胁等级	特有植物
二级	近危（NT）	中国特有种

【形态特征】地生植物。假鳞茎卵球形。叶 3~5，边缘有锯齿。花序由假鳞茎基部伸出，直立，通常高 20~30cm；具 1 花或罕见 2 花，无香味，通常浅紫红色。蒴果。花期 12 月至翌年 3 月。

【分布现状】主要分布于中国贵州、广西、湖北、四川、台湾、云南。

【广西产地】桂林、阳朔、乐业、环江、天峨。

【生　　境】生于海拔 1000~3000m 多石的开阔森林或排水良好的草坡之上。

【经济价值】叶形优美，花具清香，多盆栽用于客厅、卧室或书房观赏，可吸收空气中的甲醛等有害气体；花分泌出来的挥发油含有有机物，可清新空气并有杀菌作用。

墨兰

Cymbidium sinense

国家保护等级	《IUCN 濒危物种红色名录》受胁等级	特有植物
二级	易危（VU）	

【形态特征】地生植物。假鳞茎卵球形，长 2.5~6cm，宽 1.5~2.5cm，包藏于叶基之内。叶 3~5 枚，带形，近薄革质，暗绿色，长 45~80（110）cm，宽（1.5）2~3cm，有光泽，关节位于距基部 3.5~7cm 处。花莛从假鳞茎基部发出，直立，较粗壮，长（40）50~90cm，一般略长于叶。总状花序具 10~20 朵或更多的花；花苞片除最下面的 1 枚长于 1cm 外，其余的长 4~8mm；花梗和子房长 2~2.5cm；花的色泽变化较大，较常为暗紫色或紫褐色而具浅色唇瓣，也有黄绿色、桃红色或白色，一般有较浓的香气；萼片狭长圆形或狭椭圆形，长 2.2~3（3.5）cm，宽 5~7mm；花瓣近狭卵形，长 2~2.7cm，宽 6~10mm；唇瓣近卵状长圆形，宽 1.7~2.5（3）cm，不明显 3 裂；侧裂片直立，多少围抱蕊柱，具乳突状短柔毛；中裂片较大，外弯，亦有类似的乳突状短柔毛，边缘略波状；唇盘上 2 条纵褶片从基部延伸至中裂片基部，上半部向内倾斜并靠合，形成短管；蕊柱长 1.2~1.5cm，稍向前弯曲，两侧有狭翅；花粉团 4 个，成 2 对，宽卵形。蒴果狭椭圆形，长 6~7cm，宽 1.5~2cm。花期 10 月至翌年 3 月。

【分布现状】主要分布于中国安徽、江西、福建、台湾、广东、海南、广西、四川、贵州、云南；印度、缅甸、越南、泰国。

【广西产地】临桂、龙胜、苍梧、蒙山、平南、容县、靖西、那坡、隆林、金秀、龙州。

【生　　境】生于海拔 300~2000m 的林下、灌木林中或溪谷旁湿润但排水良好的荫蔽处。喜阴，而忌强光。喜温暖，而忌严寒。喜湿，而忌燥。多生于向阳、雨水充沛密林间。

【经济价值】又名“报岁兰”，花期正值农历新年，寓意美好，花姿飘逸优雅、香味清新，具有较高的观赏价值，兰花四大名品之一。

果香兰
Cymbidium suavissimum

国家保护等级	《IUCN 濒危物种红色名录》受胁等级	特有植物
二级	极危（CR）	

【形态特征】附生植物。假鳞茎近卵球形，长 2.5~3.5cm，宽 2~3cm，稍压扁，包藏于叶基之内。叶通常 5~6 枚，带形，坚纸质，长 22~50cm，宽 2~3cm，先端钝或急尖，中脉与侧脉在背面凸起（通常中脉较侧脉更为凸起，尤其在下部），关节在距基部 2~6cm 处。体态十分接近多花兰，但叶质地较柔软，基部有紫晕并具宽 2~3mm 的膜质边缘；叶基部外面的鞘紫色。花莛自假鳞茎基部穿鞘而出，近直立或外弯，长 16~28（35）cm；花序通常在 50 朵以上；花苞片小；花较密集，直径 3~4cm，有水果香味；萼片与花瓣红褐色，唇瓣白色而在侧裂片与中裂片上有紫红色斑，褶片黄色；萼片狭长圆形，长 1.6~1.8cm，宽 4~7mm。花瓣狭椭圆形，长 1.4~1.6cm，萼片近等宽；唇瓣近卵形，长 1.6~1.8cm，3 裂；侧裂片直立，具小乳突；中裂片稍外弯，亦具小乳突；唇盘上有 2 条纵褶片，褶片末端靠合；蕊柱长 1.1~1.4cm，略向前弯曲；蕊柱基部两侧各有 1 个小耳；小耳长 1~2mm。花粉团 2 个，三角形。蒴果近长圆形，长 3~4cm，宽 1.3~2cm。花期 7~8 月。

【分布现状】主要分布于中国贵州、广西、云南；缅甸、越南。

【广西产地】德保。

【生　　境】生于海拔 700~1100m。

【经济价值】花苞片小，花朵生长密集，开花时有水果香味，观赏价值较高。

莲瓣兰
Cymbidium tortisepalum

国家保护等级	《IUCN 濒危物种红色名录》受胁等级	特有植物
二级	濒危（EN）	中国特有种

【形态特征】叶片质地较软，稍革质化，细长的线形，长 35~60cm，宽 0.4~0.6cm。叶基部有稍膨大的假鳞茎可储存水分和养分。根为圆柱状肉质根，直径 0.5~1cm，长可达 20~40cm。花莛不出架，一秆有花 2~4 朵；花径 4~6cm；花以白色为主，略带红色、黄色或绿色；萼片三角状披针形，花瓣短而宽、向内曲，有深浅不同的红色脉纹，唇瓣反卷、有红色斑点。花清香。花期 12 月至翌年 3 月。

【分布现状】主要分布于中国台湾与云南、贵州、广西。

【广西产地】阳朔、乐业、环江。

【生　　境】生于海拔 800~2000m 的草坡或透光的林中或林缘。

【经济价值】中国传统名花，国兰中的重要一员。具有花色丰富、株形优美、发芽率高、环境适应能力强、易开花等优良特性，深受国人喜爱。

西藏虎头兰

Cymbidium tracyanum

国家保护等级	《IUCN 濒危物种红色名录》受胁等级	特有植物
二级	濒危（EN）	

【形态特征】附生植物。假鳞茎椭圆状卵形或长圆状狭卵形，长 5~11cm，宽 2~5cm，大部分包藏于叶鞘之内。叶 5~8 枚或更多，带形，长 55~80cm，宽（1.5）2~3.4cm，先端急尖，关节位于距基部 7~14cm 处。花莛从假鳞茎基部穿鞘而出，外弯或近直立，长 65~100cm 或过之；总状花序通常具 10 余朵花；花苞片卵状三角形，长 3~5mm；花梗和子房长 3~5.5mm；花大，直径达 13~14cm，有香气；萼片与花瓣黄绿色至橄榄绿色，有多条不甚规则的暗红褐色纵脉，脉上有点，唇瓣淡黄色并在侧裂片上具类似色泽的脉，中裂片上则具短条纹与斑点，褶片淡黄色并有红点；萼片狭椭圆形，长（4.5）5.5~7cm，宽 1.7~2cm；侧萼片稍斜歪并扭曲。花瓣镰刀形，下弯并扭曲，长 4.5~6.5cm，宽 7~12mm；唇瓣卵状椭圆形，长 4.5~6cm，3 裂，基部与蕊柱合生达 4~5mm；侧裂片直立，边缘有长 0.5~1.5mm 的缘毛，上面脉上有红褐色毛；中裂片明显外弯，上面有 3 行长毛连接于褶片顶端，并有散生的短毛；唇盘上 2 条纵褶片上亦密生长毛，在两褶片之间尚有 1 行长毛，但明显短于褶片；蕊柱长 3.5~4.3cm，向前弯曲，两侧具翅，腹面下部有短毛；花粉团 2 个，三角形，长 3~4mm。蒴果椭圆形，长 8~9cm，宽 4.5~5cm。花期 9~12 月。

【分布现状】主要分布于中国贵州、云南、广西、西藏；缅甸、泰国。

【广西产地】乐业、田林、靖西、那坡。

【生　　境】生于海拔 1200~1900m 的林中大树干上或树杈上，也见于溪谷旁岩石上。

【经济价值】花朵上分布有黄色、紫红色相间的纹路，看上去如同虎头，具有较高的观赏价值；种子、假鳞茎入药，治肺结核、肺炎、气管炎、支气管炎、喘咳、骨折筋伤。

文山红柱兰
Cymbidium wenshanense

国家保护等级	《IUCN 濒危物种红色名录》受胁等级	特有植物
二级	近危（NT）	

【形态特征】附生植物。假鳞茎卵形，长 3~4cm，宽 2~2.5cm，包藏于叶鞘之内。叶 6~9 枚，带形，长 60~90cm，宽 1.3~1.7cm，先端近渐尖，关节位。花莛明显短于叶，长 32~39cm，多少外弯；总状花序具 3~7 朵花；花苞片三角形，很小；花梗和子房长达 5cm；花较大，不完全开放，有香气；萼片与花瓣白色，背面常略带淡紫红色，唇瓣白色而有深紫色或紫褐色条纹与斑点，在后期整个色泽常变为淡红褐色，纵褶片一般黄色，蕊柱顶端红色，其余均白色；萼片近狭倒卵形或宽倒披针形，长 5.8~6.4cm，宽 1.8~2.1cm；花瓣与萼片相似；唇瓣近宽倒卵形，长约 5.6cm，3 裂，基部与蕊柱合生达 2~3mm；侧裂片直立，宽达 2cm，边缘有缘毛；中裂片近扁圆形，长约 1.9cm，宽 2.7cm，先端微缺，边缘有缘毛；唇盘上整个被毛，有 2 条纵褶片自基部延伸到中裂片基部，末端明显膨大；蕊柱长约 4.2cm，向前弯曲，腹面疏被短柔毛；花粉团 2 个，近梨形。花期 3 月。

【分布现状】主要分布于中国云南东南部（马关）、广西；越南。

【广西产地】那坡。

【生　　境】生于林中树上。

【经济价值】我国的特有兰花品种，具有较高的园艺价值。叶片浓绿飘逸，花朵硕大，花色洁白淡雅，并有淡淡的清香，是很值得推广的兰花品种。

绿花杓兰
Cypripedium henryi

国家保护等级	《IUCN 濒危物种红色名录》受胁等级	特有植物
二级	极危（CR）	中国特有种

【形态特征】植株高 30~60cm。具较粗短的根状茎。茎直立，被短柔毛，基部具数枚鞘，鞘上方具 4~5 枚叶。叶片椭圆状至卵状披针形，长 10~18cm，宽 6~8cm，先端渐尖，无毛或在背面近基部被短柔毛。花序顶生，通常具 2~3 花；花苞片叶状，卵状披针形或披针形，长 4~10cm，宽 1~3cm，先端尾状渐尖，通常无毛，偶见背面脉上被疏柔毛；花梗和子房长 2.5~4cm，密被白色腺毛；花绿色至绿黄色；中萼片卵状披针形，长 3.5~4.5cm，宽 1~1.5cm，先端渐尖，背面脉上和近基部处稍有短柔毛；合萼片与中萼片相似，先端 2 浅裂；花瓣线状披针形，长 4~5cm，宽 5~7mm，先端渐尖，通常稍扭转，内表面基部和背面中脉上有短柔毛；唇瓣深囊状，椭圆形，长 2cm，宽 1.5cm，囊底有毛，囊外无毛；退化雄蕊椭圆形或卵状椭圆形，长 6~7mm，宽 3~4mm，基部具长 2~3mm 的柄，背面有龙骨状突起。蒴果近椭圆形或狭椭圆形，长达 3.5cm，宽约 1.2cm，被毛。花期 4~5 月，果期 7~9 月。

【分布现状】主要分布于中国山西南部、甘肃南部、陕西南部、湖北西部、四川、贵州、云南西北部、广西。

【广西产地】乐业。

【生　　境】生于海拔 800~2800m 的疏林下、林缘、灌丛坡地上湿润和腐殖质丰富之地。

【经济价值】一般有 2~3 朵花，花呈现绿色或绿黄色，具有很高的观赏价值。

暖地杓兰
Cypripedium subtropicum

国家保护等级	《IUCN 濒危物种红色名录》受胁等级	特有植物
一级	极危（CR）	

【形态特征】植株高达 1.5m。具粗短的根状茎和直径 2~3mm 的肉质根。茎直立，直径约 1cm，被短柔毛，基部具数枚鞘，中部以上具 9~10 枚叶；鞘长 2.5~9.5cm，被短柔毛。叶片椭圆状长圆形至椭圆状披针形，长 21~33cm，宽 7.7~10.5cm，先端渐尖，上面无毛，背面被短柔毛，边缘多少具缘毛，基部收狭而成长 1~2cm 的柄。花序顶生，总状，具 7 花；花序柄长约 21cm；花序轴长 15cm，被淡红色毛；花苞片线状披针形，长 1~2.8cm，宽 1.5~3cm，多少反折；被淡红色毛；花梗和子房长约 4.5cm，密被腺毛和淡褐色疏柔毛；花黄色，唇瓣上有紫色斑点；中萼片卵状椭圆形，长 3.5~3.9cm，宽 2.2~2.5cm，先端尾状渐尖，背面被淡红色毛；合萼片宽卵状椭圆形，略宽于中萼片，先端 2 浅裂，背面亦被毛。花瓣近长圆状卵形，长 3~3.6cm，宽 9~11mm，内表面脉上和背面被淡红色毛；唇瓣深囊状，倒卵状椭圆形，长 4~4.6cm，宽约 3cm，囊内基部具毛，囊外无毛；退化雄蕊近舌状，长 5mm，宽 1.5mm，先端钝，略向上弯曲，基部有柄。花期 7 月。

【分布现状】主要分布于中国云南、广西、西藏。

【广西产地】那坡。

【生　　境】生于海拔 1400m 的桤木林下。

【经济价值】花比较雅致，色彩比较庄重，带有不规则斑点或条纹，花瓣较厚，花朵开放期比较长，观赏价值高。

钩状石斛
Dendrobium aduncum

国家保护等级	《IUCN 濒危物种红色名录》受胁等级	特有植物
二级	易危（VU）	

【形态特征】草本植物。茎下垂，圆柱形，长 50~100cm，粗 2~5mm，有时上部多少弯曲，不分枝，具多个节，节间长 3~3.5cm，干后淡黄色。叶长圆形或狭椭圆形，长 7~10.5cm，宽 1~3.5cm，先端急尖并且钩转，基部具抱茎的鞘。总状花序通常数个，出自已落叶或具叶的老茎上部，花序轴纤细，长 1.5~4cm，多少回折状弯曲，疏生 1~6 朵花；花序柄长 5~10mm，基部被 3~4 枚长 2~3mm 的膜质鞘；花苞片膜质，卵状披针形，长 5~7mm，先端急尖；花梗和子房长约 1.5cm；花开展，萼片和花瓣淡粉红色；中萼片长圆状披针形，长 1.6~2cm，宽 7mm，先端锐尖，具 5 条脉；侧萼片斜卵状三角形，与中萼片等长而宽得多，先端急尖，具 5 条脉，基部歪斜；萼囊明显坛状，长约 1cm；花瓣长圆形，长 1.4~1.8cm，宽 7mm，先端急尖，具 5 条脉；唇瓣白色，朝上，凹陷呈舟状，展开时为宽卵形，长 1.5~1.7cm，前部骤然收狭而先端为短尾状并且反卷，基部具长约 5mm 的爪，上面除爪和唇盘两侧外密布白色短毛，近基部具 1 个绿色方形的胼胝体；蕊柱白色，长约 4mm，下部扩大，顶端两侧具耳状的蕊柱齿，正面密布紫色长毛；蕊柱足长而宽，长约 1cm，向前弯曲，末端与唇瓣相连接处具 1 个关节，内面有时疏生毛；药帽深紫色，近半球形，密布乳突状毛，顶端稍凹的，前端边缘具不整齐的齿。花期 5~6 月。

【分布现状】主要分布于中国湖南、广东、香港、海南、广西、贵州、云南；锡金、不丹、印度东北部、缅甸、泰国、越南。

【广西产地】阳朔、永福、上思、平南、百色、靖西、那坡、凌云、乐业、田林、西林、昭平、东兰、环江、金秀、龙州、大新。

【生　　境】生于海拔 700~1000m 的山地林中树干上。

【经济价值】具有益生津、滋阴、清热的功能，用于治疗阴伤津亏、口干烦渴、食少干呕、病后虚热、目暗不明等；现代药量学研究表明，石斛具有抗肿瘤、抗衰老、增强人体免疫力和扩张血管等作用，在治疗胃肠道疾病和治疗白内障方面也有很好疗效；花瓣淡粉红色，具有较高的园艺观赏价值。

兜唇石斛

Dendrobium aphyllum

国家保护等级	《IUCN 濒危物种红色名录》受胁等级	特有植物
二级	易危（VU）	

【形态特征】草本植物。茎下垂，肉质，细圆柱形，长 30~60（90）cm，粗 4~7（10）mm，不分枝，具多数节；节间长 2~3.5cm。叶纸质，二列互生于整个茎上，披针形或卵状披针形，长 6~8cm，宽 2~3cm，先端渐尖，基部具鞘；叶鞘纸质，干后浅白色，鞘口呈杯状张开。总状花序几乎无花序轴，每 1~3 朵花为一束，从已落叶或具叶的老茎上发出；花序柄长约 2~5mm，基部被 3~4 枚鞘；鞘膜质，长 2~3mm；花苞片浅白色，膜质，卵形，长约 3mm，先端急尖；花梗和子房暗褐色带绿色，长 2~2.5cm；花开展，下垂；萼片和花瓣白色带淡紫红色或浅紫红色的上部或有时全体淡紫红色；中萼片近披针形，长 2.3cm，宽 5~6mm，先端近锐尖，具 5 条脉；侧萼片相似于中萼片而等大，先端急尖，具 5 条脉，基部歪斜；萼囊狭圆锥形，长约 5mm，末端钝；花瓣椭圆形，长 2.3cm，宽 9~10mm，先端钝，全缘，具 5 条脉；唇瓣宽倒卵形或近圆形，长、宽约 2.5cm，两侧向上围抱蕊柱而形成喇叭状，基部两侧具紫红色条纹并且收狭为短爪，中部以上部分为淡黄色，中部以下部分浅粉红色，边缘具不整齐的细齿，两面密布短柔毛；蕊柱白色，其前面两侧具红色条纹，长约 3mm；药帽白色，近圆锥状，顶端稍凹缺，密布细乳突状毛，前端边缘宽凹缺。蒴果狭倒卵形，长约 4cm，粗 1.2cm，具长 1~1.5cm 的柄。花期 3~4 月，果期 6~7 月。

【分布现状】主要分布于中国广西西北部、贵州西南部、云南东南部至西部；印度、尼泊尔、不丹、锡金、缅甸、老挝、越南、马来西亚。

【广西产地】隆林、西林、乐业、环江。

【生　　境】生于海拔 400~1500m 的疏林中树干上或山谷岩石上。

【经济价值】花姿优雅，花色鲜艳，气味芳香，具有极高的观赏价值；《中华本草》（傣药卷）中记载：药用部分是新鲜或干燥的茎，具有治疗咳嗽、咽喉痛、口干舌燥和烧伤烫伤等功效。

束花石斛

Dendrobium chrysanthum

国家保护等级	《IUCN 濒危物种红色名录》受胁等级	特有植物
二级	易危（VU）	

【形态特征】草本植物。茎粗厚，肉质，下垂或弯垂，圆柱形，长 50~200cm，粗 5~15mm，上部有时稍回折状弯曲，不分枝，具多节，节间长 3~4cm，干后浅黄色或黄褐色。叶二列，互生于整个茎上，纸质，长圆状披针形，通常长 13~19cm，宽 1.5~4.5cm，先端渐尖，基部具鞘；叶鞘纸质，干后鞘口常杯状张开，常浅白色。伞状花序近无花序柄，每 2~6 花为一束，侧生于具叶的茎上部；花苞片膜质，卵状三角形，长约 3mm；花梗和子房稍扁，长 3.5~6cm，粗约 2mm；花黄色，质地厚；中萼片多少凹的，长圆形或椭圆形，长 15~20mm，宽 9~11mm，先端钝，具 7 条脉；侧萼片稍凹的斜卵状三角形，长 15~20mm，基部稍歪斜而较宽，宽约 10~12mm，先端钝，具 7 条脉；萼囊宽而钝，长约 4mm。花瓣稍凹的倒卵形，长 16~22mm，宽 11~14mm，先端圆形，全缘或有时具细啮蚀状，具 7 条脉；唇瓣凹的，不裂，肾形或横长圆形，长约 18mm，宽约 22mm，先端近圆形，基部具 1 个长圆形的胼胝体并且骤然收狭为短爪，上面密布短毛，下面除中部以下外亦密布短毛；唇盘两侧各具 1 个栗色斑块，具 1 条宽厚的脊从基部伸向中部；蕊柱长约 4mm，具长约 6mm 的蕊柱足；药帽圆锥形，长约 2.5mm，几乎光滑，前端边缘近全缘。蒴果长圆柱形，长 7cm，粗约 1.5cm。花期 9~10 月。

【分布现状】主要分布于中国广西西南部至西北部、贵州南部至西南部、云南东南部至西南部、西藏东南部；印度、尼泊尔、锡金、不丹、缅甸、泰国、老挝、越南。

【广西产地】百色、德保、靖西、那坡、凌云、乐业、田林、隆林、南丹、环江。

【生　　境】生于海拔 700~2500m 的山地密林中树干上或山谷阴湿的岩石上。

【经济价值】《中华人民共和国药典》收载入药的石斛中药材之一，味淡、性微寒，有滋阴养胃、清热解毒的功效，在临床上多用于治疗慢性咽喉炎、眼科疾病、血栓闭塞性病症，效果十分明显，成为脉络宁、通塞脉片、石斛液光丸等著名中成药的主要原料之一。花黄色，具有较高的园艺观赏价值。

叠鞘石斛

Dendrobium denneanum

国家保护等级	《IUCN 濒危物种红色名录》受胁等级	特有植物
二级	易危（VU）	

【形态特征】茎纤细，圆柱形，通常长 25~35cm，粗 4mm 以上，不分枝，具多数节；节间长 2.5~4cm，干后淡黄色或黄褐色。叶革质，线形或狭长圆形，长 8~10cm，宽 1.8~4.5cm，先端钝并且微凹或有时近锐尖而一侧稍钩转，基部具鞘；叶鞘紧抱于茎。总状花序侧生于去年生已落叶的茎上端，花序长 5~14cm，通常 1~2 朵花，有时 3 朵；花序柄近直立，长 0.5cm，基部套叠 3~4 枚鞘；鞘纸质，浅白色，杯状或筒状，基部的较短，向上逐渐变长，长 5~20mm；花苞片膜质，浅白色，舟状，长 1.8~3cm，宽约 5mm，先端钝；花梗和子房长约 3cm；花橘黄色，开展；中萼片长圆状椭圆形，长 2.3~2.5cm，宽 1.1~1.4cm，先端钝，全缘，具 5 条脉；侧萼片长圆形，等长于中萼片而稍较狭，先端钝，基部稍歪斜，具 5 条脉；萼囊圆锥形，长约 6mm；花瓣椭圆形或宽椭圆状倒卵形，长 2.4~2.6cm，宽 1.4~1.7cm，先端钝，全缘，具 3 条脉，侧边的主脉具分枝；唇瓣近圆形，长 2.5cm，宽约 2.2cm，唇瓣上面具一个大的紫色斑块，基部具长约 3mm 的爪并且其内面有时具数条红色条纹，中部以下两侧围抱蕊柱，上面密布茸毛，边缘具不整齐的细齿，唇盘无任何斑块；蕊柱长约 4mm，具长约 3mm 的蕊柱足；药帽狭圆锥形，长约 4mm，光滑，前端近截形。

【分布现状】主要分布于中国海南、广西西南至西北部、贵州南部至西南部、云南东南部至西北部；印度、尼泊尔、锡金、不丹、缅甸、泰国、老挝、越南。

【广西产地】德保、靖西、那坡、凌云、乐业、隆林、凤山、环江。

【生　　境】一般生于海拔 600~2500m 的山地疏林中树干上。

【经济价值】新鲜干燥茎可药用，具有抗肿瘤、降血压、增强免疫力、促进小肠运动、抑制白内障形成等功效；观赏价值较高，是石斛兰的杂交亲本和重要的贸易对象。

密花石斛
Dendrobium densiflorum

国家保护等级	《IUCN 濒危物种红色名录》受胁等级	特有植物
二级	易危（VU）	

【形态特征】草本植物。茎粗壮，通常棒状或纺锤形，长 25~40cm，粗达 2cm，下部常收狭为细圆柱形，不分枝，具数个节和 4 个纵棱，有时棱不明显，干后淡褐色并且带光泽。叶常 3~4 枚，近顶生，革质，长圆状披针形，长 8~17cm，宽 2.6~6cm，先端急尖，基部不下延为抱茎的鞘。总状花序从去年或 2 年生具叶的茎上端发出，下垂，密生许多花，花序柄基部被 2~4 枚鞘；花苞片纸质，倒卵形，长 1.2~1.5cm，宽 6~10mm，先端钝，具约 10 条脉，干后多少席卷；花梗和子房白绿色，长 2~2.5cm；花开展，萼片和花瓣淡黄色；中萼片卵形，长 1.7~2.1cm，宽 8~12mm，先端钝，具 5 条脉，全缘；侧萼片卵状披针形，与中萼片近等大，先端近急尖，具 5~6 条脉，全缘；萼囊近球形，宽约 5mm；花瓣近圆形，长 1.5~2cm，宽 1.1~1.5cm，基部收狭为短爪，中部以上边缘具啮齿，具 3 条主脉和许多支脉；唇瓣金黄色，圆状菱形，长 1.7~2.2cm，宽达 2.2cm，先端圆形，基部具短爪，中部以下两侧围抱蕊柱，上面和下面的中部以上密被短茸毛；蕊柱橘黄色，长约 4mm；药帽橘黄色，前后压扁的半球形或圆锥形，前端边缘截形，并且具细缺刻。花期 4~5 月。

【分布现状】主要分布于中国广东、海南、广西、西藏；尼泊尔、锡金、不丹、印度东北部、缅甸、泰国。

【广西产地】融水、防城、上思、桂平、容县、环江、金秀。

【生　　境】生于海拔 420~1000m 的常绿阔叶林中树干上或山谷岩石上。

【经济价值】具有滋阴清热、益胃生津之功效，已成为石斛的主要代用品之一；花朵密集，花色娇艳美丽，观赏价值很高。

齿瓣石斛
Dendrobium devonianum

国家保护等级	《IUCN 濒危物种红色名录》受胁等级	特有植物
二级	濒危（EN）	

【形态特征】草本植物。茎下垂，稍肉质，细圆柱形，长 50~70（100）cm，粗 3~5mm，不分枝，具多数节，节间长 2.5~4cm，干后常淡褐色带污黑。叶纸质，二列互生于整个茎上，狭卵状披针形，长 8~13cm，宽 1.2~2.5cm，先端长渐尖，基部具抱茎的鞘；叶鞘常具紫红色斑点，干后纸质。总状花序常数个，出自于已落叶的老茎上，每个具 1~2 朵花；花序柄绿色，长约 4mm，基部具 2~3 枚干膜质的鞘；花苞片膜质，卵形，长约 4mm，先端近锐尖；花梗和子房绿色带褐色，长 2~2.5cm；花质地薄，开展，具香气；中萼片白色，上部具紫红色晕，卵状披针形，长约 2.5cm，宽 9mm，先端急尖，具 5 条紫色的脉；侧萼片与中萼片同色，相似而等大，但基部稍歪斜；萼囊近球形，长约 4mm。花瓣与萼片同色，卵形，长 2.6cm，宽 1.3cm，先端近急尖，基部收狭为短爪，边缘具短流苏，具 3 条脉，其两侧的主脉多分枝；唇瓣白色，前部紫红色，中部以下两侧具紫红色条纹，近圆形，长 3cm，基部收狭为短爪，边缘具复式流苏，上面密布短毛；唇盘两侧各具 1 个黄色斑块；蕊柱白色，长约 3mm，前面两侧具紫红色条纹；药帽白色，近圆锥形，顶端稍凹的，密布细乳突，前端边缘具不整齐的齿。花期 4~5 月。

【分布现状】主要分布于中国广西西北部、贵州西南部、云南东南部至西部、西藏东南部；不丹、印度东北部、缅甸、泰国、越南。

【广西产地】德保、靖西、那坡、乐业、隆林。

【生　　境】生于海拔 1850m 的山地密林中树干上。

【经济价值】茎入药后有具滋阴养胃、清热生津及强壮之功效，是我国低纬度地区比较重要的药用植物，具有较高的药用价值；花瓣与萼片同色，唇瓣白色，前部紫红色，具有较高的观赏价值。

串珠石斛
Dendrobium falconeri

国家保护等级	《IUCN 濒危物种红色名录》受胁等级	特有植物
二级	易危（VU）	

【形态特征】茎悬垂，肉质，细圆柱形，长 30~40cm 或更长，粗 2~3mm，近中部或中部以上的节间常膨大，多分枝，在分枝的节上通常肿大而成念珠状，主茎节间较长，达 3.5cm，分枝节间长约 1cm，干后褐黄色，有时带污黑色。叶薄革质，常 2~5 枚，互生于分枝的上部，狭披针形，长 5~7cm，宽 3~7mm，先端钝或锐尖而稍钩转，基部具鞘；叶鞘纸质，通常水红色，筒状。总状花序侧生，常减退成单朵；花序柄纤细，长 5~15mm，基部具 1~2 枚膜质筒状鞘；花苞片白色，膜质，卵形，长 3~4mm；花梗绿色与浅黄绿色带紫红色斑点的子房纤细，长约 1.5cm；花大，开展，质地薄，很美丽；萼片淡紫色或水红色带深紫色先端；中萼片卵状披针形，长 3~3.6cm，宽 7~8mm，先端渐尖，基部稍收狭，具 8~9 条脉；侧萼片卵状披针形，与中萼片等大，先端渐尖，基部歪斜，具 8~9 条脉；萼囊近球形，长约 6mm；花瓣白色带紫色先端，卵状菱形，长 2.9~3.3cm，宽 1.4~1.6cm，先端近锐尖，基部楔形，具 5~6 条主脉和许多支脉；唇瓣白色带紫色先端，卵状菱形，与花瓣等长而宽得多，先端钝或稍锐尖，边缘具细锯齿，基部两侧黄色；唇盘具 1 个深紫色斑块，上面密布短毛；蕊柱长约 2mm；蕊柱足淡红色，长约 6mm；药帽乳白色，近圆锥形，长约 2mm，顶端宽钝而凹的，密布棘刺状毛，前端边缘撕裂状。花期 5~6 月。

【分布现状】主要分布于中国湖南、台湾、广西和云南；不丹、印度东北部、缅甸、泰国。

【广西产地】临桂、灵川、临川、靖西、那坡。

【生　　境】生于海拔 800~1900m 的山谷岩石上和山地密林中树干上。

【经济价值】当地人称之为“九连环金钗”，具有很高的药用和观赏价值；全草入药，治热病伤津或胃阴不足、舌干口渴、食欲不振、阴虚津亏、虚热不退、阴伤目暗、腰膝酸软无力、肺阴虚等病症；花色娇艳美丽，茎如串珠，观赏价值很高。

流苏石斛

Dendrobium fimbriatum

国家保护等级	《IUCN 濒危物种红色名录》受胁等级	特有植物
二级	易危（VU）	

【形态特征】茎粗壮，斜立或下垂，质地硬，圆柱形或有时基部上方稍呈纺锤形，长 50~100cm，粗 8~12（20）mm，不分枝，具多数节，干后淡黄色或淡黄褐色，节间长 3.5~4.8cm，具多数纵槽。叶二列，革质，长圆形或长圆状披针形，长 8~15.5cm，宽 2~3.6cm，先端急尖，有时稍 2 裂，基部具紧抱于茎的革质鞘。总状花序长 5~15cm，疏生 6~12 朵花；花序轴较细，多少弯曲；花序柄长 2~4cm，基部被数枚套叠的鞘；鞘膜质，筒状，位于基部的最短，长约 3mm，顶端的最长，达 1cm；花苞片膜质，卵状三角形，长 3~5mm，先端锐尖；花梗和子房浅绿色，长 2.5~3cm；花金黄色，质地薄，开展，稍具香气；中萼片长圆形，长 1.3~1.8cm，宽 6~8mm，先端钝，边缘全缘，具 5 条脉；侧萼片卵状披针形，与中萼片等长而稍较狭，先端钝，基部歪斜，全缘，具 5 条脉；萼囊近圆形，长约 3mm；花瓣长圆状椭圆形，长 1.2~1.9cm，宽 7~10mm，先端钝，边缘微啮蚀状，具 5 条脉；唇瓣比萼片和花瓣的颜色深，近圆形，长 15~20mm，基部两侧具紫红色条纹并且收狭为长约 3mm 的爪，边缘具复流苏，唇盘具 1 个新月形横生的深紫色斑块，上面密布短茸毛；蕊柱黄色，长约 2mm，具长约 4mm 的蕊柱足；药帽黄色，圆锥形，光滑，前端边缘具细齿。花期 4~6 月。

【分布现状】主要分布于中国广西南部至西北部、贵州南部至西南部、云南东南部至西南部；印度、尼泊尔、锡金、不丹、缅甸、泰国、越南。

【广西产地】武鸣、融水、靖西、那坡、凌云、乐业、田林、隆林、南丹、天峨、东兰、环江、龙州、天等。

【生　　境】生于海拔 600~1700m 的密林中树干上或山谷阴湿岩石上。

【经济价值】《中华人民共和国药典》收载本种是石斛来源植物之一，是我国常用传统药材与中成药的原料，具有很高的药用价值。《中国药典》（2020 年版）收载于石斛项下，全年均可采收，具有益胃生津、滋阴清热之功效，用于治疗热病津伤、干烦渴、胃阴不足、食少干呕、病后虚热不退、阴虚火旺、骨蒸劳热、目暗不明、筋骨痿软等病症。花色艳丽，具有较高园艺观赏价值。

曲轴石斛

Dendrobium gibsonii

国家保护等级	《IUCN 濒危物种红色名录》受胁等级	特有植物
二级	易危（VU）	

【形态特征】茎斜立或悬垂，质地硬，圆柱形，长 35~100cm，粗 7~8mm，上部有时稍弯曲，不分枝，具多节；节间长 2.4~3.4cm，具纵槽，干后淡黄色。叶革质，二列互生，长圆形或近披针形，长 10~15cm，宽 2.5~3.5cm，先端急尖，基部具纸质鞘。总状花序出自已落叶的老茎上部，常下垂；花序轴暗紫色，常折曲，长 15~20cm，疏生几朵至 10 余朵花；花序柄长 1~2cm，基部被 4~5 枚筒状或杯状鞘；鞘纸质，套叠，基部的长约 3mm，上端的长达 1cm；花苞片披针形，凹呈舟状，长 5~7mm，先端急尖；花梗和子房长 2.5~3.5cm；花橘黄色，开展；中萼片椭圆形，长 1.4~1.6cm，宽 10~11mm，先端钝，具 7 条脉；侧萼片长圆形，长 1.4~1.6cm，宽 9~10mm，先端钝，基部歪斜，具 7 条脉；萼囊近球形，长约 4mm；花瓣近椭圆形，长 1.4~1.6cm，宽 8~9mm，先端钝，边缘全缘，具 5 条脉；唇瓣近肾形，长 1.5cm，宽 1.7cm，先端稍凹，基部收狭为爪；唇盘两侧各具 1 个圆形栗色或深紫色斑块，上面密布细乳突状毛，边缘具短流苏；蕊柱长约 3mm，具长约 3mm 的蕊柱足；药帽淡黄色，近半球形，无毛，前端边缘微啮蚀状。花期 6~7 月。

【分布现状】主要分布于中国广西、云南；尼泊尔、锡金、不丹、印度东北部、缅甸、泰国。

【广西产地】凌云。

【生　　境】生于海拔 800~1000m 的山地疏林中树干上。

【经济价值】茎可入药，具有滋阴益胃、生津止渴之功效，可用于治疗热病伤津、口干烦渴、阴虚潮热、肺痨等病症；花瓣艳丽，可栽培于园林，以供观赏。

海南石斛

Dendrobium hainanense

国家保护等级	《IUCN 濒危物种红色名录》受胁等级	特有植物
二级	易危（VU）	

【形态特征】茎质地硬，直立或斜立，扁圆柱形，长 10~30（45）cm，粗 2~3mm，不分枝，具多个节；节间稍呈棒状，长约 1cm。叶厚肉质，二列互生，半圆柱形，长 2~2.5cm，宽 1~2（3）mm，先端钝，基部扩大呈抱茎的鞘，中部以上向外弯。花小，白色，单生于已落叶的茎上部；花苞片膜质，卵形，长约 1mm；花梗和子房纤细，长约 6mm；中萼片卵形，长 3.3~4mm，宽 2.5mm，先端稍钝，具 3 条脉；侧萼片卵状三角形，长 3.3~4mm，宽 3.5mm，先端锐尖，基部十分歪斜，具 3 条脉；萼囊长约 10mm，弯曲向前；花瓣狭长圆形，长 3.3~4mm，宽约 1mm，先端急尖，具 1 条脉；唇瓣倒卵状三角形，长约 1.5cm，近先端处宽约 7mm，先端凹缺，前端边缘波状，基部具爪，唇盘中央具 3 条较粗的脉纹从基部到达中部；蕊柱长 1~1.5mm，具长约 1cm 的蕊柱足。花期通常 9~10 月。

【分布现状】主要分布于中国香港、海南、广西；越南、泰国。

【广西产地】上思、防城。

【生　　境】生于海拔 1000~1700m 的山地阔叶林中树干上。

【经济价值】作为一种珍贵的药材，具有滋阴清热、生津益胃、润肺止咳等功效。现代药理学研究表明：具有抗肿瘤、抗衰老、增强人体免疫力和扩张血管等作用。

细叶石斛

Dendrobium hancockii

国家保护等级	《IUCN 濒危物种红色名录》受胁等级	特有植物
二级	濒危（EN）	

【形态特征】茎直立，质地较硬，圆柱形或有时基部上方有数个节间膨大而形成纺锤形，长达 80cm，粗 2~20mm，通常分枝，具纵槽或条棱，干后深黄色或橙黄色，有光泽，节间长达 4.7cm。叶通常 3~6 枚，互生于主茎和分枝的上部，狭长圆形，长 3~10cm，宽 3~6mm，先端钝并且不等侧 2 裂，基部具革质鞘。总状花序长 1~2.5cm，具 1~2 朵花，花序柄长 5~10mm；花苞片膜质，卵形，长约 2mm，先端急尖；花梗和子房淡黄绿色，长 12~15mm，子房稍扩大；花质地厚，稍具香气，开展，金黄色，仅唇瓣侧裂片内侧具少数红色条纹；中萼片卵状椭圆形，长（1）1.8~2.4cm，宽（3.5）5~8mm，先端急尖，具 7 条脉；侧萼片卵状披针形，与中萼片等长，但稍较狭，先端急尖，具 7 条脉；萼囊短圆锥形，长约 5mm；花瓣斜倒卵形或近椭圆形，与中萼片等长而较宽，先端锐尖，具 7 条脉，唇瓣长宽相等，1~2cm，基部具 1 个胼胝体，中部 3 裂；侧裂片围抱蕊柱，近半圆形，先端圆形；中裂片近扁圆形或肾状圆形，先端锐尖；唇盘通常浅绿色，从两侧裂片之间到中裂片上密布短乳突状毛；蕊柱长约 5mm，基部稍扩大，具长约 6mm 的蕊柱足；蕊柱齿近三角形，先端短而钝；药帽斜圆锥形，表面光滑，前面具 3 条脊，前端边缘具细齿。花期 5~6 月。

【分布现状】主要分布于中国陕西秦岭以南、甘肃南部、河南、湖北东南部、湖南东南部、广西西北部、四川南部至东北部、贵州南部至西南部、云南东南部。

【广西产地】靖西、那坡、乐业、田林、隆林、环江。

【生　　境】生于海拔 700~1500m 的山地林中树干上或山谷岩石上。

【经济价值】作为我国传统名贵药材，具有滋阴清热、生津益胃、润肺止咳等功效。现代药理学研究表明：茎中总多糖含量较高，其水溶性提取物能强烈拮抗苯肾上腺素所致的大鼠胸主动脉血管收缩作用。花姿优雅，花色鲜艳，气味芳香，生命力旺盛，具有较高的园艺观赏价值。

河南石斛

Dendrobium henanense

国家保护等级	《IUCN 濒危物种红色名录》受胁等级	特有植物
二级	易危（VU）	中国特有种

【形态特征】附生草本。茎丛生，近圆柱形，回折弯曲，长 3~8cm，径粗 2~4mm，节间长 6~12mm，干后棕黄色或污棕色。叶 2~4 生于茎上部，近革质，矩圆批针形，长 1.4~2.6cm、宽 5~8mm，先端钝，略钩转，基部具叶鞘，叶鞘筒状，膜质，抱茎，宿存。总状花序侧生于去年生无叶的茎端，单花或双花，总梗长约 5mm，基部具数枚覆瓦状排列的鞘，苞片膜质，卵状三角形，淡白色；花开展，萼片与花瓣白色，具 5 脉；中萼片矩圆状椭圆形，长 1~1.6cm，中部宽 3~4.8mm，先端尖；侧萼片略短于中萼片，但稍宽，基部与蕊柱足合生成萼囊，萼囊卵状球形，长约 6mm；花瓣矩圆形，长 9~14mm，中部宽 3~5mm，先端急尖，唇瓣摊开后轮廓卵状菱形，长约 1.1cm，近基部具 1 淡黄色胼胝体，3 裂，侧裂片远较中裂片短，中裂片卵状三角形，被短柔毛，唇盘有 1 紫色斑块，并被柔毛；蕊柱粗短，长约 2mm，基部延伸为长约 8mm 的蕊柱足；药帽近球形，子房连柄长 1.2~2.5cm。花期 5~6 月。

【分布现状】主要分布于中国河南和广西。

【广西产地】全州。

【生　　境】生于海拔 1240m 的阔叶林林下石灰土。

【经济价值】作为我国传统名贵药材，具有滋阴清热、生津益胃、润肺止咳等功效，还具有抗肿瘤、抗衰老、增强人体免疫力和扩张血管的作用，河南当地称之为“金钗”，将其果实称为“金瓜”，相传有“起死回生”之效，多年来市场价格极其昂贵。

疏花石斛

Dendrobium henryi

国家保护等级	《IUCN 濒危物种红色名录》受胁等级	特有植物
二级	易危（VU）	

【形态特征】茎纺锤形，质地硬，长 8~16cm，粗 8~12mm，通常弧形弯曲，不分枝，具 3~9 节，节间长 1.5~2.5cm，具多数扭曲的纵条棱，干后褐黄色，具光泽。叶革质，斜立，常 2~3 枚互生于茎的上部，长圆形或狭卵状长圆形，长 10.5~12.5cm，宽 1.6~2.6cm，先端急尖，基部收狭并且具抱茎的革质鞘。总状花序出自去年生具叶的近茎端，纤细，下垂，长 3.5~9cm，疏生少数花，花序柄具 3~4 枚卵形的鞘；花苞片卵状三角形，长 1mm；花梗和子房长 2.5cm；花金黄色，质地薄，开展；中萼片披针形，长 12mm，宽 5~6mm，先端稍钝，具 5~6 条脉，全缘；侧萼片卵状披针形，长 12mm，宽 7mm，先端稍钝，具 7 条脉；萼囊近球形，长 3mm；花瓣长圆形，长 12mm，宽 7mm，先端钝，具 3 条脉，边缘密生长流苏；唇瓣近圆形，凹的，宽约 2cm，基部收狭为短爪，边缘具复式流苏，唇盘密布短茸毛；蕊柱长约 4mm；药帽近圆锥形，顶端钝，几乎光滑的，前端边缘具不整齐的齿。花期 3~4 月。

【分布现状】主要分布于中国云南、广西；缅甸、泰国、越南。

【广西产地】马山、上林、罗城、融水、环江。

【生　　境】生于海拔 1100~1700m 的疏林中树干上。

【经济价值】作为我国传统名贵药材，具有很高的药用价值和观赏价值，具有益胃生津、滋阴清热、止咳润肺之功效。

重唇石斛

Dendrobium hercoglossum

国家保护等级	《IUCN 濒危物种红色名录》受胁等级	特有植物
二级	近危（NT）	

【形态特征】茎下垂，圆柱形或有时从基部上方逐渐变粗，通常长 8~40cm，粗 2~5mm，具少数至多数节，节间长 1.5~2cm，干后淡黄色。叶薄革质，狭长圆形或长圆状披针形，长 4~10cm，宽 4~8（14）mm，先端钝并且不等侧 2 圆裂，基部具紧抱于茎的鞘。总状花序通常数个，从已落叶的老茎上发出，常具 2~3 朵花；花序轴瘦弱，长 1.5~2cm，有时稍回折状弯曲；花序柄绿色，长 6~10mm，基部被 3~4 枚短筒状鞘；花苞片小，干膜质，卵状披针形，长 3~5mm，先端急尖；花梗和子房淡粉红色，长 12~15mm；花开展，萼片和花瓣淡粉红色；中萼片卵状长圆形，长 1.3~1.8cm，宽 5~8mm，先端急尖，具 7 条脉；侧萼片稍斜卵状披针形，与中萼片等大，先端渐尖，具 7 条脉，萼囊很短；花瓣倒卵状长圆形，长 1.2~1.5cm，宽 4.5~7mm，先端锐尖，具 3 条脉；唇瓣白色，直立，长约 1cm，分前后唇；后唇半球形，前端密生短流苏，内面密生短毛；前唇淡粉红色，较小，三角形，先端急尖，无毛；蕊柱白色，长约 4mm，下部扩大，具长约 2mm 的蕊柱足；蕊柱齿三角形，先端稍钝；药帽紫色，半球形，密布细乳突，前端边缘啮蚀状。花期 5~6 月。

【分布现状】主要分布于中国安徽、江西、湖南、广东、海南、广西、贵州、云南；泰国、老挝、越南、马来西亚。

【广西产地】东兴、凌云、西林、龙胜、金秀、桂平、永福、阳朔、融水、平乐、南丹、隆林、马山、贺州、昭平、天峨。

【生　　境】生于海拔 590~1260m 的山地密林中树干上和山谷湿润岩石上。

【经济价值】作为我国传统名贵药材，具有很高的药用价值和观赏价值。《中国中药资源志要》记载：重唇石斛甘、淡，微寒，具有益胃生津、滋阴清热、止咳润肺之功效，治热病伤津、口干烦渴、病后虚热、食欲不振。

小黄花石斛

Dendrobium jenkinsii

国家保护等级	《IUCN 濒危物种红色名录》受胁等级	特有植物
二级	易危（VU）	

【形态特征】该种与聚石斛十分相似，植物体各部分较小。茎长 1~2.5cm，具 2~3 节。叶长 1~3cm。总状花序短于或约等长于茎，具 1~3 朵花，唇瓣整个上面密被短柔毛。

【分布现状】主要分布于中国云南和广西。

【广西产地】龙州、大新、那坡。

【生　　境】常生于海拔 700~1300m 的疏林中树干上。

【经济价值】作为我国传统名贵药材，具有很高的药用价值和观赏价值，具有益胃生津、滋阴清热、止咳润肺之功效。属于矮小型原生种，花色夺目，形态高雅，是热带石斛兰矮化育种的优良亲本，可通过属内杂交或参考亲缘关系分类培育新品种。

矩唇石斛

Dendrobium linawianum

国家保护等级	《IUCN 濒危物种红色名录》受胁等级	特有植物
二级	濒危（EN）	中国特有种

【形态特征】茎直立，粗壮，稍扁圆柱形，通常长 25~30cm，粗 1~1.5cm，不分枝，下部收狭，具数节；节间稍呈倒圆锥形，长 3~4cm，干后黄褐色，具多数纵槽。叶革质，长圆形，长 4~7（10）cm，宽 2~2.5cm，先端钝，并且具不等侧 2 裂，基部扩大为抱茎的鞘。总状花序从已落叶的老茎上部发出，具 2~4 朵花；花序柄长 7~8mm，基部被 2~3 枚短筒状鞘；花苞片卵形，长 3~4mm，先端急尖；花梗和子房长达 5cm，子房稍弧曲；花大，白色，有时上部紫红色，开展；中萼片长圆形，长 2.2~3.5cm，宽 7.5~9.5mm，先端稍钝，具 5 条脉；侧萼片多少斜长圆形，与中萼片等大，先端稍钝，基部歪斜，具 5 条脉；萼囊狭圆锥形，长约 8mm；花瓣椭圆形，长 2.2~3.5cm，比萼片宽得多，先端钝，基部具短爪；唇瓣白色，上部紫红色，宽长圆形，与花瓣等大或稍较小，前部反折，先端钝，基部收狭为短爪，中部以下两侧围抱蕊柱，中下部两侧边缘具细齿；唇盘基部两侧各具 1 条紫红色带，上面密布短茸毛；蕊柱长约 4mm，具长约 8mm 的蕊柱足；药帽白色，无毛。花期 4~5 月。

【分布现状】主要分布于中国台湾、广西。

【广西产地】金秀。

【生　　境】生于海拔 400~1500m 的山地林中树干上。

【经济价值】作为我国传统名贵药材，药用价值和观赏价值较高，具有益胃生津、滋阴清热、止咳润肺之功效。

聚石斛
Dendrobium lindleyi

国家保护等级	《IUCN 濒危物种红色名录》受胁等级	特有植物
二级	易危（VU）	

【形态特征】茎假鳞茎状，密集或丛生，多少两侧压扁状，纺锤形或卵状长圆形，长1~5cm，粗5~15mm，顶生1枚叶，基部收狭，具4个棱和2~5个节，干后淡黄褐色并且具光泽；节间长1~2cm，被白色膜质鞘。叶革质，长圆形，长3~8cm，宽6~30mm，先端钝并且微凹，基部收狭，但不下延为鞘，边缘多少波状。总状花序从茎上端发出，远比茎长，长达27cm，疏生数朵至10余朵花；花苞片小，狭卵状三角形，长约2mm；花梗和子房黄绿色带淡紫色，长3~5.5cm；花橘黄色，开展，薄纸质；中萼片卵状披针形，长约2cm，宽7~8mm，先端稍钝；侧萼片与中萼片近等大；萼囊近球形，长约5mm；花瓣宽椭圆形，长2cm，宽1cm，先端圆钝；唇瓣横长圆形或近肾形，通常长约1.5cm，宽2cm，不裂，中部以下两侧围抱蕊柱，先端通常凹缺，唇盘在中部以下密被短柔毛；蕊柱粗短，长约4mm；药帽半球形，光滑，前端边缘不整齐。花期4~5月。

【分布现状】主要于中国广东、香港、海南、广西、贵州；不丹、印度、缅甸、泰国、老挝和越南。

【广西产地】西林、大新、龙州、田林、靖田、博白、玉林、百色、桂林、那坡、隆林、金秀。

【生　　境】喜生于海拔达1000m、阳光充裕的疏林中树干上。

【经济价值】味甘淡、性平，具有滋阴补肾、清热除烦、益胃生津之功效，全草水煎服，可治皮肤恶疮、支气管炎、咳嗽、类风湿病和肺结核等病症。

美花石斛

Dendrobium loddigesii

国家保护等级	《IUCN 濒危物种红色名录》受胁等级	特有植物
二级	易危（VU）	

【形态特征】茎柔弱，常下垂，细圆柱形，长 10~45cm，粗约 3mm，有时分枝，具多节；节间长 1.5~2cm，干后金黄色。叶纸质，二列，互生于整个茎上，舌形，长圆状披针形或稍斜长圆形，通常长 2~4cm，宽 1~1.3cm，先端锐尖而稍钩转，基部具鞘，干后上表面的叶脉隆起呈网格状；叶鞘膜质，干后鞘口常张开。花白色或紫红色，每束 1~2 朵侧生于具叶的老茎上部；花序柄长 2~3mm，基部被 1~2 枚短的、杯状膜质鞘；花苞片膜质，卵形，长约 2mm，先端钝；花梗和子房淡绿色，长 2~3cm；中萼片卵状长圆形，长 1.7~2cm，宽约 7mm，先端锐尖，具 5 条脉；侧萼片披针形，长 1.7~2cm，宽 6~7mm，先端急尖，基部歪斜，具 5 条脉；萼囊近球形，长约 5mm；花瓣椭圆形，与中萼片等长，宽 8~9mm，先端稍钝，全缘，具 3~5 条脉；唇瓣近圆形，直径 1.7~2cm，上面中央金黄色，周边淡紫红色，稍凹的，边缘具短流苏，两面密布短柔毛；蕊柱白色，正面两侧具红色条纹，长约 4mm；药帽白色，近圆锥形，密布细乳突状毛，前端边缘具不整齐的齿。花期 4~5 月。

【分布现状】主要分布于中国广西、广东、海南、贵州、云南；老挝、越南。

【广西产地】那坡、融水、凌云、龙州、永福、东兰、靖西、隆林、上思、乐业、环江。

【生　　境】生于海拔 400~1500m 的山地林中树干上或林下岩石上。

【经济价值】茎用，为贵州地道药材，早在《神农本草经》中就有记载，是被《中华人民共和国药典》(2000 年版）收载的中药石斛来源植物之一，自古以来就被认为是一种优质的药用石斛品种，具有滋阴清热、生津益胃、润肺止咳、延年益寿等功效，治热病伤津、食少干呕、病后虚弱、阴伤目暗、食欲不振、遗精、肺结核、腰膝酸软无力等病症。

罗河石斛
Dendrobium lohohense

国家保护等级	《IUCN 濒危物种红色名录》受胁等级	特有植物
二级	濒危（EN）	中国特有种

【形态特征】茎质地稍硬，圆柱形，长达 80cm，粗 3~5mm，具多节，节间长 13~23mm，上部节上常生根而分出新枝条，干后金黄色，具数条纵条棱。叶薄革质，二列，长圆形，长 3~4.5cm，宽 5~16mm，先端急尖，基部具抱茎的鞘，叶鞘干后松松抱茎，鞘口常张开。花蜡黄色，稍肉质，总状花序减退为单朵花，侧生于具叶的茎端或叶腋，直立；花序柄无；花苞片蜡质，小的，阔卵形，长约 3mm，先端急尖；花梗和子房长达 15mm，子房常棒状肿大；花开展；中萼片椭圆形，长约 15mm，宽 9mm，先端圆钝，具 7 条脉；侧萼片斜椭圆形，比中萼片稍长，但较窄，先端钝，具 7 条脉；萼囊近球形，长约 5mm。花瓣椭圆形，长 17mm，宽约 10mm，先端圆钝，具 7 条脉；唇瓣不裂，倒卵形，长 20mm，宽 17mm，基部楔形而两侧围抱蕊柱，前端边缘具不整齐的细齿；蕊柱长约 3mm，顶端两侧各具 2 个蕊柱齿；药帽近半球形，光滑，前端近截形而向上反折，其边缘具细齿。果实蒴果椭圆状球形，长 4cm，粗 1.2cm。花期 6 月，果期 7~8 月。

【分布现状】主要分布于中国湖北西部、湖南西南部至北部、广东北部、广西东南部至西部、四川东南部、贵州、云南东南部。

【广西产地】永福、容县、德保、凌云、乐业、环江。

【生　　境】附生于山谷的岩石上。

【经济价值】作为我国传统名贵药材，药用价值和观赏价值较高，具有益胃生津、滋阴清热、止咳润肺之功效。

长距石斛

Dendrobium longicornu

国家保护等级	《IUCN 濒危物种红色名录》受胁等级	特有植物
二级	濒危（EN）	

【形态特征】茎丛生，质地稍硬，圆柱形，长 7~35cm，粗 2~4mm，不分枝，具多个节，节间长 2~4cm。叶薄革质，数枚，狭披针形，长 3~7cm，宽 5~14mm，向先端渐尖，先端不等侧 2 裂，基部下延为抱茎的鞘，两面和叶鞘均被黑褐色粗毛。总状花序从具叶的近茎端发出，具 1~3 朵花；花序柄长约 5mm，基部被 3~4 枚长 2~5mm 的鞘；花苞片卵状披针形，长 5~8mm，先端急尖，背面被黑褐色毛；花梗和子房近圆柱形，长 2.5~3.5cm；花开展，除唇盘中央橘黄色外，其余为白色；中萼片卵形，长 1.5~2cm，宽约 7mm，先端急尖，具 7 条脉，在背面中肋稍隆起呈龙骨状；侧萼片斜卵状三角形，近蕊柱一侧等长于中萼片，中部宽约 9mm，先端急尖，具 7 条脉，在背面中肋稍隆起呈龙骨状；萼囊狭长，劲直，呈角状的距，稍短于花梗和子房；花瓣长圆形或披针形，长 1.5~2cm，宽 4（7）mm，先端锐尖，具 5 条脉，边缘具不整齐的细齿；唇瓣近倒卵形或菱形，前端近 3 裂；侧裂片近倒卵形，围抱蕊柱，两侧裂片之间的宽比中裂片大得多；中裂片先端浅 2 裂，边缘具波状皱褶和不整齐的齿，有时呈流苏状；唇盘沿脉纹密被短而肥的流苏，中央具 3~4 条纵贯的龙骨脊；蕊柱长约 5mm，蕊柱齿三角形；药帽近扁圆锥形，前端边缘密生髯毛，顶端近截形。花期 9~11 月。

【分布现状】主要分布于中国广西南部、云南东南部至西北部、西藏东南部；尼泊尔、锡金、不丹、印度、越南。

【广西产地】上思。

【生　　境】生于海拔 1200~2500m 的山地林中树干上。

【经济价值】多以全草或茎入药，主要用于治疗热伤津液、低热烦渴、舌红少苔等病症。我国商品流通的药用石斛近 40 种 11 类别，长距石斛为药用黄草类石斛的主要来源，因其与商品石斛存在同物异名现象，故常见长距石斛伪充石斛入药。

细茎石斛
Dendrobium moniliforme

国家保护等级	《IUCN 濒危物种红色名录》受胁等级	特有植物
二级	近危（NT）	

【形态特征】茎直立，细圆柱形，通常长 10~20cm，或更长，粗 3~5mm，具多节，节间长 2~4cm，干后金黄色或黄色带深灰色。叶数枚，二列，常互生于茎的中部以上，披针形或长圆形，长 3~4.5cm，宽 5~10mm，先端钝并且稍不等侧 2 裂，基部下延为抱茎的鞘。总状花序 2 至数个，生于茎中部以上具叶和已落叶的老茎上，通常具 1~3 花；花序柄长 3~5mm；花苞片干膜质，浅白色带褐色斑块，卵形，长 3~4（8）mm，宽 2~3mm，先端钝；花梗和子房纤细，长 1~2.5cm；花黄绿色、白色或白色带淡紫红色，有时芳香；萼片和花瓣相似，卵状长圆形或卵状披针形，长（1）1.3~1.7（2.3）cm，宽（1.5）3~4（8）mm，先端锐尖或钝，具 5 条脉；侧萼片基部歪斜而贴生于蕊柱足；萼囊圆锥形，长 4~5mm，宽约 5mm，末端钝；花瓣通常比萼片稍宽；唇瓣白色、淡黄绿色或绿白色，带淡褐色或紫红色至浅黄色斑块，整体轮廓卵状披针形，比萼片稍短，基部楔形，3 裂；侧裂片半圆形，直立，围抱蕊柱，边缘全缘或具不规则的齿；中裂片卵状披针形，先端锐尖或稍钝，全缘，无毛；唇盘在两侧裂片之间密布短柔毛，基部常具 1 个椭圆形胼胝体，近中裂片基部通常具 1 个紫红色、淡褐或浅黄色的斑块；蕊柱白色，长约 3mm；药帽白色或淡黄色，圆锥形，顶端不裂，有时被细乳突；蕊柱足基部常具紫红色条纹，无毛或有时具毛。花期通常 3~5 月。

【分布现状】主要分布于中国陕西、甘肃、安徽、浙江、江西、福建、台湾、河南、湖南、广东、广西、贵州、云南；印度东北部、朝鲜半岛南部、日本。

【广西产地】融水、临桂、灵川、龙胜、全州、资源、平乐、隆林、永福、金秀、天峨、环江。

【生　　境】生于海拔 590~3000m 的阔叶林中树干上或山谷岩壁上。

【经济价值】具有茎细、花小、药效高等特征，是中药石斛中重要的代表种类之一，其成品药材常被称为“铜皮枫斗”。细茎石斛含有较高的多糖、生物碱及微量元素等，具有滋阴生津、润肺明目、抗癌防老等功效，民间常用于治疗消化不良、痈疮肿毒及风湿疼痛等疾病。此外，细茎石斛开花清香宜人，是培育芳香型兰花品种的重要亲本材料，具有较高的观赏价值。

藏南石斛

Dendrobium monticola

国家保护等级	《IUCN 濒危物种红色名录》受胁等级	特有植物
二级	易危（VU）	

【形态特征】植株矮小。茎肉质，直立或斜立，长达 10cm，从基部向上逐渐变细，当年生的被叶鞘所包，具数节，节间长约 1cm。叶二列互生于整个茎上，薄革质，狭长圆形，长 25~45mm，宽 5~6mm，先端锐尖并且不等侧微 2 裂，基部扩大为偏鼓状的鞘；叶鞘松松抱茎，在茎下部的最大，向上逐渐变小，鞘口斜截。总状花序常 1~4 个，顶生或从当年生具叶的茎上部发出，近直立或弯垂，长 2.5~5cm，具数朵小花；花苞片狭卵形，长 2~3mm，先端急尖；花梗和子房纤细，长约 5mm；花开展，白色；中萼片狭长圆形，长（5）7~9mm，宽 1.5~1.8mm，先端渐尖，具 3 条脉；侧萼片镰状披针形，长 7~9mm，宽约 3.5mm，中部以上骤然急尖，基部歪斜，较宽，具 3 条脉；萼囊短圆锥形；花瓣狭长圆形，长 6~8mm，宽约 1.8mm，先端渐尖，具 1~3 条脉；唇瓣近椭圆形，长 5.5~6.5mm，宽 3.5~4.5mm，中部稍缢缩，中部以上 3 裂，基部具短爪；侧裂片直立，先端渐狭为尖牙齿状，边缘梳状，具紫红色的脉纹；中裂片卵状三角形，反折，先端锐尖，边缘鸡冠状皱褶；唇盘除唇瓣先端白色外，其余具紫红色条纹，中央具 2~3 条褶片连成一体的脊突；脊突厚肉质，从唇瓣基部延伸到中裂片基部，其先端稍扩大；蕊柱长 3mm，中部较粗，达 1mm，上端无明显的蕊柱齿；蕊柱足长约 5mm，具紫红色斑点，边缘密被细乳突；药帽半球形，前端边缘具微齿。花期 7~8 月。

【分布现状】主要分布于中国广西西南部、西藏南部；印度西北部经尼泊尔到锡金和泰国。

【广西产地】靖西。

【生　　境】生于海拔 1750~2200m 的山谷岩石上。

【经济价值】作为我国传统名贵药材，具有益胃生津、滋阴清热、止咳润肺的功效，具有很高的药用价值和观赏价值。

石斛

Dendrobium nobile

国家保护等级	《IUCN 濒危物种红色名录》受胁等级	特有植物
二级	易危（VU）	

【形态特征】茎直立，肉质状肥厚，稍扁的圆柱形，长 10~60cm，粗达 1.3cm，上部多少回折状弯曲，基部明显收狭，不分枝，具多节，节有时稍肿大；节间多少呈倒圆锥形，长 2~4cm，干后金黄色。叶革质，长圆形，长 6~11cm，宽 1~3cm，先端钝并且不等侧 2 裂，基部具抱茎的鞘。总状花序从具叶或已落叶的老茎中部以上部分发出，长 2~4cm，具 1~4 朵花；花序柄长 5~15mm，基部被数枚筒状鞘；花苞片膜质，卵状披针形，长 6~13mm，先端渐尖；花梗和子房淡紫色，长 3~6mm；花大，白色带淡紫色先端，有时全体淡紫红色或除唇盘上具 1 个紫红色斑块外，其余均为白色；中萼片长圆形，长 2.5~3.5cm，宽 1~1.4cm，先端钝，具 5 条脉；侧萼片相似于中萼片，先端锐尖，基部歪斜，具 5 条脉；萼囊圆锥形，长 6mm；花瓣多少斜宽卵形，长 2.5~3.5cm，宽 1.8~2.5cm，先端钝，基部具短爪，全缘，具 3 条主脉和许多支脉；唇瓣宽卵形，长 2.5~3.5cm，宽 2.2~3.2cm，先端钝，基部两侧具紫红色条纹并且收狭为短爪，中部以下两侧围抱蕊柱，边缘具短的睫毛，两面密布短茸毛，唇盘中央具 1 个紫红色大斑块；蕊柱绿色，长 5mm，基部稍扩大，具绿色的蕊柱足；药帽紫红色，圆锥形，密布细乳突，前端边缘具不整齐的尖齿。花期 4~5 月。

【分布现状】主要分布于中国安徽、台湾、湖北、香港、海南、广西、四川、贵州、云南西藏；印度、尼泊尔、锡金、不丹、缅甸、泰国、老挝、越南。

【广西产地】兴安、百色、平南、兴安、金秀、靖西、那坡、乐业、田林、风山。

【生　　境】喜在温暖、潮湿、半阴半阳的环境中生长，多在疏松且厚的树皮或树干上生长，也生长于石缝中。

【经济价值】《中国药典》（2020 年版）收载的中药石斛来源之一，以草质茎入药，具有生津益胃、清热养阴之功效，形似古代妇女头上的发钗而得名，因其特殊的生境和卓越的滋补功效名列“中华九大仙草”之首。化学成分主要有生物碱类、多糖类、酚类等，其中石斛碱是金钗石斛特征性成分，具有抗白内障、降血糖、抗疲劳等功效；多糖是活性成分之一，具有调节免疫、抗肿瘤和抗氧化等作用。

铁皮石斛

Dendrobium officinale

国家保护等级	《IUCN 濒危物种红色名录》受胁等级	特有植物
二级	濒危（EN）	中国特有种

【形态特征】草本植物。茎直立，圆柱形，长 9~35cm，粗 2~4mm，不分枝，具多节，节间长 1~3~1.7cm，常在中部以上互生 3~5 枚叶；叶二列，纸质，长圆状披针形，长 3~4（7）cm，宽 9~11（15）mm，先端钝并且多少钩转，基部下延为抱茎的鞘，边缘和中肋常带淡紫色；叶鞘常具紫斑，老时其上缘与茎松离而张开，并且与节留下 1 个环状铁青的间隙。总状花序常从已落叶的老茎上部发出，具 2~3 朵花；花序柄长 5~10mm，基部具 2~3 枚短鞘；花序轴回折状弯曲，长 2~4cm；花苞片干膜质，浅白色，卵形，长 5~7mm，先端稍钝；花梗和子房长 2~2.5cm；萼片和花瓣黄绿色，近相似，长圆状披针形，长约 1.8cm，宽 4~5mm，先端锐尖，具 5 条脉；侧萼片基部较宽阔，宽约 1cm；萼囊圆锥形，长约 5mm，末端圆形；唇瓣白色，基部具 1 个绿色或黄色的胼胝体，卵状披针形，比萼片稍短，中部反折，先端急尖，不裂或不明显 3 裂，中部以下两侧具紫红色条纹，边缘多少波状；唇盘密布细乳突状的毛，并且在中部以上具 1 个紫红色斑块；蕊柱黄绿色，长约 3mm，先端两侧各具 1 个紫点；蕊柱足黄绿色带紫红色条纹，疏生毛；药帽白色，长卵状三角形，长约 2.3mm，顶端近锐尖并且 2 裂。花期 3~6 月。

【分布现状】主要分布于中国安徽、浙江、福建、广西、四川、云南。

【广西产地】南宁、桂林、永福、平乐、西林、隆林、南丹、东兰、环江、巴马、宜州、来宾、乐业。

【生　　境】生于海拔达 1600m 的山地半阴湿的岩石上，喜温暖湿润气候和半阴半阳的环境，不耐寒。

【经济价值】我国传统的名贵药材，药用价值和观赏价值较高，具有滋阴清热、益胃生津、明目强腰等功效，被《道藏》誉为“中华九大仙草之首”。

紫瓣石斛

Dendrobium parishii

国家保护等级	《IUCN 濒危物种红色名录》受胁等级	特有植物
二级	濒危（EN）	

【形态特征】茎斜立或下垂，粗壮，圆柱形，通常长 10~30cm 或更长，粗 1~1.3cm，上部多少弯曲，不分枝，具数节，节间长达 4cm。叶革质，狭长圆形，长 7.5~12.5cm，宽 1.6~1.9cm，先端钝并且不等侧 2 裂，基部被白色膜质鞘。总状花序出自已落叶的老茎上部，具 1~3 朵花；花序柄长 3~5mm，基部被 3~4 枚套叠的短鞘；花苞片卵状披针形，长约 7mm，先端锐尖；花梗和子房长 4~5cm；花大，开展，质地薄，紫色；中萼片倒卵状披针形，长 2.7cm，宽 7mm，先端钝，具 5 条脉；侧萼片卵状披针形，与中萼片等长而稍较狭，先端渐尖，具 5 条脉；萼囊狭圆锥形，长 6mm，先端钝；花瓣宽椭圆形，比萼片稍短而宽得多，先端锐尖，基部收狭为短爪，边缘具睫毛或细齿，具 5 条脉；唇瓣菱状圆形，长约 2cm，宽 1.6cm，先端锐尖，中部以下两侧围抱蕊柱，基部具短爪，两面密布茸毛，边缘密生睫毛，唇盘两侧各具 1 个深紫色斑块，在爪上具 1 个凹槽和其前方具隆起的脊状物；蕊柱白色，长约 7mm；药帽紫色，圆锥形，表面被疣状突起，前端边缘具不整齐的细齿。花期 4~5 月。

【分布现状】主要分布于中国云南、贵州、广西；印度东北部、缅甸、泰国、老挝、越南。

【广西产地】凭祥、龙州、大新、靖西、那坡、乐业。

【生　　境】喜阴凉，在疏松且厚的树皮或树干上生长，有的也生长于石缝中。

【经济价值】作为我国传统名贵药材，药用价值和观赏价值较高，具有益胃生津、滋阴清热、止咳润肺之功效。多糖是其最重要的药用成分，也是自然界中最多的一种有机高分子化合物，不仅可以提高免疫功能，还可以抗病毒、降血糖、抗肿瘤等。

单葶草石斛

Dendrobium porphyrochilum

国家保护等级	《IUCN 濒危物种红色名录》受胁等级	特有植物
二级	濒危（EN）	

【形态特征】茎肉质，直立，圆柱形或狭长的纺锤形，长 1.5~4cm，粗 2~4mm，基部稍收窄，中部以上向先端逐渐变细，具数个节间，当年生的被叶鞘所包裹。叶 3~4 枚，二列、互生，纸质，狭长圆形，长达 4.5cm，宽 6~10mm，先端锐尖并且不等侧 2 裂，基部收窄而然后扩大为鞘；叶鞘草质，偏鼓状的。总状花序单生于茎顶，远高出叶外，长达 8cm，弯垂，具数至 10 余朵小花；花苞片狭披针形，等长或长于花梗连同子房，长约 9mm，宽约 1mm，先端渐尖；花梗和子房细如发状，长约 8mm；花开展，质地薄，具香气，金黄色或萼片和花瓣淡绿色带红色脉纹，具 3 条脉；中萼片狭卵状披针形，长 8~9mm，基部宽 1.8~2mm，先端渐尖呈尾状；侧萼片狭披针形，与中萼片等长而稍较宽，基部歪斜，先端渐尖；萼囊小，近球形；花瓣狭椭圆形，长 6.5~7mm，宽约 1.8mm，先端急尖；唇瓣暗紫褐色，而边缘为淡绿色，近菱形或椭圆形，凹的，不裂，长 5mm，宽约 2mm，先端近急尖，全缘，唇盘中央具 3 条多少增厚的纵脊；蕊柱白色带紫，长约 1mm，基部扩大，蕊柱足长 1.4mm；药帽半球形，光滑。花期 6 月。

【分布现状】主要分布于中国广东、云南、广西；从喜马拉雅西北部经尼泊尔、锡金、不丹、印度东北部、缅甸至泰国。

【广西产地】那坡。

【生　　境】生于海拔达 2700m 的山地林中树干上或林下岩石上。

【经济价值】作为我国传统名贵药材，药用价值和观赏价值较高，具有益胃生津、滋阴清热、止咳润肺之功效。

滇桂石斛
Dendrobium scoriarum

国家保护等级	《IUCN 濒危物种红色名录》受胁等级	特有植物
二级	濒危（EN）	中国特有种

【形态特征】茎圆柱形，近直立，长 15~24（60）cm，粗约 4mm，不分枝，具多数节，节间长 2~2.5cm。叶通常数枚，二列，互生于茎的上部，近革质，长圆状披针形，长 3~4（6）cm，宽 7~9（15）mm，先端钝并且稍不等侧 2 裂，基部收狭并且扩大为抱茎的鞘。总状花序出自已落叶或带叶的老茎上部，具 1~3 朵花；花序柄长 3~5mm，基部被覆 2 枚膜质鞘；花苞片干膜质，浅白色，卵形，长约 4mm，先端钝；花梗和子房黄绿色，长 2~2.5cm；花开展，萼片淡黄白色或白色，近基部稍带黄绿色；中萼片卵状长圆形，长 13~16mm，宽 5~5.5mm，先端锐尖，具 3~5 条脉；侧萼片斜卵状三角形，与中萼片等长，基部宽约 10mm，先端锐尖，具 3~5 条脉；萼囊白色稍带黄绿色，圆锥形，长约 7mm，宽约 6mm，末端近圆形。花瓣与萼片同色，近卵状长圆形，长 12~16mm，宽 5.5~6mm，先端钝，具 3~5 条脉；唇瓣白色或淡黄色，宽卵形，长 11~14mm，宽 9~11mm，不明显 3 裂，先端锐尖，基部稍楔形，唇盘在中部前方具 1 个大的紫红色斑块并且密布茸毛，其后方具 1 个黄色马鞍形的胼胝体；蕊柱绿白色，长约 4mm；蕊柱足长约 10mm，上半部生有许多先端紫色的毛，中部具 1 个茄紫色的斑块，末端紫红色、与唇瓣连接的关节强烈增厚；药帽紫红色，近椭圆形，长 3mm，顶端深 2 裂，裂片尖齿状。花期 4~5 月。

【分布现状】主要分布于中国广西、贵州、云南。

【广西产地】靖西、那坡。

【生　　境】生于海拔约 1200m 的石灰山岩石上或树干上。

【经济价值】作为我国传统名贵药材，药用价值和观赏价值较高，具有益胃生津、滋阴清热、止咳润肺之功效。

始兴石斛
Dendrobium shixingense

国家保护等级	《IUCN 濒危物种红色名录》受胁等级	特有植物
二级	濒危（EN）	

【形态特征】植株高 10~40cm。叶片绿色略带红色。花粉红色；花序一般在植株顶端抽出。花期 5~7 月。
【分布现状】主要分布于中国广东、广西。
【广西产地】武鸣、上林。
【生　　境】生于海拔 400~600m 的湿度极高的河谷树干上。
【经济价值】茎入药，具有益胃生津、滋阴清热、明目强腰等功效；园艺观赏价值较高。

剑叶石斛
Dendrobium spatella

国家保护等级	《IUCN 濒危物种红色名录》受胁等级	特有植物
二级	易危（VU）	

【形态特征】茎直立，近木质，扁三棱形，长达60cm，粗约4mm，基部收狭，向上变细，不分枝，具多个节，节间长约1cm。叶二列，斜立，稍疏松地套叠或互生，厚革质或肉质，两侧压扁呈短剑状或匕首状，长25~40mm，宽4~6mm，先端急尖，基部扩大呈紧抱于茎的鞘，向上叶逐渐退化而成鞘状。花序侧生于无叶的茎上部，具1~2朵花，几无花序柄；花苞片很小，长约1mm；花梗和子房长约6mm；花很小，白色；中萼片近卵形，长3~5mm，宽1.6~2mm，先端钝，具3条脉；侧萼片斜卵状三角形，近蕊柱一侧边缘长3.5~6mm，先端急尖，基部很歪斜，具5条脉；萼囊狭窄，长5~7mm；花瓣长圆形，与中萼片等长而较窄，先端圆钝；唇瓣白色带微红色，贴生于蕊柱足末端，近匙形，长8~10mm，宽4~6mm，先端圆形，前端边缘具圆钝的齿，唇盘中央具3~5条纵贯的脊突；蕊柱很短，药帽前端边缘具微齿。蒴果椭圆形，长4~7mm。花期3~9月，果期10~11月。

【分布现状】主要分布于中国福建、香港、海南、广西、云南；印度东北部、缅甸、老挝、越南、柬埔寨、泰国。

【广西产地】防城、上思、靖西、那坡、龙州、大新、凭祥。

【生　　境】生于海拔260~270m的山地林缘树干上和林下岩石上。

【经济价值】作为我国传统名贵药材，药用价值和观赏价值较高，具有益胃生津、滋阴清热、止咳润肺之功效。

黑毛石斛
Dendrobium williamsonii

国家保护等级	《IUCN 濒危物种红色名录》受胁等级	特有植物
二级	濒危（EN）	

【形态特征】茎圆柱形，有时肿大呈纺锤形，长达 20cm，粗 4~6mm，不分枝，具数节，节间长 2~3cm，干后金黄色。叶数枚，通常互生于茎的上部，革质，长圆形，长 7~9.5cm，宽 1~2cm，先端钝并且不等侧 2 裂，基部下延为抱茎的鞘，密被黑色粗毛，尤其叶鞘。总状花序出自具叶的茎端，具 1~2 朵花；花序柄长 5~10mm，基部被 3~4 枚短的鞘；花苞片纸质，卵形，长约 5mm，先端急尖；花开展，萼片和花瓣淡黄色或白色，相似，近等大，狭卵状长圆形，长 2.5~3.4cm，宽 6~9mm，先端渐尖，具 5 条脉；中萼片的中肋在背面具矮的狭翅；侧萼片与中萼片近等大，但基部歪斜，具 5 条脉，在背面的中肋具矮的狭翅；萼囊劲直，角状，长 1.5~2cm。唇瓣淡黄色或白色，带橘红色的唇盘，长约 2.5cm，3 裂；侧裂片围抱蕊柱，近倒卵形，前端边缘稍波状；中裂片近圆形或宽椭圆形，先端锐尖，边缘波状；唇盘沿脉纹疏生粗短的流苏；蕊柱长约 6mm；药帽短圆锥形，前端边缘密生短髯毛。花期 4~5 月。

【分布现状】主要分布于中国海南、广西、云南；印度、缅甸、越南。

【广西产地】凌云、隆林、融水、东兰。

【生　　境】生于海拔约 1000m 的林中树干上。

【经济价值】作为我国传统名贵药材，药用价值和观赏价值较高，具有益胃生津、滋阴清热、止咳润肺之功效。

广东石斛

Dendrobium wilsonii

国家保护等级	《IUCN 濒危物种红色名录》受胁等级	特有植物
二级	极危（CR）	中国特有种

【形态特征】茎直立或斜立，细圆柱形，通常长 10~30cm，粗 4~6mm，不分枝，具少数至多数节，节间长 1.5~2.5cm，干后淡黄色带污黑色。叶革质，二列、数枚，互生于茎的上部，狭长圆形，长 3~5（7）cm，宽 6~12（15）mm，先端钝并且稍不等侧 2 裂，基部具抱茎的鞘；叶鞘革质，老时呈污黑色，干后鞘口常呈杯状张开。总状花序 1~4 个，从已落叶的老茎上部发出，具 1~2 朵花；花序柄长 3~5mm，基部被 3~4 枚宽卵形的膜质鞘；花苞片干膜质，浅白色，中部或先端栗色，长 4~7mm，先端渐尖；花梗和子房白色，长 2~3cm；花大，乳白色，有时带淡红色，开展；中萼片长圆状披针形，长（2.3）2.5~4cm，宽 7~10mm，先端渐尖，具 5~6 条主脉和许多支脉；侧萼片三角状披针形，与中萼片等长，宽 7~10mm，先端渐尖，基部歪斜而较宽，具 5~6 条主脉和许多支脉；萼囊半球形，长 1~1.5cm；花瓣近椭圆形，长（2.3）2.5~4cm，宽 1~1.5cm，先端锐尖，具 5~6 条主脉和许多支脉；唇瓣卵状披针形，比萼片稍短而宽得多，3 裂或不明显 3 裂，基部楔形，其中央具 1 个胼胝体；侧裂片直立，半圆形；中裂片卵形，先端急尖；唇盘中央具 1 个黄绿色的斑块，密布短毛；蕊柱长约 4mm；蕊柱足长约 1.5cm，内面常具淡紫色斑点；药帽近半球形，密布细乳突。花期 5 月。

【分布现状】主要分布于中国福建东南部、湖北西南部至西部、湖南北部、广东西南部至北部、广西南部至东部、贵州西北部至东北部、云南南部。

【广西产地】兴安、金秀。

【生　　境】生于海拔 1000~1300m 的山地阔叶林中树干上或林下岩石上。

【经济价值】全株入药，有养气、化痰、镇静之功效，常用以制作环草石斛、黄草石斛，具有较高的药用价值。

西畴石斛

Dendrobium xichouense

国家保护等级	《IUCN 濒危物种红色名录》受胁等级	特有植物
二级	极危（CR）	中国特有种

【形态特征】茎丛生，圆柱形，长 10~13cm，粗约 4mm，上下等粗，上部多少回折状，不分枝，具多个节，节间长 1~2cm，被叶鞘所包裹，叶鞘老后变灰白色。叶薄革质，长圆形或长圆状披针形，长达 4cm，宽约 1cm，先端钝并且不等侧 2 裂，基部具抱茎的鞘。总状花序侧生于已落叶的老茎上部，长约 2cm，具 1~2 朵花；花苞片小；花梗和子房黄绿色，长约 6mm；花不甚开展，白色稍带淡粉红色，有香气；中萼片近长圆形，长 12mm，宽 4mm，先端急尖；侧萼片与中萼片近等大，基部歪斜；萼囊淡黄绿色，长筒状，长约 1cm；花瓣倒卵状菱形，比中萼片稍短，宽约 4mm；唇瓣近卵形，长约 1.6cm，最宽处约 9mm，先端钝，基部具爪，中部以下两侧边缘向上卷曲，唇盘黄色并且密布卷曲的淡黄色长柔毛，边缘流苏状。花期 7 月。

【分布现状】主要分布于中国云南、广西。

【广西产地】那坡。

【生　　境】生于海拔约 1900m 的石灰岩山地林中树干上。

【经济价值】作为我国传统名贵药材，药用价值和观赏价值较高，具有益胃生津、滋阴清热、止咳润肺之功效。

天麻

Gastrodia elata

国家保护等级	《IUCN 濒危物种红色名录》受胁等级	特有植物
二级	濒危（EN）	

【形态特征】多年生寄生草本，高 60~100cm。全株不含叶绿素。块茎肥厚，肉质长圆形，长约 10cm，径 3~4.5cm，有不甚明显的环节。茎圆柱形，黄赤色。叶呈鳞片状，膜质，长 1~2cm，具细脉，下部短鞘状抱茎。总状花序顶生，长 10~30cm，花黄赤色；花梗短，长 2~3mm；苞片膜质，狭披针形或线状长椭圆形，长约 1cm；花被管歪壶状，口部斜形，基部下侧稍膨大，先端 5 裂，裂片小，三角形；唇瓣高于花被管 2/3，具 3 裂片，中央裂片较大，其基部在花被管内呈短柄状；合蕊柱长 5~6mm，先端具 2 个小的附属物；子房倒卵形，子房柄扭转。蒴果长圆形至长圆状倒卵形，长约 15mm，具短梗；种子多而细小，呈粉尘状。花期 6~7 月，果期 7~8 月。

【分布现状】主要分布于中国吉林、辽宁、河北、陕西、甘肃、安徽、河南、湖北、四川、贵州、云南、西藏、广西等地。

【广西产地】融水、灵川、全州、兴安、龙胜、资源、乐业、隆林、罗城、环江、金秀。

【生　　境】生于海拔 1200~1800m 的林下阴湿、腐殖质较厚处。

【经济价值】在我国是一种食药兼备的植物，有息风止痉、平抑肝阳、祛风通络之功效，常用于治疗肝风内动、惊痫抽搐、眩晕头痛、肢体麻木、手足不遂、风湿痹痛等病症。

血叶兰

Ludisia discolor

国家保护等级	《IUCN 濒危物种红色名录》受胁等级	特有植物
二级	无危（LC）	

【形态特征】植株高 10~25cm。根状茎伸长，匍匐，具节。茎直立，在近基部具（2）3~4 枚叶。叶片卵形或卵状长圆形，鲜时较厚，肉质，长 3~7cm，宽 1.7~3cm，先端急尖或短尖，上面黑绿色，具 5 条金红色有光泽的脉，背面淡红色，具柄；叶柄长 1.5~2.2cm，下部扩大成抱茎的鞘；叶之上的茎上具 2~3 枚淡红色的鞘状苞片。总状花序顶生，具几朵至 10 余朵花，长 3~8cm，花序轴被短柔毛；花苞片卵形或卵状披针形，带淡红色，膜质，长约 1.5cm，先端渐尖，边缘具细缘毛；子房圆柱形，扭转，被短柔毛，连花梗长 1.5~2cm；花白色或带淡红色，直径约 7mm；中萼片卵状椭圆形，凹陷呈舟状，长 8~9mm，宽 4.5~5mm，与花瓣黏合呈兜状；侧萼片偏斜的卵形或近椭圆形，长 9~10mm，宽 4.5~5mm，背面前端有很短的龙骨状突起；花瓣近半卵形，长 8~9mm，宽 2~2.2mm，先端钝；唇瓣长 9~10mm，下部与蕊柱的下半部合生成管，基部具囊，上部通常扭转，中部稍扩大，宽 2mm，顶部扩大成横长方形片，宽 5~6mm；唇瓣基部的囊 2 浅裂，囊内具 2 枚肉质的胼胝体；蕊柱长约 5mm，下部变细，顶部膨大；柱头 1 个，位于蕊喙之下。花期 2~4 月。

【分布现状】主要分布于中国广东、香港、海南、广西和云南南部；缅甸、越南、泰国、马来西亚、印度尼西亚和大洋洲的纳吐纳群岛。

【广西产地】融水、临桂、蒙山、平南。

【生　　境】生于海拔 900~1300m 的山坡或沟谷常绿阔叶林下阴湿处。

【经济价值】全草入药，味甘，性微凉，具有滋阴润肺、安神健脾等功效，主治肺痨咯血、食欲不振、神经衰弱等病症。除药用外，民间常以结合食疗法，达到消除无名肿毒、益气健身的作用；或以清水煎服，去肝火。

小叶兜兰

Paphiopedilum barbigerum

国家保护等级	《IUCN 濒危物种红色名录》受胁等级	特有植物
一级	濒危（EN）	

【形态特征】地生或半附生植物。叶基生，二列，5~6 枚；叶片宽线形，长 8~19cm，宽 7~18mm，先端略钝或有时具 2 小齿，基部收狭成叶柄状并对折而互相套叠，无毛或近基部边缘略有缘毛。花莛直立，长 8~16cm，有紫褐色斑点，密被短柔毛，顶端生 1 花；花苞片绿色，宽卵形，围抱子房，长 1.5~1.9（2.8）cm，宽 1.1~1.3cm，背面下半部疏被短柔毛或仅基部有毛；花梗和子房长 2.6~5.5cm，密被短柔毛；花中等大；中萼片中央黄绿色至黄褐色，上端与边缘白色，合萼片与中萼片同色但无白色边缘，花瓣边缘奶油黄色至淡黄绿色，中央有密集的褐色脉纹或整个呈褐色，唇瓣浅红褐色；中萼片近圆形或宽卵形，长 2.8~3.2cm，宽 2.2~2.7（4）cm，先端钝，基部有短柄，背面被短柔毛；合萼片明显小于中萼片，卵形或卵状椭圆形，长 2.3~2.5cm，宽 1.2~1.5cm，先端钝或浑圆，背面亦被毛；花瓣狭长圆形或略带匙形，长 3~4cm，宽约 1cm，边缘波状，先端钝，基部疏被长柔毛；唇瓣倒盔状，基部具宽阔的、长 1.5~2cm 的柄；囊近卵形，长 2~2.5cm，宽 1.5~2cm，囊口极宽阔，两侧各具 1 个直立的耳，两耳前方的边缘不内折，囊底有毛；退化雄蕊宽倒卵形，长 6~7mm，宽 7~8mm，基部略有耳，上面中央具 1 个脐状突起。花期 10~12 月。

【分布现状】主要分布于中国广西、贵州。

【广西产地】融安、融水、灵山、容县、南丹、环江、都安。

【生　　境】生于海拔 800~1500m 的石灰岩山丘荫蔽多石之地或岩隙中。

【经济价值】花具有兜状的唇瓣，因其花形奇特、花色绚丽、花期较长而具有极高的观赏价值。属于花朵较小类型，其萼片与唇瓣花色多样，且开花期较长，观赏价值高。

同色兜兰

Paphiopedilum concolor

国家保护等级	《IUCN 濒危物种红色名录》受胁等级	特有植物
一级	易危（VU）	

【形态特征】地生或半附生植物。具粗短的根状茎和少数稍肉质而被毛的纤维根。叶基生，二列，4~6 枚；叶片狭椭圆形至椭圆状长圆形，长 7~18cm，宽 3.5~4.5cm，先端钝并略有不对称，上面有深浅绿色（或有时略带灰色）相间的网格斑，背面具极密集的紫点或几乎完全紫色，中脉在背面呈龙骨状突起，基部收狭成叶柄状并对折而彼此套叠。花莛直立，长 5~12cm，紫褐色，被白色短柔毛，顶端通常具 1~2 花，罕有 3 花；花苞片宽卵形，长 1~2.5cm，宽 1~1.5cm，先端略钝，背面被短柔毛并有龙骨状突起，边缘具缘毛；花梗和子房长 3~4.5cm，被短柔毛；花直径 5~6cm，淡黄色或罕有近象牙白色，具紫色细斑点；中萼片宽卵形，长 2.5~3cm，宽亦相近，先端钝或急尖，两面均被微柔毛，但上面有时近无毛，边缘多少具缘毛，尤以上部为甚；合萼片与中萼片相似，长宽约 2cm，亦有类似的柔毛；花瓣斜椭圆形、宽椭圆形或菱状椭圆形，长 3~4cm，宽 1.8~2.5cm，先端钝或近斜截形，近无毛或略被微柔毛；唇瓣深囊状，狭椭圆形至圆锥状椭圆形，长 2.5~3cm，宽约 1.5cm，囊口宽阔，整个边缘内弯，但前方内弯边缘宽仅 1~2mm，基部具短爪，囊底具毛；退化雄蕊宽卵形至宽卵状菱形，长 1~1.2cm，宽 8~10mm，先端略有 3 小齿，基部收狭并具耳。花期通常 6~8 月。

【分布现状】主要分布于中国广西、贵州、云南；缅甸、越南、老挝、柬埔寨、泰国。

【广西产地】隆林、那坡。

【生　　境】生于海拔 300~1400m 的石灰岩地区多腐殖质土壤上或岩壁缝隙或积土处。

【经济价值】具有广泛的分布范围和较强的适应性，是观赏兜兰品种杂交选育的重要杂交亲本；是兜兰属中屈指可数的较易种植、较易开花的野生物种，迁地保护、人工驯化和规模化种植过程中繁殖周期相对较短，一年四季都能开花，可作为野生兜兰商品化、规模化繁育的旗舰物种。

长瓣兜兰

Paphiopedilum dianthum

国家保护等级	《IUCN 濒危物种红色名录》受胁等级	特有植物
一级	易危（VU）	

【形态特征】附生植物，较高大。叶基生，二列，2~5 枚；叶片宽带形或舌状，厚革质，干后常呈棕红色，长15~30cm，宽 3~5cm，先端近浑圆并有裂口或小弯缺，背面中脉呈龙骨状突起，无毛，基部收狭成叶柄状并对折而彼此套叠，长度一般可达 6~7cm。花莛近直立，长 30~80cm，绿色，无毛或较少略被短柔毛；总状花序具 2~4 花；花苞片宽卵形，长与宽各约长 2cm，先端钝并常有 3 小齿，近无毛；花梗和子房长达 5.5cm，无毛；花大；中萼片与合萼片白色而有绿色的基部和淡黄绿色脉，花瓣淡绿色或淡黄绿色并有深色条纹或褐红色晕，唇瓣绿黄色并有浅栗色晕，退化雄蕊淡绿黄色而有深绿色斑块；中萼片近椭圆形，长 4~5.5cm，宽 1.8~2.5cm，先端具短尖，边缘向后弯卷，内表面基部具短柔毛，背面中脉呈龙骨状突起；合萼片与中萼片相似，但稍宽而短，背面略有 2 条龙骨状突起；花瓣下垂，长带形，长8.5~12cm，宽 6~7mm，扭曲，从中部至基部边缘波状，可见数个具毛的黑色疣状突起或长柔毛，有时疣状突起与长柔毛均不存在；唇瓣倒盔状，基部具宽阔的、长达 2cm 的柄；囊近椭圆状圆锥形或卵状圆锥形，长 2.5~3cm，宽 2~2.5cm，囊口极宽阔，两侧各有 1 个直立的耳，两耳前方边缘不内折，囊底有毛；退化雄蕊倒心形或倒卵形，长 1~1.2cm，宽8~9mm，先端有弯缺，上面基部有 1 个角状突起，沿突起至蕊柱有微柔毛，背面有龙骨状突起，边缘具细缘毛。蒴果近椭圆形，长达 4cm，宽约 1.5cm。花期 7~9 月，果期 11 月。

【分布现状】主要分布于中国广西西南部、贵州西南部、云南东南部。

【广西产地】靖西、那坡、凌云、乐业、西林、隆林、龙州。

【生　　境】生于海拔 1000~2250m 林缘或疏林中的树干上或岩石上。

【经济价值】花形独特，中萼片较大且醒目，倒盔状的唇瓣颜色艳丽，是中国仅有的几种多花性兜兰之一，有很高的观赏和经济价值，也是作为杂交育种的优秀亲本之一。

白花兜兰

Paphiopedilum emersonii

国家保护等级	《IUCN 濒危物种红色名录》受胁等级	特有植物
一级	极危（CR）	

【形态特征】地生或半附生植物，通常较矮小。叶基生，二列，3~5 枚；叶片狭长圆形，长 13~17cm，宽 3~3.7cm，先端近急尖，上面深绿色，通常无深浅绿色相间的网格斑，但细心观察在一些叶上可看到极淡的网格斑，背面淡绿色并在基部可有紫红色斑点，中脉在背面呈龙骨状突起，基部收狭成叶柄状并对折而彼此套叠。花莛直立，长 11~12cm 或更短，淡绿黄色，被疏柔毛，顶端生 1 花；花苞片黄绿色，宽椭圆形，长达 3.8cm，宽约 2cm，近白色；花梗和子房长约 5cm，被疏柔毛；花大，直径 8~9cm，白色，有时带极淡的紫蓝色晕，花瓣基部有少量栗色或红色细斑点，唇瓣上有时有淡黄色晕，通常具不甚明显的淡紫蓝色斑点，退化雄蕊淡绿色并在上半部有大量栗色斑纹；中萼片椭圆状卵形，长 4.5~4.8cm，宽 3.8~4.5cm，先端钝，两面被短柔毛，背面略有龙骨状突起；合萼片宽椭圆形，长与宽各 4.5~4.8cm，先端钝，背面略有 2 条龙骨状突起；花瓣宽椭圆形至近圆形，长约 6cm，宽约 5cm，先端钝或浑圆，两面略被细毛；唇瓣深囊状；近卵形或卵球形，长达 3.5cm，宽约 3cm，基部具短爪，囊口近圆形，整个边缘内折，囊底具毛；退化雄蕊鳄鱼头状，长达 2cm，宽约 1cm，上面中央具宽阔的纵槽，两侧边缘粗厚并近直立。花期 4~5 月。

【分布现状】主要分布于中国广西北部、贵州南部。

【广西产地】罗城、环江、靖西、崇左、德保、龙州。

【生　　境】生于海拔约 780m 石灰岩灌丛中覆有腐殖土的岩壁上或岩石缝隙中。

【经济价值】花形独特、花大白色，有时带极淡的紫蓝色晕，观赏花期长，具有极高的生物学研究和观赏价值。

巧花兜兰
Paphiopedilum helenae

国家保护等级	《IUCN 濒危物种红色名录》受胁等级	特有植物
一级	极危（CR）	

【形态特征】地生或半附生植物，通常较矮小。叶基生，二列，3~5 枚；叶片狭长圆形，长 13~17cm，宽 3~3.7cm，先端近急尖，上面深绿色，通常无深浅绿色相间的网格斑，但细心观察在一些叶上可看到极淡的网格斑，背面淡绿色并在基部可有紫红色斑点，中脉在背面呈龙骨状突起，基部收狭成叶柄状并对折而彼此套叠。花莛直立，长 11~12cm 或更短，淡绿黄色，被疏柔毛，顶端生 1 花；花苞片黄绿色，宽椭圆形，长达 3.8cm，宽约 2cm，近白色；花梗和子房长约 5cm，被疏柔毛；花大，直径 8~9cm，白色，有时带极淡的紫蓝色晕，花瓣基部有少量栗色或红色细斑点，唇瓣上有时有淡黄色晕，通常具不甚明显的淡紫蓝色斑点，退化雄蕊淡绿色并在上半部有大量栗色斑纹；中萼片椭圆状卵形，长 4.5~4.8cm，宽 3.8~4.5cm，先端钝，两面被短柔毛，背面略有龙骨状突起；合萼片宽椭圆形，长与宽各 4.5~4.8cm，先端钝，背面略有 2 条龙骨状突起；花瓣宽椭圆形至近圆形，长约 6cm，宽约 5cm，先端钝或浑圆，两面略被细毛；唇瓣深囊状；近卵形或卵球形，长达 3.5cm，宽约 3cm，基部具短爪，囊口近圆形，整个边缘内折，囊底具毛；退化雄蕊鳄鱼头状，长达 2cm，宽约 1cm，上面中央具宽阔的纵槽，两侧边缘粗厚并近直立。花期 4~5 月。

【分布现状】主要分布于中国广西北部和贵州南部。

【广西产地】大新、龙州、靖西、那坡。

【生　　境】生于海拔约 780m 石灰岩灌丛中覆有腐殖土的岩壁上或岩石缝隙中。

【经济价值】株形紧凑、小巧，叶色深绿，叶缘具黄色条纹，花色金黄，观赏性非常高，是杂交育种和园艺栽培中不可多得的种质资源，具有极高的观赏、保护和研究价值。

带叶兜兰
Paphiopedilum hirsutissimum

国家保护等级	《IUCN 濒危物种红色名录》受胁等级	特有植物
二级	易危（VU）	

【形态特征】地生或半附生植物。叶基生，二列，5~6 枚；叶片带形，革质，长 16~45cm，宽 1.5~3cm，先端急尖并常有 2 小齿，上面深绿色，背面淡绿色并稍有紫色斑点，特别是在近基部处，中脉在背面略呈龙骨状突起，无毛，基部收狭成叶柄状并对折而多少套叠。花莛直立，长 20~30cm，通常绿色并被深紫色长柔毛，基部常有长鞘，顶端生 1 花；花苞片宽卵形，长 8~15mm，宽 8~11mm，先端钝，背面密被长柔毛，边缘具长缘毛；花梗和子房长 4~5cm，具 6 纵棱，棱上密被长柔毛；花较大，中萼片和合萼片除边缘淡绿黄色外，中央至基部有浓密的紫褐色斑点或甚至连成一片，花瓣下半部黄绿色而有浓密的紫褐色斑点，上半部玫瑰紫色并有白色晕，唇瓣淡绿黄色而有紫褐色小斑点，退化雄蕊与唇瓣色泽相似，有 2 个白色“眼斑”；中萼片宽卵形或宽卵状椭圆形，长 3.5~4cm，宽 3~3.5cm，先端钝，背面被疏柔毛，边缘具缘毛；合萼片卵形，长 3~3.5cm，宽 1.8~2.5cm，亦具类似的柔毛与缘毛。花瓣匙形或狭长圆状匙形，长 5~7.5cm，宽 2~2.5cm，先端常近截形或微凹，稍扭转，下部边缘皱波状且上面有时有黑色毛，边缘有缘毛，内表面基部有毛或近无毛；唇瓣倒盔状，基部具宽阔的、长约 1.5cm 的柄；囊椭圆状圆锥形或近狭椭圆形，长 2.5~3.5cm，宽 2~2.5cm，囊口极宽阔，两侧各有 1 个直立的耳，两耳前方边缘不内折，囊底有毛；退化雄蕊近正方形，长与宽各 8~10mm，顶端近截形或有极不明显的 3 裂，基部有钝耳，上面中央和基部两侧各有 1 枚突起物，中央 1 枚较大，背面有龙骨状突起。花期 4~5 月。

【分布现状】主要分布于中国广西西部至北部、贵州西南部、云南东南部；印度东北部、越南、老挝和泰国。

【广西产地】田阳、德保、靖西、乐业、河池、天峨、凤山、东兰、巴马、都安、龙州、大新、天等。

【生　　境】生于海拔 700~1500m 的林下或林缘岩石缝中或多石湿润土壤上。

【经济价值】花形端庄，花色素雅，是兜兰属植物中栽培适应性较好的原生种类，是杂交育种和园艺栽培中不可多得的种质资源，具有极高的观赏价值。

麻栗坡兜兰
Paphiopedilum malipoense

国家保护等级	《IUCN 濒危物种红色名录》受胁等级	特有植物
一级	易危（VU）	

【形态特征】地生或半附生植物。具短的根状茎，根状茎粗 2~3mm，有少数稍肉质而被毛的纤维根。叶基生，二列，7~8 枚；叶片长圆形或狭椭圆形，革质，长 10~23cm，宽 2.5~4cm，先端急尖且稍具不对称的弯缺，上面有深浅绿色相间的网格斑，背面紫色或不同程度的具紫色斑点，极少紫点几乎消失，中脉在背面呈龙骨状突起，基部收狭成叶柄状并对折而套叠，边缘具缘毛。花莛直立，长（26）30~40cm，紫色，具锈色长柔毛，中部常有 1 枚不育苞片，顶端生 1 花；花苞片狭卵状披针形，长 2~4cm，绿色并具紫色斑点，背面被疏柔毛，边缘有缘毛；花梗和子房长 3.5~4.5cm，具长柔毛；花直径 8~9cm，黄绿色或淡绿色，花瓣上有紫褐色条纹或多少由斑点组成的条纹，唇瓣上有时有不甚明显的紫褐色斑点，退化雄蕊白色而近先端有深紫色斑块，较少斑块完全消失；中萼片椭圆状披针形，长 3.5~4.5cm，宽 1.8~2.5cm，先端渐尖或长渐尖，内表面疏被微柔毛，背面具长柔毛，边缘有缘毛；合萼片卵状披针形，长 3.5~4.5cm，宽 2~2.5cm，先端略 2 齿裂，内表面疏被微柔毛，背面具长柔毛并有不甚明显 2 条龙骨状突起，边缘亦具缘毛；花瓣倒卵形、卵形或椭圆形，长 4~5cm，宽 2.5~3cm，先端急尖或钝，两面被微柔毛，内表面基部有长柔毛，边缘具缘毛；唇瓣深囊状，近球形，长与宽各 4~4.5cm，囊口近圆形，整个边缘内折，囊底有长柔毛；退化雄蕊长圆状卵形，长达 1.3cm，宽 1.1cm，先端截形，基部近无柄，基部边缘有细缘毛，背面有龙骨状突起，上表面有 4 个脐状隆起，其中 2 个近顶端，另 2 个近基部。花期 12 月至翌年 3 月。

【分布现状】主要分布于中国云南东南部、广西西部、贵州西南部；越南北部。

【广西产地】那坡、西林、环江、凌云。

【生　　境】生于海拔 1100~1600m 的石灰岩山坡林下多石处或积土岩壁上。

【经济价值】具有极高的园艺观赏价值，叶片斑斓，花莛高长，花瓣青绿，唇瓣乳黄色，有“玉拖”的雅称。

硬叶兜兰

Paphiopedilum micranthum

国家保护等级	《IUCN 濒危物种红色名录》受胁等级	特有植物
二级	易危（VU）	

【形态特征】地生或半附生植物。地下具细长而横走的根状茎，根状茎直径 2~3mm，具少数稍肉质而被毛的纤维根。叶基生，二列，4~5 枚；叶片长圆形或舌状，坚革质，长 5~15cm，宽 1.5~2cm，先端钝，上面有深浅绿色相间的网格斑，背面有密集的紫斑点并具龙骨状突起，基部收狭成叶柄状并对折而彼此套叠。花莛直立，长 10~26cm，紫红色而有深色斑点，被长柔毛，顶端具 1 花；花苞片卵形或宽卵形，绿色而有紫色斑点，长 1~1.4cm，背面疏被长柔毛；花梗和子房长 3.5~4.5cm，被长柔毛；花大，艳丽，中萼片与花瓣通常白色而有黄色晕和淡紫红色粗脉纹，唇瓣白色至淡粉红色，退化雄蕊黄色并有淡紫红色斑点和短纹；中萼片卵形或宽卵形，长 2~3cm，宽 1.8~2.5cm，先端急尖，背面被长柔毛并有龙骨状突起；合萼片卵形或宽卵形，长 2~2.8cm，宽 1.8~2.8cm，先端钝或急尖，背面被长柔毛并具 2 条稍钝的龙骨状突起；花瓣宽卵形、宽椭圆形或近圆形，长 2.8~3.2cm，宽 2.6~3.5cm，先端钝或浑圆，内表面基部具白色长柔毛，背面多少被短柔毛；唇瓣深囊状，卵状椭圆形至近球形，长 4.5~6.5cm，宽 4.5~5.5cm，基部具短爪，囊口近圆形，整个边缘内折，囊底有白色长柔毛；退化雄蕊椭圆形，长 1~1.5cm，宽 7~8mm，先端急尖，两侧边缘尤其中部边缘近直立并多少内弯，使中央貌似具纵槽；2 枚能育雄蕊由于退化雄蕊边缘的内卷而清晰可辨，甚为美观。花期 3~5 月。

【分布现状】主要分布于中国广西西南部、贵州南部、西南部和云南东南部；越南。

【广西产地】临桂、百色、靖西、那坡、凌云、乐业、罗城、环江、都安、龙州、永福、大新。

【生　　境】生于海拔 1000~1700m 的石灰岩山坡草丛中或石壁缝隙或积土处。

【经济价值】花大而艳丽，观花时间长，具有极高的园艺观赏价值。

飘带兜兰

Paphiopedilum parishii

国家保护等级	《IUCN 濒危物种红色名录》受胁等级	特有植物
一级	濒危（EN）	

【形态特征】附生植物，较高大。叶基生，二列，5~8 枚；叶片宽带形，厚革质，15~24（35）cm，宽 2.5~4（5）cm，先端圆形或钝并有裂口或弯缺，基部收狭成叶柄状并对折而彼此互相套叠，无毛。花莛近直立，长 30~40（60）cm，绿色，密生白色短柔毛；总状花序具 3~5（8）花；花苞片绿色，卵形或宽卵形，长 2~2.5（3）cm，宽 1.5~2.5cm，膜质，背面基部偶见短柔毛；花梗和子房长 3.5~4cm，被短柔毛；花较大；中萼片与合萼片奶油黄色并有绿色脉，尤其在近基部处，花瓣基部至中部淡绿黄色并有栗色斑点和边缘，中部至末端近栗色，唇瓣绿色而有栗色晕，但囊内紫褐色；中萼片椭圆形或宽椭圆形，长 3~4（5）cm，宽 2.5~3cm，先端近急尖或短渐尖，边缘向后弯卷，背面近基部多少被毛；合萼片与中萼片相似，略小；花瓣长带形，下垂，长 8~9cm，宽 6~8（10）mm，先端钝，强烈扭转，下部（尤其近基部处）边缘波状，偶见被毛的疣状突起或长的缘毛；唇瓣倒盔状，基部有宽阔的、长达 1.4~1.6cm 的柄；囊近卵状圆锥形，长 2~2.5cm，宽 1.5~2cm，囊口极宽阔，两侧各有 1 个直立的耳，两耳前方的边缘不内折，囊底有毛；退化雄蕊倒卵形，长 1~1.3cm，宽 7~8mm，先端具弯缺或凹缺，基部收狭。花期 6~7 月。

【分布现状】主要分布于中国云南南部（勐腊）、广西；缅甸和泰国。

【广西产地】靖西。

【生　　境】生于海拔 1000~1100m 的林中树干上。

【经济价值】有多变的色彩和形态各异的花形，更富有观赏价值，是一种很有发展前途的观赏花卉。

紫纹兜兰

Paphiopedilum purpuratum

国家保护等级	《IUCN 濒危物种红色名录》受胁等级	特有植物
一级	濒危（EN）	

【形态特征】地生或半附生植物。叶基生，二列，3~8 枚；叶片狭椭圆形或长圆状椭圆形，长 7~18cm，宽 2.3~4.2cm，先端近急尖并有 2~3 个小齿，上面具暗绿色与浅黄绿色相间的网格斑，背面浅绿色，基部收狭成叶柄状并对折而互相套叠，边缘略有缘毛。花莛直立，长 12~23cm，紫色，密被短柔毛，顶端生 1 花；花苞片卵状披针形，围抱子房，长 1.6~2.4cm，宽约 1cm，背面被柔毛，边缘具长缘毛；花梗和子房长 3~6cm，密被短柔毛；花直径 7~8cm；中萼片白色而有紫色或紫红色粗脉纹，合萼片淡绿色而有深色脉，花瓣紫红色或浅栗色而有深色纵脉纹、绿白色晕和黑色疣点，唇瓣紫褐色或淡栗色，退化雄蕊色泽略浅于唇瓣并有淡黄绿色晕；中萼片卵状心形，长与宽各为 2.5~4cm，先端短渐尖，边缘外弯并疏生缘毛，背面被短柔毛；合萼片卵形或卵状披针形，长 2~2.8cm，宽 9~13mm，先端渐尖，背面被短柔毛，边缘具缘毛；花瓣近长圆形，长 3.5~5cm，宽 1~1.6cm，先端渐尖，上面仅有疣点而通常无毛，边缘有缘毛；唇瓣倒盔状，基部具宽阔的、长 1.5~1.7cm 的柄；囊近宽长圆状卵形，向末略变狭，长 2~3cm，宽 2.5~2.8cm，囊口极宽阔，两侧各具 1 个直立的耳，两耳前方的边缘不内折，囊底有毛，囊外被小乳突；退化雄蕊肾状半月形或倒心状半月形，长约 8mm，宽约 1cm，先端有明显凹缺，凹缺中有 1~3 个小齿，上面有极微小的乳突状毛。花期 10 月至翌年 1 月。

【分布现状】主要分布于中国广东南部、香港、广西南部、云南东南部；越南。

【广西产地】上思、浦北、宁明、防城、容县、那坡、隆林。

【生　　境】生于海拔 700m 以下的林下腐殖质丰富多石之地或溪谷旁苔藓砾石丛生之地或岩石上。

【经济价值】花大而艳丽，有硕大的囊即唇瓣，花瓣紫红色或浅栗色而有深色纵脉纹；在民间被称为“香港小姐”，为观赏花卉之上品。

紫毛兜兰

Paphiopedilum villosum

国家保护等级	《IUCN 濒危物种红色名录》受胁等级	特有植物
一级	濒危（EN）	

【形态特征】地生或附生植物。叶基生，二列，通常 4~5 枚；叶片宽线形或狭长圆形，长 20~40cm，宽 2.5~4cm，先端常为不等的 2 尖裂，深黄绿色，背面近基部有紫色细斑点，无毛，基部收狭成叶柄状并对折而互相套叠。花莛直立，长 10~24cm，黄绿色，有紫色斑点和较密的长柔毛，顶端生 1 花；花苞片近椭圆形，长 4~5cm，宽 2~2.5cm，围抱子房，除背面中脉近基部处具长柔毛外余均无毛；花梗和子房长 4~5cm，密被紫褐色长柔毛；花大；中萼片中央紫栗色而有白色或黄绿色边缘，合萼片淡黄绿色，花瓣具紫褐色中脉，中脉的一侧（上侧）为淡紫褐色，另一侧（下侧）色较淡或呈淡黄褐色，唇瓣亮褐黄色而略有暗色脉纹；中萼片倒卵形至宽倒卵状椭圆形，长 4.5~6cm，宽 3~3.8cm，先端钝，基部收狭，边缘具缘毛，基部边缘向后弯卷；合萼片卵形，长 3.8~5cm，宽 1.7~2.2cm，亦具类似的缘毛；花瓣倒卵状匙形，长 5~6.5cm，上部宽 2.5~2.8cm，先端钝，边缘波状并有缘毛，基部明显收狭成爪并在内表面有少量紫褐色长柔毛；唇瓣倒盔状，基部有宽阔的，长 2~2.5cm 的柄；囊近椭圆状圆锥形，长 2.5~3.2cm，宽 2~3cm，囊口极宽阔，两侧各有 1 个直立的耳，两耳前方边缘不内折，囊底有毛；退化雄蕊椭圆状倒卵形，长 1~1.5cm，宽 7~10mm，先端近截形而略有凹缺，基部有耳，中央具脐状突起，脐状突起上有时具不明显的小疣。花期 11 月至翌年 3 月。

【分布现状】主要分布于中国云南和广西；缅甸、越南、老挝和泰国。

【广西产地】龙州、大新、龙胜。

【生　　境】生于海拔 1100~1700m 的林缘或林中树上透光处或多石、有腐殖质和苔藓的草坡上。

【经济价值】花形奇特，与一般兰花相比，花的结构有巨大变化，花瓣上面淡紫色、下面淡黄色，唇瓣呈半椭圆形的袋状，形状很特别，深受人们喜爱，具有很高的观赏价值和经济价值。

文山兜兰

Paphiopedilum wenshanense

国家保护等级	《IUCN 濒危物种红色名录》受胁等级	特有植物
一级	濒危（EN）	中国特有种

【形态特征】地生、半附生或附生草本。根状茎不明显或罕有细长而横走，具稍肉质而被毛的纤维根。茎短，包藏于二列的叶基内，通常新苗发自老茎（或老植株）基部。叶 4 或 5，对生；叶片背面紫色，除了绿色和紫色斑点的基部，正面镶嵌黑色和淡绿色，有些斑驳具暗白色，近椭圆形，5cm × 3.5~4.5cm，先端钝圆形。花茎近直立，有花 1~3 朵；花序梗绿色有紫褐色斑点，梗长 2.5~3.5cm，短柔毛；花苞片卵状椭圆形 1.6~2cm × 1.5~2cm，背面有毛，中脉上有微小的缘毛；花梗和子房 4~4.5cm，有毛；花白色或黄白色，直径 5~7cm；萼片和花瓣，有红褐色斑点，直径 2~2.5mm；萼片、唇瓣和退化雄蕊具红褐色斑点。中萼片宽卵形到近圆形，2.5~3.5cm × 2.5~3.5cm，先端钝圆；合萼片卵形 2~2.5cm × 2cm。花瓣宽椭圆形或长圆状椭圆形 3.5~4cm × 2.5~3cm，正面有毛向基部；唇部椭球形 3.5~4cm × 2~2.5cm，外面有白色微柔毛，顶端边缘狭弯曲。退化雄蕊宽椭圆形 8~9cm × 8~9mm，有一尾状的先端，1.5~2mm。蒴果。花期 5 月。

【分布现状】主要分布于中国云南和广西。

【广西产地】隆林、西林。

【生　　境】生于浓密的灌木和草坡石灰岩地区。

【经济价值】花具有褐红色斑点，花白色或黄色，观赏价值较高，是杂交育种的优秀亲本之一。

罗氏蝴蝶兰
Phalaenopsis lobbii

国家保护等级	《IUCN 濒危物种红色名录》受胁等级	特有植物
一级	濒危（EN）	

【形态特征】根众多，簇生，扁圆形。茎短，完全包藏于叶鞘之内。叶近基生，2~4 枚，绿色，扁椭圆形，长 5~15cm，宽 3~4cm。总状花序，花序梗被 2~4 枚膜质鞘。萼片和花瓣乳白色，合蕊柱白色；中萼片长圆状椭圆形，先端钝；侧萼片斜卵形或近圆形，先端钝；花瓣楔形或狭倒卵形，先端钝或圆形。唇瓣黄色，3 裂；侧裂片近直立，镰刀状；中裂片肉质，先端圆形，基部具 1 个近圆形突起的附属物；附属物具不规则的细齿；唇盘有 4 枚丝状的附属物；蕊柱短，具 1~2mm 的蕊柱足。花期 4~5 月。

【分布现状】主要分布于中国云南、广西；印度、缅甸、不丹、越南及尼泊尔。

【广西产地】隆安、大新、靖西、那坡。

【生　　境】生于海拔 600m 以下疏林中树上。

【经济价值】花莛细长，花朵色彩艳丽，排列有序，犹如蝴蝶翩翩飞舞，极具欣赏价值，是蝴蝶兰杂交育种的良好亲本。

麻栗坡蝴蝶兰

Phalaenopsis malipoensis

国家保护等级	《IUCN 濒危物种红色名录》受胁等级	特有植物
一级	濒危（EN）	中国特有种

【形态特征】多年生附生草本植物，根扁平，绿色，可长达 50cm；茎短，表面密生疣状突起；叶近基生，3~5 片叶；通常开花期保留 2 片叶；冬季落叶或保留 1~2 片叶；稍肉质，长圆形或椭圆形，长 4.5~7cm，宽 3~3.6cm，先端斜尖或钝形，基部宽楔形，抱茎鞘。花柱通常 3~4，从茎基部抽出，拱形，长 8~15cm。花期 4~5 月。

【分布现状】主要分布于中国广西、云南。

【广西产地】那坡、环江、西林、凌云。

【生　　境】生于海拔 600m 以下疏林中树上。

【经济价值】花莛细长，花朵色彩艳丽，排列有序，犹如蝴蝶翩翩飞舞，因而享誉世界，是世界珍稀名贵品种的重要亲本之一。

华西蝴蝶兰

Phalaenopsis wilsonii

国家保护等级	《IUCN 濒危物种红色名录》受胁等级	特有植物
一级	濒危（EN）	

【形态特征】附生草本。气生根发达，簇生，长而弯曲，表面密生疣状突起。茎很短，被叶鞘所包，长约 1cm，通常具 4~5 枚叶。叶稍肉质，两面绿色或幼时背面紫红色，长圆形或近椭圆形，通常长 6.5~8cm，宽 2.6~3cm，先端钝并且一侧稍钩转，基部稍收狭并且扩大为抱茎的鞘，在旱季常落叶，花时无叶或具 1~2 枚存留的小叶。花序从茎的基部发出，常 1~2 个，斜立，长 4~8.5cm，不分枝，花序轴疏生 2~5 朵花；花序柄暗紫色，粗约 2mm，被 1~2 枚膜质鞘；花苞片膜质，卵状三角形，长 4~5mm，先端锐尖；花梗连同子房长 3~3.8cm；花开放，萼片和花瓣白色带淡粉红色的中肋或全体淡粉红色；中萼片长圆状椭圆形，长 1.5~2cm，宽 6~7mm，先端钝，具 5 条脉；侧萼片与中萼片相似而等大，但近唇瓣一侧的中部以下边缘下弯，基部贴生在蕊柱足上；花瓣匙形或椭圆状倒卵形，长 1.4~1.5cm，宽 6~10mm，先端圆形，基部楔形收狭；唇瓣基部具长 2~3mm 的爪，3 裂；侧裂片上半部紫色，下半部黄色，直立，狭长，长约 6mm，中部缢缩，上部扩大而先端斜截，在基部（两侧裂片之间）具 1 个中央对开的肉脊，其中间具穴并且向外（背面）隆起呈乳头状，内面中央的凸缘（脊突）黄色，其先端斜截并且具 2 至数个小缺刻；中裂片肉质，深紫色，摊平后呈宽倒卵形或倒卵状椭圆形，长 8~13mm，上部宽 6~9mm，先端钝并且稍 2 裂，基部具 1 枚紫色而先端深裂为 2 叉状的附属物，边缘白色、下弯而形成倒舟状，上面中央具 1 条纵向脊突，脊突在近唇瓣先端处强烈增厚而隆起；蕊柱淡紫色，长约 6mm，具长约 3mm 的蕊柱足；药帽白色，前端稍伸长呈卵状三角形；花粉团 2 个，近球形，每个劈裂为不等大的 2 爿。蒴果狭长，长达 7cm，粗约 6mm，具长约 3cm 的柄。花期 4~7 月，果期 8~9 月。

【分布现状】主要分布于中国广西西部、贵州西南部、四川西南部至中部、云南东南部至中部、西藏东南部。

【广西产地】靖西、那坡、隆林、南丹、天峨、环江。

【生　　境】生于海拔 800~2150m 的山地疏生林中树干上或林下阴湿的岩石上。

【经济价值】萼片和花瓣白色带淡粉红色，具有花形奇特、花色丰富、色彩艳丽、花序高度和花期长等特点，深受消费者喜爱，是珍稀名贵的兰花重要亲本之一，也是世界上产销量最大的兰花品种，成为全世界广泛流行的热带兰花，被称为“兰花皇后”。

独蒜兰
Pleione bulbocodioides

国家保护等级	《IUCN 濒危物种红色名录》受胁等级	特有植物
二级	濒危（EN）	中国特有种

【形态特征】半附生草本。假鳞茎卵形至卵状圆锥形，上端有明显的颈，全长1~2.5cm，直径1~2cm，顶端具1枚叶。叶在花期尚幼嫩，长成后狭椭圆状披针形或近倒披针形，纸质，长10~25cm，宽2~5.8cm，先端通常渐尖，基部渐狭成柄；叶柄长2~6.5cm。花葶从无叶的老假鳞茎基部发出，直立，长7~20cm，下半部包藏在3枚膜质的圆筒状鞘内，顶端具1（2）花；花苞片线状长圆形，长（2）3~4cm，明显长于花梗和子房，先端钝；花梗和子房长1~2.5cm；花粉红色至淡紫色，唇瓣上有深色斑；中萼片近倒披针形，长3.5~5cm，宽7~9mm，先端急尖或钝；侧萼片稍斜歪，狭椭圆形或长圆状倒披针形，与中萼片等长，常略宽。花瓣倒披针形，稍斜歪，长3.5~5cm，宽4~7mm；唇瓣轮廓为倒卵形或宽倒卵形，长3.5~4.5cm，宽3~4cm，不明显3裂，上部边缘撕裂状，基部楔形并多少贴生于蕊柱上，通常具4~5条褶片；褶片啮蚀状，高可达1~1.5mm，向基部渐狭直至消失；中央褶片常较短而宽，有时不存在；蕊柱长2.7~4cm，多少弧曲，两侧具翅；翅自中部以下甚狭，向上渐宽，在顶端围绕蕊柱，宽达6~7mm，有不规则齿缺。蒴果近长圆形，长2.7~3.5cm。花期4~6月。

【分布现状】主要分布于中国陕西、甘肃、安徽、湖北、湖南、广东、广西、四川、贵州、云南、西藏。

【广西产地】融水、临桂、全州、兴安、龙胜、资源、金秀。

【生　　境】生于海拔900~3600m的常绿阔叶林下或灌木林缘腐殖质丰富的土壤上或苔藓覆盖的岩石上。

【经济价值】花形独特和优雅，观赏价值较高。通常以假鳞茎入药，被称为“山慈菇”，其味苦、微辛、麻，性凉，具有清热解毒、消炎镇痛、化痰散结、痈肿疗毒之功效。临床常用于抗肿瘤，且多以复方入药，效果良好。

台湾独蒜兰
Pleione formosana

国家保护等级	《IUCN 濒危物种红色名录》受胁等级	特有植物
二级	易危（VU）	中国特有种

【形态特征】半附生或附生草本。假鳞茎压扁的卵形或卵球形，上端渐狭成明显的颈，全长 1.3~4cm，直径 1.7~3.7cm，绿色或暗紫色，顶端具 1 枚叶。叶在花期尚幼嫩，长成后椭圆形或倒披针形，纸质，长 10~30cm，宽 3~7cm，先端急尖或钝，基部渐狭成柄；叶柄长 3~4cm。花葶从无叶的老假鳞茎基部发出，直立，长 7~16cm，基部有 2~3 枚膜质的圆筒状鞘，顶端通常具 1 花，偶见 2 花；花苞片线状披针形至狭椭圆形，长 2.2~4cm，宽达 7mm，明显长于花梗和子房，先端急尖；花梗和子房长 1.5~2.7cm；花白色至粉红色，唇瓣色泽常略浅于花瓣，上面具有黄色、红色或褐色斑，有时略芳香；中萼片狭椭圆状倒披针形或匙状倒披针形，长 4.2~5.7cm，宽 9~15mm，先端急尖；侧萼片狭椭圆状倒披针形，多少偏斜，长 4~5.5cm，宽 10~15mm，先端急尖或近急尖。花瓣线状倒披针形，长 4.2~6cm，宽 10~15mm，稍长于中萼片，先端近急尖；唇瓣宽卵状椭圆形至近圆形，长 4~5.5cm，宽 3~4.6cm，不明显 3 裂，先端微缺，上部边缘撕裂状，上面具 2~5 条褶片，中央 1 条褶片短或不存在；褶片常有间断，全缘或啮蚀状；蕊柱长 2.8~4.2cm，顶部多少膨大并具齿。蒴果纺锤状，长 4cm，黑褐色。花期 3~4 月。

【分布现状】主要分布于中国台湾、福建、广西、浙江、江西。

【广西产地】横县、融水、全州、兴安、金秀、武鸣。

【生　　境】生于海拔 600~1500 或 1500~2500m 林下或林缘腐殖质丰富的土壤和岩石上。

【经济价值】同“独蒜兰”。

毛唇独蒜兰

Pleione hookeriana

国家保护等级	《IUCN 濒危物种红色名录》受胁等级	特有植物
二级	易危（VU）	

【形态特征】附生草本。假鳞茎卵形至圆锥形，上端有明显的颈，全长 1~2cm，直径 0.5~1cm，绿色或紫色，基部有时有纤细的根状茎，顶端具 1 枚叶。叶在花期尚幼嫩或已长成，椭圆状披针形或近长圆形，纸质，通常长 6~10cm，宽 2~2.8cm，先端急尖，基部渐狭成柄；叶柄长 2~3cm。花莛从无叶的老假鳞茎基部发出，直立，长 6~10cm，基部有数枚膜质筒状鞘，顶端具 1 花；花苞片近长圆形，长 1~1.7cm，宽 4~5mm，与花梗和子房近等长，先端钝；花梗和子房长 1~2cm；花较小；萼片与花瓣淡紫红色至近白色，唇瓣白色而有黄色唇盘和褶片以及紫色或黄褐色斑点；中萼片近长圆形或倒披针形，长 2~3.5（4.5）cm，宽 6~10mm，先端急尖；侧萼片镰刀状披针形，稍斜歪，常近等宽于并稍短于中萼片，先端急尖。花瓣倒披针形，展开，长 2~3.5cm，宽 5~7mm，先端急尖；唇瓣扁圆形或近心形，长 2.5~4cm，宽 2.7~4.5cm，不明显 3 裂，先端微缺，上部边缘具不规则细齿或近全缘，通常具 7 行沿脉而生的髯毛或流苏状毛，7 行毛几乎从唇瓣基部延伸到顶端；毛长达 2mm；蕊柱长 1.5~2.6（3）cm，多少弧曲，两侧具翅；翅自中部以下甚狭，向上渐宽，在顶端围绕蕊柱，宽达 6~10mm，通常略有不规则齿缺。蒴果近长圆形，长 1~2.5cm。花期 4~6 月，果期 9 月。

【分布现状】主要分布于中国广东北部、广西西部至北部、贵州东南部、云南东南部、西藏南部；尼泊尔、不丹、印度、缅甸、老挝和泰国。

【广西产地】融水、临桂、全州、兴安、龙胜、资源、凌云、罗城、金秀。

【生　　境】生于海拔 1600~3100m 的树干上、灌木林缘苔藓覆盖的岩石上或岩壁上。

【经济价值】同“独蒜兰”。

猫儿山独蒜兰

Pleione × maoershanensis

国家保护等级	《IUCN 濒危物种红色名录》受胁等级	特有植物
二级	易危（VU）	广西特有种

【形态特征】石生草本植物。假鳞茎卵球形到圆锥形，直径 1.5~2.5cm × 1~2cm，具 1 枚叶。开花时叶未长出，成熟叶椭圆状披针形，10~20cm × 3~4cm，纸质，先端锐尖。花序直立或近直立；花序梗 2.5~5cm；花苞片 18~28mm，超过子房；花单生，鲜艳的玫瑰色。中萼片狭椭圆形，长 40~55mm，先端锐尖；侧萼片稍斜，35~50mm 长，稍宽于中萼片，先端锐尖；花瓣倒披针形，35~60mm 长，比中萼片狭窄，先端锐尖；唇瓣近菱形，倒卵形或展开时近圆形，35~50cm × 30~49mm，顶端边缘具小齿；花盘具 4~6 个深撕裂片；蕊柱 30~40mm。

【分布现状】主要分布于中国广西兴安县猫儿山。

【广西产地】兴安。

【生　　境】生于海拔 1300~1600m 的林中岩石上。

【经济价值】同“独蒜兰”。

云南独蒜兰

Pleione yunnanensis

国家保护等级	《IUCN 濒危物种红色名录》受胁等级	特有植物
二级	易危（VU）	

【形态特征】地生或附生草本。假鳞茎卵形、狭卵形或圆锥形，上端有明显的长颈，全长 1.5~3cm，直径 1~2cm，绿色，顶端具 1 枚叶。叶在花期极幼嫩或未长出，长成后披针形至狭椭圆形，纸质，长 6.5~25cm，宽 1~3.5cm，先端渐尖或近急尖，基部渐狭成柄；叶柄长 1~6cm。花莛从无叶的老假鳞茎基部发出，直立，长 10~20cm，基部有数枚膜质筒状鞘，顶端具 1 花，罕为 2 花；花苞片倒卵形或倒卵状长圆形，草质或膜质，长 2~3cm，宽 5~8mm，明显短于花梗和子房，先端钝；花梗和子房长 3~4.5cm；花淡紫色、粉红色或有时近白色，唇瓣上具有紫色或深红色斑；中萼片长圆状倒披针形，长 3.5~4cm，宽 6~8mm，先端钝；侧萼片长圆状披针形或椭圆状披针形，稍斜歪，常近等长并稍宽于中萼片，先端钝；花瓣倒披针形，展开，长 3.5~4cm，宽 5~7mm，先端钝，基部明显楔形；唇瓣近宽倒卵形，长 3~4cm，宽 2.5~3cm，明显或不明显 3 裂；侧裂片直立，多少围抱蕊柱；中裂片先端微缺，边缘具不规则缺刻或多少呈撕裂状；唇盘上通常具 3~5 条褶片自基部延伸至中裂片基部；褶片近全缘或略呈波状并有细微缺刻；蕊柱长 1.8~2.3cm，多少弧曲，两侧具翅；翅自中部以下甚狭，向上渐宽，在顶端围绕蕊柱，宽达 5~6mm，有不规则齿缺。蒴果纺锤状圆柱形，长 2.5~3cm，宽约 1.2cm。花期 4~5 月，果期 9~10 月。

【分布现状】主要分布于中国四川、广西、贵州、云南、西藏；缅甸北部。

【广西产地】乐业。

【生　　境】生于海拔 1100~3500m 的林下和林缘多石地上或苔藓覆盖的岩石上，也见于草坡稍荫蔽的砾石地上。

【经济价值】花形独特和优雅，且花朵上面有特殊的黄斑，花开时清新迷人，具有较高的观赏价值；茎部作为入药的主体，有清解毒热、消除肿痛之功效。

火焰兰

Renanthera coccinea

国家保护等级	《IUCN 濒危物种红色名录》受胁等级	特有植物
二级	濒危（EN）	

【形态特征】茎攀缘，粗壮，质地坚硬，圆柱形，长 1m 以上，粗约 1.5cm，通常不分枝，节间长 3~4cm。叶二列，斜立或近水平伸展，舌形或长圆形，长 7~8cm，宽 1.5~3.3cm，先端稍不等侧 2 圆裂，基部抱茎并且下延为抱茎的鞘。花序与叶对生，常 3~4 个，粗壮而坚硬，基部具 3~4 枚短鞘，长达 1m，常具数个分枝，圆锥花序或总状花序疏生多数花；花苞片小，宽卵状三角形，长约 3mm，先端锐尖；花梗和子房长 2.5~3cm；花火红色，开展；中萼片狭匙形，长 2~3cm，宽 4.5~6mm，先端钝，具 4 条主脉，边缘稍波状并且其内面具橘黄色斑点；侧萼片长圆形，长 2.5~3.5cm，宽 0.8~1.2cm，先端钝，具 5 条主脉，基部收狭为爪，边缘明显波状；花瓣相似于中萼片而较小，先端近圆形，边缘内侧具橘黄色斑点；唇瓣 3 裂；侧裂片直立，不高出蕊柱，近半圆形或方形，长约 3mm，宽 4mm，先端近圆形，基部具一对肉质、全缘的半圆形胼胝体；中裂片卵形，长 5mm，宽 2.5mm，先端锐尖，从中部下弯；距圆锥形，长约 4mm；蕊柱近圆柱形，长约 5mm；药帽半球形，前端稍伸长而收狭，先端截形而宽宽凹缺；黏盘柄长约 2mm，中部多少屈膝状。花期 4~6 月。

【分布现状】主要分布于中国海南、广西；缅甸、泰国、老挝、越南。

【广西产地】扶绥。

【生　　境】攀缘于海拔达 1400m 的沟边林缘、疏林中树干上和岩石上。

【经济价值】兰科植物中一类珍稀热带兰花，具有很高的园艺应用价值和育种价值。

剑叶龙血树

Dracaena cochinchinensis

国家保护等级	《IUCN 濒危物种红色名录》受胁等级	特有植物
二级	易危（VU）	

【形态特征】乔木，高可达 5~15m。茎粗大，分枝多，树皮灰白色，光滑，老干皮部灰褐色，片状剥落，幼枝有环状叶痕。叶聚生在茎、分枝或小枝顶端，互相套叠，剑形，薄革质，长 50~100cm，宽 2~5cm，向基部略变窄而后扩大，抱茎，无柄。圆锥花序长 40cm 以上，花序轴密生乳突状短柔毛，幼嫩时更甚；花每 2~5 朵簇生，乳白色；花梗长 3~6mm，关节位于近顶端；花被片长 6~8mm，下部 1/5~1/4 合生；花丝扁平，宽约 0.6mm，上部有红棕色疣点；花药长约 1.2mm；花柱细长。浆果直径 8~12mm，橘黄色，具 1~3 颗种子。花期 3 月，果期 7~8 月。

【分布现状】主要分布于中国云南南部和广西南部；越南和老挝。

【广西产地】崇左、凭祥、大新、你宁明、龙州、靖西。

【生　　境】强耐旱、强喜光的喜钙植物。生于地形开阔、光照充足的石灰岩峰林或孤峰顶部，以伞状树冠突出于群落之上而常组成标志种的刺灌丛。

【经济价值】茎干上的树皮如果被割破，会分泌出深红色的像血浆一样的黏液，也有些像松树所分泌的树脂，俗称“龙血”或“血竭”。在中国，血竭与“云南白药”齐名，被称为“云南红药”，迄今已有 1500 余年的应用历史，人们视其为治疗伤科和血液病的“活血之圣药”。在一些传统中成药产品，如七厘散、跌打丸、再造丸中就含有血竭。

董棕

Caryota obtusa

国家保护等级	《IUCN 濒危物种红色名录》受胁等级	特有植物
二级	易危（VU）	

【形态特征】乔木，高 5~25m，直径 25~45cm。茎黑褐色，膨大或不膨大成花瓶状，表面不被白色的毡状茸毛，具明显的环状叶痕。叶长 5~7m，宽 3~5m，弓状下弯；羽片宽楔形或狭的斜楔形，长 15~29cm，宽 5~20cm，幼叶近革质，老叶厚革质，最下部的羽片紧贴于分枝叶轴的基部，边缘具规则的齿缺，基部以上的羽片渐成狭楔形，外缘笔直，内缘斜伸或弧曲成不规则的齿缺，且延伸成尾状渐尖，最顶端的 1 羽片为宽楔形，先端 2~3 裂；叶柄长 1.3~2m，背面凸圆，上面凹，基部直径约 5cm，被脱落性的棕黑色的毡状茸毛；叶鞘边缘具网状的棕黑色纤维。佛焰苞长 30~45cm；花序长 1.5~2.5m，具多数、密集的穗状分枝花序，长 1~1.8m；花序梗圆柱形，粗壮，直径 5~75cm，密被覆瓦状排列的苞片，雄花花萼与花瓣被脱落性的黑褐色毡状茸毛，萼片近圆形，盖萼片大于被盖的侧萼片，表面不具疣状凸起，边缘具半圆齿，雄蕊（30）80~100 枚，花丝短，近白色，花药线形；雌花与雄花相似，但花萼稍宽，花瓣较短，退化雄蕊 3 枚，子房倒卵状三棱形，柱头无柄，2 裂。果实球形至扁球形，直径 1.5~2.4cm，成熟时红色；种子 1~2 颗，近球形或半球形，胚乳嚼烂状。花期 6~10 月，果期 5~10 月。

【分布现状】主要分布于中国广西、云南等；印度、斯里兰卡、缅甸至中南半岛。

【广西产地】大新、龙州、靖西、那坡。

【生　　境】生于海拔 370~1500（2450）m 的石灰岩山地区或沟谷林中。

【经济价值】树形优美壮观，茎秆雄壮，叶片大型，新叶如一把直指蓝天的剑，而后慢慢舒展开来，就像孔雀开屏一样，是理想的园林绿化树种。

水禾
Hygroryza aristata

国家保护等级	《IUCN 濒危物种红色名录》受胁等级	特有植物
二级	易危（VU）	

【形态特征】水生漂浮草本。根状茎细长，节上生羽状须根。茎露出水面的部分长约 20cm。叶鞘膨胀，具横脉；叶舌膜质，长约 0.5mm；叶片卵状披针形，长 3~8cm，宽 1~2cm，下面具小乳状突起，顶端钝，基部圆形，具短柄。圆锥花序长与宽近相等，为 4~8cm，具疏散分枝，基部为顶生叶鞘所包藏；小穗含 1 小花，颖不存在，外稃长 6~8mm，草质，具 5 脉，脉上被纤毛，脉间生短毛，顶端具长 1~2cm 的芒，基部有长约 1cm 的柄状基盘；内稃与其外稃同质且等长，具 3 脉，中脉被纤毛，顶端尖；鳞被 2，具脉；雄蕊 6，花药黄色，长 3~3.5mm。花期秋季。

【分布现状】主要分布于中国广东、广西、海南、福建、台湾；印度、缅甸和东南亚地区。

【广西产地】龙州、南宁。

【生　　境】生于池塘湖沼和小溪流中。

【经济价值】株形清秀，叶色青翠，具有独特的观赏价值。

药用稻

Oryza officinalis

国家保护等级	《IUCN 濒危物种红色名录》受胁等级	特有植物
二级	濒危（EN）	

【形态特征】多年生草本。秆直立或下部匍匐，高 1.5~3m，直径 7~10mm，具 8~15 节，基部 2~3 节具不定根。叶鞘长约 40cm，长于其节间 3 倍以上；叶舌膜质，长约 4mm，无毛；叶耳不明显；叶片宽大，线状披针形，长 30~80cm，宽 2~3cm，质地较厚，基部渐窄呈柄状，顶端尖，中脉粗壮，侧脉不明显，下面粗糙，上面散生长柔毛，基部贴生微毛，边缘具锯齿状粗糙。圆锥花序大型，疏散，长 30~50cm，基部常为顶生叶鞘所包，主轴节间长约 5cm，分枝长 10~15cm，3~5 枚着生于各节，具细毛状粗糙，下部长裸露，腋间生柔毛；小穗柄长 1~4mm，粗糙；顶端具 2 枚半月形退化颖片；小穗长 4~5mm，宽约 2.5mm，厚 1.3mm，黄绿色或带褐黑色，成熟时易脱落，不孕外稃线状披针形，长 1.6~2mm，顶端渐尖，具 1 脉，边缘有细纤毛，成熟花外稃阔卵形，脉纹粗厚隆起，脊上部或边脉生疣基硬毛，表面疣状突起在每侧 24~26 纵行；芒自外稃顶端伸出，长 5~10mm，具细毛；内稃与外稃同质，宽约为外稃之半，脊疏生疣基硬毛，顶端有小尖头，边缘干膜质，花药长约 2.5mm。颖果扁平，红褐色，长约 3.2mm，宽约 2mm，染色体组为 CC 型，2n=24，二倍体植物。

【分布现状】主要分布于中国广东、海南、广西、云南、西藏；文莱、柬埔寨、印度、印度尼西亚、老挝、马来西亚、缅甸、尼泊尔、巴布亚新几内亚、菲律宾、泰国、越南。

【广西产地】梧州、岑溪、玉林、贺州。

【生　　境】生于海拔 600~1100m 丘陵山坡中下部的冲积地和沟边。

【经济价值】由于长期处于野生状态，经受了各种灾害和环境的自然选择，从而使其具有抗病虫害、抗旱、耐贫瘠土壤等特性，是水稻育种和生物技术研究的物质基础。

野生稻

Oryza rufipogon

国家保护等级	《IUCN 濒危物种红色名录》受胁等级	特有植物
二级	濒危（EN）	

【形态特征】多年生水生草本。秆高约 1.5m，下部海绵质或于节上生根。叶鞘圆筒形，疏松、无毛；叶舌长达 17mm；叶耳明显；叶片线形、扁平，长达 40cm，宽约 1cm，边缘与中脉粗糙，顶端渐尖。圆锥花序长约 20cm，直立而后下垂；主轴及分枝粗糙；小穗长 8~9mm，宽 2~2.5（3）mm，基部具 2 枚微小半圆形的退化颖片；成熟后自小穗柄关节上脱落；第一和第二外稃退化呈鳞片状，长约 2.5mm，具 1 脉成脊，顶端尖，边缘微粗糙；孕性外稃长圆形厚纸质，长 7~8mm，具 5 脉，糙毛状粗糙，沿脊上部具较长纤毛；芒着生于外稃顶端并具一明显关节，长 5~40mm；内稃与外稃同质，被糙毛，具 3 脉；鳞被 2 枚；雄蕊 6，花药长约 5mm；柱头 2，羽状。颖果长圆形，易落粒。

【分布现状】主要分布于中国江西、湖南、广西、广东、云南、云南、福建、香港、台湾等地；澳大利亚、孟加拉国、柬埔寨、哥伦比亚、厄瓜多尔、圭亚那、印度、印度尼西亚、老挝、马来西亚、缅甸、巴布亚新几内亚、菲律宾、斯里兰卡、泰国、越南。

【广西产地】上林、宾阳、柳州、南宁、鹿寨、临桂、藤县、合浦、防城、钦州、灵川、桂平、玉林、北流、来宾、象州、百色、田东、贺州。

【生　　境】生于海拔 600m 以下的江河流域，平原地区的池塘、溪沟、藕塘、稻田、沟渠、沼泽等低湿地。

【经济价值】水稻的野生近缘植物，是水稻新品种选育的重要种质资源。

石生黄堇（岩黄连）
Corydalis saxicola

国家保护等级	《IUCN 濒危物种红色名录》受胁等级	特有植物
二级	濒危（EN）	

【形态特征】淡绿色易萎软草本，高 30~40cm。具粗大主根和单头至多头的根茎。茎分枝或不分枝。枝条与叶对生，花莛状。基生叶长约 10~15cm，具长柄，叶片约与叶柄等长，一至二回羽状全裂，末回羽片楔形至倒卵形，约长 2~4cm，宽 2~3cm，不等大 2~3 裂或边缘具粗圆齿。总状花序长约 7~15cm，多花，先密集，后疏离；苞片椭圆形至披针形，全缘，下部的约长 1.5cm，宽 1cm，上部的渐狭小，全部长于花梗；花梗长约 5mm；花金黄色，平展；萼片近三角形，全缘，长约 2mm；外花瓣较宽展，渐尖，鸡冠状突起仅限于龙骨状突起之上，不伸达顶端；上花瓣长约 2.5cm，距约占花瓣全长的 1/4，稍下弯，末端囊状；蜜腺体短，约贯穿距长的 1/2；下花瓣长约 1.8cm，基部近具小瘤状突起；内花瓣长约 1.5cm，具厚而伸出顶端的鸡冠状突起；雄蕊束披针形，中部以上渐缢缩；柱头 2 叉状分裂，各枝顶端具 2 裂的乳突。蒴果线形，下弯，长约 2.5cm，具 1 列种子。花期 3~4 月，果期 5~6 月。

【分布现状】主要分布于中国浙江、湖北、陕西、四川、云南、贵州、广西。

【广西产地】德保、靖西、东兰、都安、巴马。

【生　　境】散生于海拔 600~1690m 的石灰岩缝隙中，在四川西南部海拔可升至 2800~3900m。

【经济价值】根黄味苦，根或全草煎服，有清热止痛、消毒消炎、健胃止血等功效。

藤枣

Eleutharrhena macrocarpa

国家保护等级	《IUCN 濒危物种红色名录》受胁等级	特有植物
二级	濒危（EN）	

【形态特征】木质藤本植物，嫩枝有直线纹，被微柔毛，稍老即脱落。叶革质，叶片卵形至阔卵形，长圆状卵形或长圆状椭圆形，先端渐尖或近骤尖，两面无毛，上面光亮；两面凸起，下面更高，网状脉稀疏，不很明显。雄花序有花，被微柔毛；雄花外轮萼片微小，近卵形，内轮倒卵状楔形，最内轮大，近圆形或阔卵状近圆形，无毛；花瓣阔倒卵形，抱着花丝，无毛。果序生无叶老枝上，总梗粗壮；核果椭圆形，黄色或红色；种子椭圆形。花期 5 月，果期 10 月。

【分布现状】主要分布于中国云南南部和东南部、广西西南部；印度阿萨姆。

【广西产地】那坡。

【生　　境】生于海拔 840~1500m 的密林中，也见于疏林。

【经济价值】一种野生水果，营养价值特别高，能提高身体抗病能力。

小八角莲

Dysosma difformis

国家保护等级	《IUCN 濒危物种红色名录》受胁等级	特有植物
二级	易危（VU）	

【形态特征】多年生草本，高 15~30cm。根状茎细长，通常圆柱形，横走，多须根。茎直立，无毛，有时带紫红色。茎生叶通常 2 枚，薄纸质，互生，不等大，形状多样，偏心盾状着生，叶片不分裂或浅裂，长 5~11cm，宽 7~15cm，基部常呈圆形，两面无毛，上面有时带紫红色，边缘疏生乳突状细齿；叶柄不等长，约 3~11cm，无毛。花 2~5 朵着生于叶基部处，无花序梗，簇生状；花梗长 1~2cm，下弯，疏生白色柔毛；萼片 6，长圆状披针形，长 2~2.5cm，宽 2~5mm，先端渐尖，外面被柔毛，内面无毛；花瓣 6，淡赭红色，长圆状条带形，长 4~5cm，宽 0.8~1cm，无毛，先端圆钝；雄蕊 6，长约 2cm，花丝长约 8mm，花药长约 1.2cm，药隔先端显著延伸；雌蕊长约 9mm，子房坛状，花柱长约 2mm，柱头膨大呈盾状。浆果小，圆球形。花期 4~6 月，果期 6~9 月。

【分布现状】主要分布于中国四川、贵州、湖北、湖南、广西等地。

【广西产地】全州、龙胜、金秀、乐业、天峨。

【生　　境】散生于海拔 600~1690m 的石灰岩缝隙中，在四川西南部海拔可升至 2800~3900m。

【经济价值】可作为提取鬼臼毒素来源植物，鬼臼毒素含量高。鬼臼毒素具有抗肿瘤和抗病毒的重要生物活性，广泛用于治疗肛门生殖器疣和传染性软疣，具有较高开发利用价值。

贵州八角莲

Dysosma majoensis

国家保护等级	《IUCN 濒危物种红色名录》受胁等级	特有植物
二级	易危（VU）	中国特有种

【形态特征】根状茎粗壮，横生，棕褐色。茎直立。叶薄纸质，二叶互生，盾状着生，叶片轮廓近扁圆形；叶柄长 4~20cm。花 2~5 朵排成伞形状，着生于近叶基处；花梗被灰白色细柔毛；花紫色；萼片 6，不等大，椭圆形；花瓣 6，椭圆状披针形；雄蕊 6，花丝与花药近等长；子房长圆形，基部和顶部缢缩，柱头盾状，半球形。浆果长圆形，成熟时红色。花期 4~6 月，果期 6~9 月。

【分布现状】主要分布于中国贵州、四川、湖北、广西等地。

【广西产地】融水、德保。

【生　　境】生于海拔 1300~1800m 的密林或疏林下、竹林下、沟边。

【经济价值】叶盾状着生，5~6 月观紫红色花，可作为原生境观赏、地栽观赏、科普趣味观赏；根状茎入药，具有滋阴补肾、清肺润燥、解毒消肿之功效，主治劳伤筋骨痛、阳痿、胃痛、无名肿痛、刀枪外伤。

六角莲
Dysosma pleiantha

国家保护等级	《IUCN 濒危物种红色名录》受胁等级	特有植物
二级	易危（VU）	

【形态特征】多年生草本，高 20~60cm，有时可达 80cm。根状茎粗壮，横走，呈圆形结节，多须根。茎直立，单生，顶端生 2 叶，无毛。叶近纸质，对生，盾状，轮廓近圆形，直径 16~33cm，5~9 浅裂，裂片宽三角状卵形，先端急尖，上面暗绿色，常有光泽，背面淡黄绿色，两面无毛，边缘具细刺齿；叶柄长 10~28cm，具纵条棱，无毛。花梗长 2~4cm，常下弯，无毛；花紫红色，下垂；萼片 6，椭圆状长圆形或卵状长圆形，长 1~2cm，宽约 8mm，早落；花瓣 6~9，紫红色，倒卵状长圆形，长 3~4cm，宽 1~1.3cm；雄蕊 6，长约 2.3cm，常镰状弯曲，花丝扁平，长 7~8mm，花药长约 15mm，药隔先端延伸；子房长圆形，长约 13mm，花柱长约 3mm，柱头头状，胚珠多数。浆果倒卵状长圆形或椭圆形，长约 3cm，直径约 2cm，熟时紫黑色。花期 3~6 月，果期 7~9 月。

【分布现状】主要分布于中国台湾、浙江、福建、安徽、江西、湖北、湖南、广东、广西、四川、河南。

【广西产地】武鸣、容县、融水、临桂、资源、龙州、贺州、钟山、富川、凌云、金秀。

【生　　境】散生于海拔 600~1690m 的石灰岩缝隙中，在四川西南部海拔可升至 2800~3900m。

【经济价值】根茎入药，性平，味苦、辛，有毒，具有清热解毒、化痰散结、祛瘀消肿之功效，治痈肿疗疮、咽喉肿痛、跌打损伤、毒蛇咬伤等。

八角莲

Dysosma versipellis

国家保护等级	《IUCN 濒危物种红色名录》受胁等级	特有植物
二级	易危（VU）	中国特有种

【形态特征】多年生草本，高 20~60cm，有时可达 80cm。根状茎粗壮，横走，呈圆形结节，多须根。茎直立，单生，顶端生二叶，无毛。叶近纸质，对生，盾状，轮廓近圆形，直径 16~33cm，5~9 浅裂，裂片宽三角状卵形，先端急尖，上面暗绿色，常有光泽，背面淡黄绿色，两面无毛，边缘具细刺齿；叶柄长 10~28cm，具纵条棱，无毛。花梗长 2~4cm，常下弯，无毛；花紫红色，下垂；萼片 6，椭圆状长圆形或卵状长圆形，长 1~2cm，宽约 8mm，早落；花瓣 6~9，紫红色，倒卵状长圆形，长 3~4cm，宽 1~1.3cm；雄蕊 6，长约 2.3cm，常镰状弯曲，花丝扁平，长 7~8mm，花药长约 15mm，药隔先端延伸；子房长圆形，长约 13mm，花柱长约 3mm，柱头头状，胚珠多数。浆果倒卵状长圆形或椭圆形，长约 3cm，直径约 2cm，熟时紫黑色。花期 3~6 月，果期 7~9 月。

【分布现状】主要分布于中国台湾、浙江、福建、安徽、江西、湖北、湖南、广东、广西、四川、河南。

【广西产地】桂林、龙胜、金秀、乐业、靖西、那坡、梧州。

【生　　境】生于海拔 400~1600m 的林下、山谷溪旁或阴湿溪谷草丛中。

【经济价值】民间常用的中草药，根茎入药，能够清热解毒、祛瘀消肿、化痰散结，治疗痈肿、跌打损伤、咽喉肿痛等，具有极高的药用价值。

小叶十大功劳
Mahonia microphylla

国家保护等级	《IUCN 濒危物种红色名录》受胁等级	特有植物
二级	易危（VU）	广西特有种

【形态特征】常绿灌木，高约 1m。叶狭椭圆形，长 17~20cm，宽 3.5~4.5cm，具 10~14 对小叶，最下一对小叶距叶柄基部 0.5~1cm，上面绿色，中脉微凹陷，侧脉微显，背面淡黄绿色，叶脉不显，叶轴粗约 1mm，节间长 1~2cm；小叶革质，全缘，无柄，最下一对小叶卵形或狭卵形，长 1~1.5cm，宽 5~9mm，自第二对往上小叶卵形至卵状椭圆形，长 1.5~2.5cm，宽 0.8~1.2cm，基部略偏斜，圆形或浅心形，先端渐尖，顶生小叶较大，卵状椭圆形，长 3~4.5cm，宽 1~1.5cm，无柄或具柄，长 0.6~1cm。总状花序 3~12 个簇生，长 4~13cm；芽鳞卵状披针形，长 1~1.5cm，宽约 0.5cm；花梗长 3~4mm；苞片卵形，长 2~2.2mm，宽约 1mm，先端渐尖；花金黄色，具香味；外萼片卵形，长约 2mm，宽 1~1.1mm，中萼片倒卵状长圆形，长 3.4~3.8mm，宽 2.1~2.2mm，先端钝圆，内萼片椭圆形，长 4.8~5mm，宽 2.5~3mm，先端钝；花瓣狭椭圆形，长 4~4.1mm，宽 1.8~2mm，基部腺体显著，先端缺裂；雄蕊长约 2.5mm，药隔不延伸，顶端圆形；子房卵形，长约 2mm，无花柱，胚珠 2~3 枚。浆果近球形，长 7~9mm，直径 6~8mm，蓝黑色，微被白粉，无宿存花柱；种子通常 2 枚。花期 10~11 月，果期 12 月至翌年 1 月。

【分布现状】主要分布于中国广西。

【广西产地】融安。

【生　　境】生于海拔 650m 的石灰岩山顶、山脊林下或灌丛中。

【经济价值】花性凉，味甘，根、茎性寒，味苦，含小檗碱、药根碱、木兰花碱等，有清热解毒、止咳化痰之功效。

靖西十大功劳
Mahonia subimbricata

国家保护等级	《IUCN 濒危物种红色名录》受胁等级	特有植物
二级	易危（VU）	广西特有种

【形态特征】灌木，高约 1.5m。叶椭圆形至倒披针形，长 12~22cm，宽 3~5cm，具 8~13 对小叶；小叶邻接或覆瓦状接叠，最下一对距叶柄基部约 0.5~1cm，上面暗绿色；基出脉 3 条，微凹陷，细脉不显，背面初时微被淡灰色霜粉，后变亮黄绿色，叶轴粗约 2~3mm，节间长 1~2cm；小叶卵形至狭卵形，最下一对小叶远小于其他小叶，每边仅 1~2 刺锯齿，向顶端小叶渐次增大，长 1.5~3.5cm，宽 1~1.5cm，基部圆形或近心形，叶缘每边具 2~7 刺锯齿，先端急尖或骤尖；顶生小叶长圆状卵形，长 3~5cm，具叶柄，长约 0.5cm，基部圆形或近心形，先端渐尖。总状花序 9~13 个簇生，长 5~9cm；芽鳞卵形，长 1.2~1.5cm，宽 0.5~0.8cm，花梗长 2.2~3mm；苞片卵状长圆形，长 2~3mm，宽 1.2~1.5mm；花黄色；外萼片阔卵形，长约 2mm，宽约 1.5mm；中萼片长圆状卵形，长约 3mm，宽约 2mm；内萼片长圆状倒卵形，长约 3mm，宽约 2mm；花瓣狭椭圆形，与内萼片等长或稍短，基部腺体显著，先端全缘、钝形；雄蕊长约 2.5mm，药隔延伸，顶端钝；子房长约 2mm，无花柱，胚珠 1~2 枚。浆果倒卵形，长约 8mm，直径约 5mm，黑色，被白粉。花期 9~11 月，果期 11 月至翌年 5 月。

【分布现状】主要分布于中国广西。

【广西产地】靖西、那坡。

【生　　境】生于海拔 1900m 的山谷、灌丛中或林中。

【经济价值】植株整体都可以入药，有清热解毒、止咳化痰、消肿、止泻、治肺结核之功效；叶形奇特，典雅美观，盆栽植株可供室内陈设。

短萼黄连

Coptis chinensis var. *brevisepala*

国家保护等级	《IUCN 濒危物种红色名录》受胁等级	特有植物
二级	濒危（EN）	

【形态特征】多年生草本。根状茎黄色，常分枝，密生多数须根。叶有长柄，叶片稍带革质，宽达 10cm，掌状 3 全裂，中央裂片菱状窄卵形，再羽状深裂，边缘有锐锯齿，侧生裂片不等地 2 深裂。花莛 1~2，高 12~25cm；顶生聚伞花序有 38 花；苞片披针形，羽状深裂；萼片黄绿色，平直，长约 6.5mm，比花瓣长 1/5~1/3；花瓣线形或线状披针形，先端渐尖，中央有蜜槽；雄蕊约 20，花药长约 1mm，花丝长 2~5mm；心皮 8~12，花柱稍外弯。蓇葖长 6~8mm；种子 7~8，褐色。花期 2~3 月，果期 4~5 月。

【分布现状】主要分布于中国广西、广东、福建、浙江、安徽等。

【广西产地】融水、临桂、兴安、灵川、梧州、龙州、乐业、南丹、天峨。

【生　　境】生于海拔 600~1600m 的山地沟边林下或山谷阴湿处。

【经济价值】中国传统中药，药用历史悠久，富含生物碱，药效显著，具有清热燥湿、泻火解毒之功效，用于治疗胃肠炎、痢疾、结膜炎、糜烂性口腔炎、蛇伤等病症，其药效与川连相同，有重要的经济价值。

四药门花

Loropetalum subcordatum

国家保护等级	《IUCN 濒危物种红色名录》受胁等级	特有植物
二级	濒危（EN）	中国特有种

【形态特征】常绿灌木或小乔木，高 12m。小枝无毛。叶互生，卵形或椭圆形，长 8~12cm，宽 3.5~5cm，先端短急尖，基部圆形或微心形，全缘或上半部有疏锯齿；叶柄长 1cm；托叶披针形，被星状毛。头状花序腋生，有花约 20 朵，花序梗长 4~5cm；花白色，两性，萼筒长 1.5mm，被星状毛，萼齿 5；花瓣 5，带状，长 1.5cm；雄蕊 5，花丝极短，花药 4 室，瓣状开裂；退化雄蕊叉状；子房半下位，2 室，有星状毛。蒴果近球形，直径 1~1.2cm，被星状柔毛，基部有宿存萼管；种子长卵圆形，长 7mm，黑色，种脐白色。花期 3~4 月，果期 9~10 月。

【分布现状】主要分布于中国香港、广西、广东、贵州。

【广西产地】龙州、环江。

【生　　境】生于海拔 600m 以下的丘陵、石山常绿阔叶林中。

【经济价值】热带与亚热带森林下的小树，具有一定的观赏价值。

棋子豆

Archidendron robinsonii

国家保护等级	《IUCN 濒危物种红色名录》受胁等级	特有植物
二级	易危（VU）	

【形态特征】乔木，高 8~9m。生长较快，播后 10 个月的棋子豆苗高平均 1~2m。小枝圆柱形，棕色或微红，无毛，具下部弯曲之叶痕。二回羽状复叶，羽片 1 对；总叶柄长 2~6cm，顶端或上部及第一或第二对小叶着生处具扁平、圆形腺体；羽片轴长 6~11cm；小叶 3 对，对生或近对生，椭圆形，披针形或倒卵形，长 5~14（20）cm，宽 3~5（10）cm，顶端渐尖，基部楔形或急尖，二侧对称或不对称；侧脉 3~4 对，显著；小叶柄长 4mm。花 4~5 朵组成头状花序，头状花序的梗长 1~1.5cm，再排成长达 20cm 的腋生圆锥花序；花蕾卵状圆柱形，长 8~9mm；花萼壶形或杯状，长 4.5~7mm，无毛，萼齿不明显；花冠漏斗状或钟状，长（9）12~15mm，花冠管无毛，裂片狭，卵形或椭圆形，长 4~5mm，顶端及背部被绢毛，雄蕊管较花冠管短；子房无毛，子房柄长 6~8mm。荚果劲直，圆柱形，长 10~20cm，宽 3~3.5cm，果瓣革质，棕色；种子达 7 颗，两端的陀螺形，高达 2.5cm，宽 2.5cm，中部的棋子形，高约 2cm，宽达 3.5cm，种皮脆壳质，棕色。种子发芽时子叶留土，胚轴长 15cm，淡绿色，秃净。花期 5 月，果期 8 月。

【分布现状】分布于中国广西、云南南部等地；越南。

【广西产地】防城、上思、龙州。

【生　　境】生于海拔 350~650m 的山谷密林中。

【经济价值】植株中淀粉及糖的含量约为 69.4%，鲜样品为 39.7%（鲜样品含水量为 57.2%）。棋子豆油的含量很低，只有 0.49%，无氰酸。大型种子富含淀粉，是有发展前途的经济树木之一。

格木

Erythrophleum fordii

国家保护等级	《IUCN 濒危物种红色名录》受胁等级	特有植物
二级	易危（VU）	

【形态特征】乔木，通常高约 10m，有时可达 30m。嫩枝和幼芽被铁锈色短柔毛。叶互生，二回羽状复叶，无毛；羽片通常 3 对，对生或近对生，长 20~30cm，每羽片有小叶 8~12 片；小叶互生，卵形或卵状椭圆形，长 5~8cm，宽 2.5~4cm，先端渐尖，基部圆形，两侧不对称，边全缘；小叶柄长 2.5~3mm。由穗状花序所排成的圆锥花序长 15~20cm；总花梗上被铁锈色柔毛；萼钟状，外面被疏柔毛，裂片长圆形，边缘密被柔毛；花瓣 5，淡黄绿色，长于萼裂片，倒披针形，内面和边缘密被柔毛；雄蕊 10 枚，无毛，长为花瓣的 2 倍；子房长圆形，具柄，外面密被黄白色柔毛，有胚珠 10~12 颗。荚果长圆形，扁平，长 10~8cm，宽 3.5~4cm，厚革质，有网脉；种子长圆形，稍扁平，长 2~2.5cm，宽 1.5~2cm，种皮黑褐色。花期 5~6 月，果期 8~10 月。

【分布现状】主要分布于中国广西、广东、福建、台湾、浙江等地。

【广西产地】武鸣、岑溪、藤县、合浦、东兴、玉林、容县、陆川、博白、龙州、靖西。

【生　　境】生于海拔 600m 以下的丘陵、石山常绿阔叶林中。

【经济价值】珍贵的硬材树种，木材坚硬，极耐腐，心材与边材明显，心材大，黑褐色，边材黄褐色稍暗，木材纹理直，结构粗，故有“铁木”之称，是优良的家具和工艺品用材。

山豆根
Euchresta japonica

国家保护等级	《IUCN 濒危物种红色名录》受胁等级	特有植物
二级	易危（VU）	

【形态特征】藤状灌木，几不分枝。茎上常生不定根。叶仅具小叶 3 枚；叶柄长 4~5.5cm，被短柔毛，近轴面有一明显的沟槽；小叶厚纸质，椭圆形，长 8~9.5cm，宽 3~5cm，先端短渐尖至钝圆，基部宽楔形，上面暗绿色，无毛，干后呈现皱纹，下面苍绿色，被短柔毛；侧脉极不明显；顶生小叶柄长 0.5~1.3cm，侧生小叶柄几无。总状花序长 6~10.5cm，总花梗长 3~5.5cm，花梗长 0.5~0.7cm，均被短柔毛；小苞片细小，钻形；花萼杯状，长 3~5mm，宽 4~6mm，内外均被短柔毛，裂片钝三角形；花冠白色，旗瓣瓣片长圆形，长 1cm，宽 2~3mm，先端钝圆，匙形，基部外面疏被短柔毛瓣柄线形，略向后折，长约 2mm，翼瓣椭圆形，先端钝圆，瓣片长 9mm，宽 2~3mm，瓣柄卷曲，线形，长约 2.5mm，宽不及 1mm，龙骨瓣上半部黏合，极易分离，瓣片椭圆形，长约 1cm，宽 3.5mm，基部有小耳，瓣柄长约 2mm；子房扁长圆形或线形，长 5mm，子房柄长约 4mm，花柱长 3mm。果序长约 8cm，荚果椭圆形，长 1.2~1.7cm，宽 1.1cm，先端钝圆，具细尖，黑色，光滑，果梗长 1cm，果颈长 4cm，无毛。花期 5~6 月，果期 7~8 月。

【分布现状】主要分布于中国广西、广东、四川、湖南、江西、浙江；日本。

【广西产地】全州、龙胜、贺州、龙州。

【生　　境】生于海拔 800~1350m 的山谷或山坡密林中。

【经济价值】根茎入药，味苦、性寒，入肺、胃经，具有清热解毒、消肿利咽之功效，主治肠炎腹泻、腹胀、腹痛、胃痛、咽喉痛、牙痛、疮疖肿毒等病症。

野大豆

Glycine soja

国家保护等级	《IUCN 濒危物种红色名录》受胁等级	特有植物
二级	易危（VU）	

【形态特征】一年生缠绕草本，长 1~4m。茎、小枝纤细，全体疏被褐色长硬毛。叶具 3 小叶，长可达 14cm；托叶卵状披针形，急尖，被黄色柔毛；顶生小叶卵圆形或卵状披针形，长 3.5~6cm，宽 1.5~2.5cm，先端锐尖至钝圆，基部近圆形，全缘，两面均被绢状的糙伏毛，侧生小叶斜卵状披针形。总状花序通常短，稀长可达 13cm；花小，长约 5mm；花梗密生黄色长硬毛；苞片披针形；花萼钟状，密生长毛，裂片 5，三角状披针形，先端锐尖；花冠淡红紫色或白色，旗瓣近圆形，先端微凹，基部具短瓣柄，翼瓣斜倒卵形，有明显的耳，龙骨瓣比旗瓣及翼瓣短小，密被长毛；花柱短而向一侧弯曲。荚果长圆形，稍弯，两侧稍扁，长 17~23mm，宽 4~5mm，密被长硬毛，种子间稍缢缩，干时易裂；种子 2~3 颗，椭圆形，稍扁，长 2.5~4mm，宽 1.8~2.5mm，褐色至黑色。花期 7~8 月，果期 8~10 月。

【分布现状】主要分布于中国除新疆、青海和海南以外的地区。

【广西产地】桂林、灵川、象州。

【生　　境】生于海拔 150~2650m 潮湿的田边、园边、沟旁、河岸、湖边、沼泽、草甸、沿海和岛屿向阳的矮灌木丛或芦苇丛中，稀见于沿河岸疏林下。

【经济价值】具有蛋白含量高、抗逆性强、遗传变异丰富等优良性状，在农业育种、食品加工、保健行业都能发挥出重要的作用。

紫荆叶羊蹄甲

Phanera cercidifolia

国家保护等级	《IUCN 濒危物种红色名录》受胁等级	特有植物
二级	易危（VU）	广西特有种

【形态特征】藤本植物，有卷须。分枝具角，年轻时被微柔毛，年老时无毛。叶易脱落；叶柄 4.5~5cm，被微柔毛；宽卵形的叶片，8~10cm × 9~11cm，革质，基部心形，两面无毛，主脉 7~9，脉凸在两面，先端全缘或微缺。圆锥花序，被微柔毛；苞片钻形，约 2.5mm；小苞片相似但较小，在中部着生，有花梗；花梗约 1.8cm；花芽近卵形，直径约 2.5mm，托杯短；花萼不闭合；花萼裂片 5，椭圆形，先端锐尖；花瓣近等长，近倒卵形，约 2.5mm × 2mm，不具爪，两面短柔毛。花期 11 月至翌年 3 月。

【分布现状】主要分布于中国广西。

【广西产地】隆安。

【生　　境】生于海拔 0~425m 的山地、密林。

【经济价值】《全国中草药名鉴》中记载其性温，味微苦、涩，具有祛风除湿、活络止痛之功效，常用于治疗风湿性关节炎、鹤膝风、跌打损伤、胃痛、肾炎、黄疸型肝炎等病症。

喙顶红豆

Ormosia apiculata

国家保护等级	《IUCN 濒危物种红色名录》受胁等级	特有植物
二级	易危（VU）	

【形态特征】常绿乔木，高约 19m。树皮灰色，平滑。小枝灰绿色，无纵棱，有灰褐色茸毛或近无毛。奇数羽状复叶，长 14~24.5cm；叶柄长 2~4cm，叶轴长 3~4.7cm，叶轴在最上部一对小叶处延长 0.3~2.8cm 生顶小叶，无毛；小叶 1~2 对，革质，长椭圆形，长 6~14.5cm，宽 2.5~3.7cm，顶生小叶较大，先端渐尖，钝头或微凹，基部楔形，两面光滑无毛，下面苍绿色，中脉上面凹陷，下面隆起，侧脉 7~11 对，与中脉成 40° 角，细脉网结，两面均隆起，下面尤明显；小叶柄长 5~7mm。圆锥花序顶生，果期长达 20cm，下部分枝长达 15cm；总花梗贴生黄褐色短毛，后渐脱落而稀疏。荚果阔圆形或斜椭圆形，长 1.5~2.5cm（不包括喙及果颈），宽 1.8~2.4cm，稍肿胀，顶端急剧收缩成斜歪的喙，喙长 4~6mm，基部截平至近圆形，果颈长 5~8mm，果瓣革质，厚约 1mm，贴生疏短柔毛，老则近光滑；花萼宿存，密被平贴黄褐色毛。有种子 1 粒，稀 2 粒；种子扁圆形，稀横椭圆形，径 10~13mm，种皮暗红色，坚硬，种脐椭圆形，长约 1mm，位于短轴一端，具纤细黄白色珠柄，长约 4mm。花期 4 月，果期 9~10 月。

【分布现状】主要分布于中国广西。

【广西产地】凌云、隆林、环江。

【生　　境】生于海拔 1350m 的山坡林中。

【经济价值】作一般家具、建筑、农具、造纸原料等用材。

长脐红豆
Ormosia balansae

国家保护等级	《IUCN 濒危物种红色名录》受胁等级	特有植物
二级	近危（NT）	

【形态特征】常绿乔木，树干通直，高可达 30m，胸径达 60cm。幼树树皮灰色，平滑；大树树皮浅灰褐色，细纵裂。小枝圆柱形，密生褐色短毡毛。奇数羽状复叶，长 15~20（35）cm；叶柄长 2~6.3cm，叶轴长 1~5（9）cm，叶轴最上部一对小叶处延长 1~4cm 生顶小叶，叶柄及叶轴均密被短毛；小叶 2~3 对，近花序处通常 3 枚，革质或薄革质，长圆形、椭圆形或长椭圆形，长（5）8~13（20）cm，宽（2.5）4~5.5（8.5）cm，先端钝，微凹或急尖，稀渐尖或尾尖，基部圆或宽楔形，上面无毛，或中脉上有微毛，下面多少有淡黄色平贴短毡毛，中脉上面微凹，下面隆起，侧脉 16~17 对，与中脉成 50° 角，两面均隆起，细脉上面隆起，下面不明显；小叶柄长 5~9mm，有短毛。大型圆锥花序顶生，长约 19cm，在花序下部的分枝长达 20cm，常腋生；总花梗及花梗密被灰褐色短茸毛，花梗长 2~3mm；萼齿 5，不相等，上方 2 枚三角形，其余的披针形，密被褐色茸毛；花冠白色，旗瓣近圆形，具短柄，翼瓣与龙骨瓣长椭圆形，瓣柄细长；雄蕊 10，不等长；子房密被灰褐色短茸毛，花柱无毛，胚珠 2 粒。荚果阔卵形、近圆形或倒卵形，长 3~4.5cm（不包括果颈），宽 2.4~3cm，在种子处隆起，喙偏斜，果颈长 3~4mm，果瓣薄革质，质脆，密被褐色短茸毛；花萼宿存；有种子 1 粒，稀 2 粒，种子红色或深红色，圆形或椭圆形，长 1.3~2cm，宽 1.2~1.7cm，种脐长约 1.5~1.8cm。花期 6~7 月，果期 10~12 月。

【分布现状】主要分布于中国江西、海南、广西、广东、云南、江西等地；越南。

【广西产地】上思、防城、钦州、桂平。

【生　　境】常生于海拔 300~1000m 的山谷溪畔阴湿的阔叶混交林中。

【经济价值】木材黄褐色，心边材区别不明显，有光泽，纹理直或斜，结构细匀，轻软，干缩小至中，强度弱，稍开裂，不耐腐，易受虫蛀，易切削，切面光滑，油漆后光亮性一般，易胶粘，握钉力弱，供一般家具、建筑、农具、造纸原料等用。

厚荚红豆
Ormosia elliptica

国家保护等级	《IUCN 濒危物种红色名录》受胁等级	特有植物
二级	易危（VU）	

【形态特征】乔木，高 15m。羽状复叶，长 15~18cm；叶柄长 2.3~3.2cm，叶轴长 3cm，叶轴在最上部一对小叶处延长 1~1.5cm 生顶小叶，略粗壮，无毛或在小叶着生处微有毛；小叶 2（3）对，长椭圆形，长 3.3~9cm，宽 1~3cm，先端钝尖，基部楔形，上面无毛，下面仅中脉有疏毛或近无毛，侧脉 6~8 对，与中脉成 40° 角，细脉成网眼，干后两面明显凸起。总状果序，顶生或腋生；荚果椭圆形，长 4.5~5.6cm，宽 2.5~3cm，果瓣肥厚木质，厚约 3~4mm，有中果皮，果瓣外面平滑无毛，内壁无膈膜；通常有种子 2~3 粒，种子椭圆形，长 1.6cm 左右，宽 1~1.3cm，厚 7~8mm，种脐长 8~10mm，位于长轴一侧。

【分布现状】主要分布于中国福建、广东、广西。

【广西产地】临桂。

【生　　境】生于路边、河旁。

【经济价值】常绿乔木，供一般家具、建筑、农具、造纸原料等用。

凹叶红豆

Ormosia emarginata

国家保护等级	《IUCN 濒危物种红色名录》受胁等级	特有植物
二级	数据缺失（DD）	

【形态特征】常绿小乔木，通常高约 6m，稀可达 12m，胸径 8cm，稀达 30cm，有时呈灌木状。幼树树皮绿色，渐变为灰绿色。小枝绿色，平滑无毛，无明显皮孔。芽有锈褐色毛。奇数羽状复叶，长（6.5）11~20.5cm，叶柄长（2.3）3.4~4.8cm，叶轴长（2.3）48.6cm，叶轴在最上部一对小叶处延长 6~15mm 或不延长生顶小叶，幼时叶柄、叶轴及叶下面中脉疏被黄褐色柔毛，旋即脱落无毛，叶柄及叶轴有沟槽；小叶（1）2~3 对，厚革质，倒卵形、倒卵状椭圆形、长倒卵形或长椭圆形，长（1.4）3.7~7cm，宽（0.9）1.6~3.2cm，先端钝圆而有凹缺，基部圆或楔形，侧脉 7~8 对，纤细，与中脉成 45° 角，细脉纤细，两面均隆起，下面较明显；小叶柄长 3~5mm，粗短，有凹槽及皱纹。圆锥花序顶生，长约 11cm；花疏，有香气；花梗长 3~5mm，细柔，无毛；花萼 5 裂达中部，萼齿等大，边缘及内面有灰色茸毛；花冠白色或粉红色，旗瓣半圆形，长约 7mm，宽约 8mm，先端圆，基部柄长 2mm，翼瓣篦形，有长柄，基部耳状，龙骨瓣为不整齐的长圆形，基部有纤细的柄，一侧微呈耳形；雄蕊 10，不等长，3 长 7 短；子房无毛。荚果扁平，黑褐色或黑色，菱形或长圆形，长 3~5.5cm，宽 1.7~2.4cm，两端尖，果颈长 2~3mm，果瓣木质，内面有膈膜；有种子 1~4 粒，种子近圆形或椭圆形，微扁，长 7~10mm，宽 7mm，种皮鲜红色，种脐小，长约 2mm，有黄白色残留珠柄。花期 5~6 月。

【分布现状】主要分布于中国广东、海南、广西；越南。

【广西产地】东兴。

【生　　境】生于山坡、山谷混交林内。

【经济价值】木材优良，可旋切单板贴面，为珍贵用材。

蒲桃叶红豆

Ormosia eugeniifolia

国家保护等级	《IUCN 濒危物种红色名录》受胁等级	特有植物
二级	极危（CR）	中国特有种

【形态特征】常绿乔木，高 5~16m。芽及小枝密被黄褐色短柔毛，老枝上有突起皮孔。近无毛。奇数羽状复叶，长 8~12cm；叶柄长 1~2.2cm，叶轴长 2.7~3.7cm，叶轴在最上部一对小叶处延长 0.4~1.7cm 生顶小叶；小叶（2）3 对，厚革质，倒卵形或椭圆形，长 3.6~6.3cm，宽 1.6~2.8cm，先端圆、钝尖或微凹，基部楔形，边缘微向下反卷，上面无毛，下面疏被极短细毛，老则无毛，侧脉 5~8 对，不明显，与中脉成 40° 角；小叶柄长 2~6mm，干时上面有沟槽，近无毛，叶柄、叶轴疏被短毛或近无毛，小叶着生处有褐色毛。圆锥花序顶生，或总状生于叶腋，有褐色短柔毛，果梗长 5~6mm，花未见。荚果斜方形或椭圆形，长 2~4.1cm，径 2~2.4cm，两端尖，果颈长 3~5mm，果瓣黑褐色，木质，厚 2~3mm，外面近基部多少有褐色毛，内有横膈膜；有种子 2~3 粒，种子椭圆形，微扁，长 1~1.3cm，宽 7~8mm，厚约 5mm，鲜红色，种脐位于短轴一端稍偏，椭圆形，长 2mm，白色，珠柄短，黄色，长仅 1.5mm。花期 5~6 月，果期 11 月。

【分布现状】主要分布于中国广西。

【广西产地】上思。

【生　　境】生于海拔 200~750m 的山谷、河旁疏林中。

【经济价值】供一般家具、建筑、农具、造纸原料等用。

肥荚红豆
Ormosia fordiana

国家保护等级	《IUCN 濒危物种红色名录》受胁等级	特有植物
二级	无危（LC）	

【形态特征】乔木，高达 17m，胸径可达 20cm。树皮深灰色，浅裂。幼枝、幼叶密被锈褐色柔毛，老则渐脱落而毛稀。奇数羽状复叶，长 19~40cm；叶柄长 3.5~7cm，叶轴长 5.5~15.5cm，叶轴在最上部一对小叶处延长 3~15mm 生顶小叶；小叶（2）3~4（6）对，薄革质，倒卵状披针形或倒卵状椭圆形，稀椭圆形，顶生小叶较大，长 6~20cm，宽 1.5~7cm，先端急尖或尾尖，基部楔形或略圆，上面中脉凹陷，下面隆起，侧脉约 11 对，与主脉成 40° 角，侧脉和细脉两面均不明显，上面无毛，下面被锈褐色平贴疏毛或无毛；小叶柄长 6~8mm，上面有沟槽及锈色柔毛，后脱落。圆锥花序生于新枝梢，长 15~26cm；总花梗及花梗密被锈色毛；花梗 6~12mm；小苞片 2 枚，生于花梗顶端，披针形，长约 3~5mm，密被锈褐色毛；花大，长约 2~2.5mm；花萼长 1.5~2cm，淡褐绿色，萼齿 5，深裂，长椭圆状披针形，微钝头，上部 2 齿联合至萼的中部以上的 2/3，密被锈色短毛，萼筒短；花冠淡紫红色，长约 1.5cm，旗瓣圆形，兜状，上部边缘强度内折，近基部中央有一黄色点，柄短厚，扁平，龙骨瓣与翼瓣相似，椭圆状倒卵形，先端钝，柄短；雄蕊 10，不等长，全部发育，花丝基部粗扁；子房扁，密被锈褐色绢毛，常具 4 粒胚珠，花柱在顶端内卷，约与雄蕊等长，近光滑无毛。荚果半圆形或长圆形，长 5~12cm，宽 5~6.8cm，先端有斜歪的喙，果颈扁，长 5~10mm，种子处凸起，果瓣木质，开裂，厚约 2mm，外面有毛或近无毛，淡黄色，内壁象牙色，具光泽，无膈膜，边缘微厚，反卷；具宿存花萼；有种子 1~4 粒，种子大，长椭圆形，两端钝圆，长 2.5~3.3cm，径 1.7~2.7cm，种皮鲜红色，薄肉质，干后脆，种脐近圆形，径 3~4mm，平坦，位于长短轴之间。花期 6~7 月，果期 11 月。

【分布现状】主要分布于中国广东、海南、广西、云南。

【广西产地】武鸣、平南、宁明、龙州、昭平、百色、田林、靖西、那坡、南丹。

【生　　境】生于海拔 100~1400m 的山谷、山坡路旁、溪边杂木林中。

【经济价值】供一般家具、建筑、农具、造纸原料等用；以茎皮、根、叶入药，具有清热解毒、消肿止痛之功效，常用于急性热病、急性肝炎、风火牙痛、跌打肿痛、痈疮肿毒、烧烫伤。

光叶红豆
Ormosia glaberrima

国家保护等级	《IUCN 濒危物种红色名录》受胁等级	特有植物
二级	易危（VU）	中国特有种

【形态特征】常绿乔木，高可达 15（21）m，胸径可达 40cm。树皮灰绿色，平滑。小枝绿色，干时暗灰色，有锈褐色毛，老则脱落；芽有褐色毛。奇数羽状复叶，长 12.5~19.7cm；叶柄长 2.5~3.7cm；叶轴长 3.5~7.2（10.8）cm，叶轴在最上部一对小叶处延长 0.7~2.8cm 生顶小叶，无沟槽，幼时有黄褐色绢毛，后脱落；小叶（1）2~3 对，革质或薄革质，卵形或椭圆状披针形，长（2.7）4~9.5cm，宽 1.4~3.6cm，先端渐尖，钝或微凹，基部圆，两面均无毛，侧脉 9~10 对，与中脉成 45° 角；小叶柄长 3~6mm，上面有凹槽。圆锥花序顶生或腋生，长约 9~12cm，总花梗及花梗密被锈色贴伏毛，后脱落无毛；花长约 1cm，具短梗；花萼钟形，5 齿裂达中部，外面有黄色短毛贴生，内面有黄褐色柔毛；旗瓣近圆形，先端微凹，长、宽约 8mm，基部具柄；雄蕊 10，均发育，其中 3~4 枚较长，其余较短，内弯；子房无毛，有胚珠 5 粒。荚果扁平，椭圆形或长椭圆形，长 3.5~5cm，宽 1.7~2cm，两端急尖，顶端有短而略弯的喙，果瓣黑色，木质，无毛，内壁有横膈膜；有种子 1~4 粒，种子扁圆形或长圆形，长约 1~1.1cm，宽 8~9mm，种皮鲜红色，有光泽，种脐椭圆形，凹陷，长 1~3mm，位于种子短轴一端。花期 6 月，果期 10 月。

【分布现状】主要分布于中国湖南、江西、广东、海南、广西。

【广西产地】武鸣、平南、宁明、龙州、昭平、百色、田林、靖西、那坡、南丹。

【生　　境】生于海拔 200~750m 的稍湿或干燥的山地、沟谷疏林中。

【经济价值】散孔材，心边材区别明显，边材淡黄褐色，心材黄褐色，结构细，纹理直，具美丽的花纹和光泽，较硬重，切刨面细腻光滑，油漆及胶粘性能良好，可代替昂贵的进口红木，制作高级家具用材、乐器等美术工艺用材；种子入药，产区群众用以治疗痢疾。

花榈木
Ormosia henryi

国家保护等级	《IUCN 濒危物种红色名录》受胁等级	特有植物
二级	易危（VU）	

【形态特征】常绿乔木，高 16m，胸径可达 40cm。树皮灰绿色，平滑，有浅裂纹。小枝、叶轴、花序密被茸毛。奇数羽状复叶，长 13~32.5（35）cm；小叶（1）2~3 对，革质，椭圆形或长圆状椭圆形，长 4.3~13.5（17）cm，宽 2.3~6.8cm，先端钝或短尖，基部圆或宽楔形，叶缘微反卷，上面深绿色，光滑无毛，下面及叶柄均密被黄褐色茸毛，侧脉 6~11 对，与中脉成 45° 角；小叶柄长 3~6mm。圆锥花序顶生，或总状花序腋生；长 11~17cm，密被淡褐色茸毛；花长 2cm，径 2cm；花梗长 7~12mm；花萼钟形，5 齿裂，裂至 2/3 处，萼齿三角状卵形，内外均密被褐色茸毛；花冠中央淡绿色，边缘绿色微带淡紫色，旗瓣近圆形，基部具胼胝体，半圆形，不凹或上部中央微凹，翼瓣倒卵状长圆形，淡紫绿色，长约 1.4cm，宽约 1cm，柄长 3mm，龙骨瓣倒卵状长圆形，长约 1.6cm，宽约 7mm，柄长 3.5mm；雄蕊 10，分离，长 1.3~2.5cm，不等长，花丝淡绿色，花药淡灰紫色；子房扁，沿缝线密被淡褐色长毛，其余无毛，胚珠 9~10 粒，花柱线形，柱头偏斜。荚果扁平，长椭圆形，长 5~12cm，宽 1.5~4cm，顶端有喙，果颈长约 5mm，果瓣革质，厚 2~3mm，紫褐色，无毛，内壁有横膈膜；有种子 4~8 粒，稀 1~2 粒，种子椭圆形或卵形，长 8~15mm，种皮鲜红色，有光泽，种脐长约 3mm，位于短轴一端。花期 7~8 月，果期 10~11 月。

【分布现状】主要分布于中国长江以南地区。

【广西产地】融水、阳朔、临桂、全州、龙胜、苍梧、防城、龙州、田阳。

【生　　境】喜温暖，但有一定的耐寒性。对光照的要求有较大的弹性，全光照或阴暗均能生长，但以明亮的散射光为宜。

【经济价值】材质优良且结构致密，心材较干，耐腐朽，是家具等针对木材含水率低的选择上品材料；花榈木属常绿乔木，干形直立且树冠饱满，叶子椭圆形，四季翠绿，夏季开黄白色花，秋季荚果吐红，是观赏价值极高的园林景观树种；以根、根皮、茎及叶入药，具有活血化瘀、祛风消肿等功效，常用于治疗跌打损伤、腰肌劳损、关节痛、产后血瘀疼痛等，特别是其自噬能产生抗癌活性成分。

红豆树
Ormosia hosiei

国家保护等级	《IUCN 濒危物种红色名录》受胁等级	特有植物
二级	濒危（EN）	中国特有种

【形态特征】常绿或落叶乔木，高达 20~30m，胸径可达 1m。树皮灰绿色，平滑。小枝绿色，幼时有黄褐色细毛，后变光滑。冬芽有褐黄色细毛。奇数羽状复叶，长 12.5~23cm；叶柄长 2~4cm，叶轴长 3.5~7.7cm，叶轴在最上部一对小叶处延长 0.2~2cm 生顶小叶；小叶（1）2（4）对，薄革质，卵形或卵状椭圆形，稀近圆形，长 3~10.5cm，宽 1.5~5cm，先端急尖或渐尖，基部圆形或阔楔形，上面深绿色，下面淡绿色，幼叶疏被细毛，老则脱落无毛或仅下面中脉有疏毛，侧脉 8~10 对，和中脉成 60° 角，干后侧脉和细脉均明显凸起成网格；小叶柄长 2~6mm，圆形，无凹槽，小叶柄及叶轴疏被毛或无毛。圆锥花序顶生或腋生，长 15~20cm，下垂；花疏，有香气；花梗长 1.5~2cm；花萼钟形，浅裂，萼齿三角形，紫绿色，密被褐色短柔毛；花冠白色或淡紫色，旗瓣倒卵形，长 1.8~2cm，翼瓣与龙骨瓣均为长椭圆形；雄蕊 10，花药黄色；子房光滑无毛，内有胚珠 5~6 粒，花柱紫色，线状，弯曲，柱头斜生。荚果近圆形，扁平，长 3.3~4.8cm，宽 2.3~3.5cm，先端有短喙，果颈长约 5~8mm，果瓣近革质，厚约 2~3mm，干后褐色，无毛，内壁无膈膜；有种子 1~2 粒，种子近圆形或椭圆形，长 1.5~1.8cm，宽 1.2~1.5cm，厚约 5mm，种皮红色，种脐长约 9~10mm，位于长轴一侧。花期 4~5 月，果期 10~11 月。

【分布现状】主要分布于中国陕西、甘肃、江苏、安徽、浙江、江西、福建、湖北、四川、贵州、广西。

【广西产地】临桂、苍梧、田阳、天峨、南丹。

【生　　境】生于海拔 200~900m（稀达 1350m）的河旁、山坡、山谷林内。

【经济价值】材质优良，为珍贵用材，供一般家具、建筑、农具、造纸原料等用。

韧荚红豆
Ormosia indurata

国家保护等级	《IUCN 濒危物种红色名录》受胁等级	特有植物
二级	近危（NT）	中国特有种

【形态特征】常绿乔木，高 5~9m。老枝暗紫褐色或淡黄褐色，无毛，叶痕隆起，皮孔凸起，小枝幼时有明显柔毛或疏生黄褐色毛。奇数羽状复叶，长 8~15.5cm；叶柄长 1.7~2.5cm，叶轴长 3.8~5cm，叶轴在最上部一对小叶处延长 2~10mm 生顶小叶，叶柄、叶轴无毛；小叶（2）3~4 对，对生，革质，倒披针形或椭圆形，长 2.5~5.7cm，宽 7~19mm，先端钝，微凹，基部楔形，边缘微反卷，上面无毛，淡绿色，下面色淡，微被淡黄色疏短毛或无毛，侧脉 4~6 对，纤细，上面不明显，下面细脉微凸起；小叶柄长 3~5mm，纤细，上面有凹槽。圆锥花序顶生，未开花时长约 5cm，花蕾倒卵形，花序及花蕾贴生锈色绢状短毛；花瓣白色；子房密被灰褐色柔毛，有胚珠 4 粒。荚果木质，倒卵形或长圆形，长 3~4.5cm，径 2~2.5cm，先端尖，果颈长约 5mm，果瓣厚木质，略肿胀，幼时多少微被短褐色柔毛，成熟时近光滑，内有横膈膜；萼宿存，密被灰褐色短毛；有种子 1~2 粒，种子椭圆形，微压扁，长约 1cm，径约 7mm，种皮坚硬，红褐色，有光泽，种脐椭圆形，凹入，长约 2mm，位于短轴一端。花期 3~6 月，果期 9~10 月。

【分布现状】主要分布于中国福建、广西、广东。

【广西产地】防城、上思。

【生　　境】生于杂木林内。

【经济价值】材质优良，为珍贵用材，供一般家具、建筑、农具、造纸原料等用。

云开红豆

Ormosia merrilliana

国家保护等级	《IUCN 濒危物种红色名录》受胁等级	特有植物
二级	易危（VU）	

【形态特征】常绿乔木，高达 20m。树皮灰褐色，有较浅的纵裂纹，全体被黄褐色茸毛。奇数羽状复叶，长 20~25cm，托叶三角形，密被黄褐色茸毛；叶柄长 4~5cm，叶轴长 8~10.5cm，叶轴在最上部一对小叶处不延长；小叶 2~3 对，革质，椭圆状倒披针形至倒披针形，长 5~12cm，宽 3~7cm，先端短急尖，基部楔形，上面绿色，侧脉 12~15 对，两面凸起，边缘稍弧曲；小叶柄粗，长 2~5mm，密被褐色短柔毛；小托叶披针形，密被茸毛。圆锥花序顶生，长 17~30cm，略开展，密被柔毛；花梗长约 2mm；萼齿三角形，密被锈褐色柔毛；花冠白色，旗瓣阔圆形，宽约 1.2cm，连柄长约 1cm，翼瓣阔椭圆形，长约 9mm，宽约 6mm，基部耳形，龙骨瓣长约 7mm，宽约 4mm，基部一侧略成耳形，柄长 4~5mm；雄蕊 10 枚，花丝无毛，长 6~12mm；子房阔卵形，无柄，密被柔毛，胚珠 1 粒，花柱丝状，长 6~12mm，一侧基部有柔毛。荚果阔卵形或倒卵形，肿胀，长约 4cm，宽 2.5~3.5cm，厚约 1.5cm，先端钝或短凸头，基部圆，无果颈，果瓣外面密被茸毛，内壁无膈膜；有种子 1 粒，种子近圆形或阔倒卵形，微扁，长 1.5~2.4cm，宽 1~1.5（2.1）cm，暗栗色或黑色，有光泽，种皮密布小凹点，种脐小，椭圆形，长 1~1.5mm。花期 6 月，果期 10 月。

【分布现状】主要分布于中国广东、广西、云南；越南。

【广西产地】武鸣、防城、上思、贵港、金秀。

【生　　境】生于海拔 80~1200m 的山坡、山谷疏林中或林缘。

【经济价值】材质优良，为珍贵用材，供一般家具、建筑、农具、造纸原料等用。

小叶红豆

Ormosia microphylla

国家保护等级	《IUCN 濒危物种红色名录》受胁等级	特有植物
一级	易危（VU）	中国特有种

【形态特征】灌木或乔木，高约 3~10m。树皮灰褐色，不裂。老枝圆柱形，紫褐色，近光滑，小枝密被浅褐色短柔毛。裸芽，密被黄褐色柔毛。奇数羽状复叶，近对生，长 12~16cm，叶柄长 2.2~3.2cm，叶轴长 6.5~7.8cm，密被黄褐色柔毛，叶轴在最上部一对小叶处延长 5~7mm 生顶小叶；小叶 5~7（8）对，纸质，椭圆形，长（1.5）2~4cm，宽 1~1.5cm，先端急尖，基部圆，上面榄绿色，无毛或疏被柔毛，下面苍白色，多少贴生短柔毛，中脉具黄色密毛，侧脉 5~7 对，纤细，下面隆起，边缘不明显弧曲不相连接，细脉网状；小叶柄长 1.5~2mm，密被黄褐色柔毛。花序顶生。荚果有梗，近菱形或长椭圆形，长 5~6cm，宽 2~3cm，压扁，顶端有小尖头，果瓣厚革质或木质，黑褐色或黑色，有光泽，内壁有横膈膜；有种子 3~4 粒，种子长 2.2cm，宽 6~8mm，种皮红色，坚硬，微有光泽，种脐长 3~3.5mm，位于短轴一端。花期 5~6 月，果期 10~11 月。

【分布现状】主要分布于中国广西、贵州、福建、广东。

【广西产地】武鸣、融水、防城、上思、金秀、南丹、罗城、环江。

【生　　境】生于海拔 600~800m 的山坡、坡脚、林中。天然群落分布区位于亚热带温暖季风气候区，生于常绿阔叶林及常绿落叶阔叶混交林中。

【经济价值】材质特性、颜色与红木中的紫檀木十分相像，被誉为“广西紫檀”；边材浅黄褐色，心材深紫红色至紫黑色，纹理通直，材质坚重，有光泽，为优良珍贵用材，是制高级家具及美术工艺品的优良材料。

南宁红豆

Ormosia nanningensis

国家保护等级	《IUCN 濒危物种红色名录》受胁等级	特有植物
二级	数据缺乏（DD）	

【形态特征】常绿乔木。小枝被灰褐色短毛。奇数羽状复叶，长 17~28cm；小叶 2 对，薄革质，长椭圆形或长椭圆状披针形，长 6~15cm，宽 1.5~4cm，先端渐尖，钝头，稀微凹，基部楔形或微圆，上面绿色，光滑，下面色淡，幼叶密被灰色薄柔毛，老则脱落，侧脉 9~11 对，纤细，两面微隆起；小叶柄长 7~10mm，纤细，叶轴、小叶柄均密被灰色短毛。果序长 10~15cm，密被极短灰色柔毛；荚果近圆形或椭圆形，微隆起，长 2.4~4cm，宽 2~2.8cm，先端有急尖的喙，果颈长约 4mm，果瓣外面密被褐灰色短柔毛，内壁无膈膜；宿存萼密被灰色短毛；有种子 1~2 粒，种子近圆形，微扁，长 9~13mm，宽 8~11mm，种皮坚硬，鲜红色，种脐长约 3~4mm。花期 5~6 月，果期 10 月。

【分布现状】主要分布于中国广西。

【广西产地】防城、上思。

【生　　境】生于海拔 100~650m 的山坡、山谷林内，罕见。

【经济价值】材质优良，为珍贵用材，供一般家具、建筑、农具、造纸原料等用。

那坡红豆

Ormosia napoensis

国家保护等级	《IUCN 濒危物种红色名录》受胁等级	特有植物
二级	濒危（EN）	

【形态特征】小乔木，高约 10m，胸径 25cm。小枝被锈褐色短毛，后渐脱落，仅上部有毛。奇数羽状复叶，长 8.3~19cm；叶柄长 1.5~4.8cm，叶轴长 1~3.5cm，叶轴在最上部一对小叶处延长 0.5~1.5cm 生顶小叶；小叶 1~2 对，长椭圆形，顶生小叶较大，下部渐小，顶生小叶长 6~13.2cm，宽 1.5~4cm，先端渐尖呈尾尖，基部圆或楔形；小叶柄长约 2mm，叶柄、小叶柄、叶两面无毛或近无毛。圆锥花序顶生。果序长 11~12cm；荚果扁，近圆形或椭圆形，长 2.8~4.5cm，宽 2.4~2.8cm，果颈长 3~5mm，外面疏生灰色短柔毛，有时秃净，仅在先端和基部有毛，果瓣木质，成熟时开裂，向外反卷；厚约 2~3mm，外面淡黄色，内壁粗糙，黄褐色；有种子 1 粒，种子大，椭圆形，长 1.4~1.8cm，径 10~12mm，种皮鲜红色，稍带黏质，微坚硬，但脆，种皮与胚易分离，种脐位于短轴稍偏，具凸起白色珠柄，周围有黄色环形假种皮；子叶大，2 枚，平凸，无槽沟。花期 5~6 月，果期 10~11 月。

【分布现状】主要分布于中国广西。

【广西产地】那坡。

【生　　境】生于海拔 480m 的山坡疏林中。

【经济价值】材质优良，为珍贵用材，供一般家具、建筑、农具、造纸原料等用。

榄绿红豆

Ormosia olivacea

国家保护等级	《IUCN 濒危物种红色名录》受胁等级	特有植物
二级	近危（NT）	中国特有种

【形态特征】乔木，高 20~25m，胸径可达 1m。小枝密被褐色柔毛。芽密被锈色柔毛。奇数羽状复叶，长 17~38cm；叶柄长 5.3cm，叶轴长约 18.5cm，密被褐色短柔毛，叶轴在最上部一对小叶延长 7mm 生顶小叶；小叶（4）7~8 对，在叶轴下部的近对生，上部的对生，厚纸质，长椭圆形，长 3.4~10.5cm，宽 1.6~2.7cm，先端渐尖，基部圆，上面无毛或仅在中脉处微有毛，下面有褐色柔毛，中脉上面凹下，下面隆起，侧脉 5~8 对，直伸不弧曲，上面微凹，下面隆起；小叶柄长 2~4mm，有短柔毛。总状花序或圆锥花序顶生，或总状花序腋生，密被褐色柔毛或近无毛。荚果扁，椭圆形或倒卵状披针形，长 5.2~8.9cm，宽 2.5~4cm，先端尖头，果颈长 5~8mm，常有黄褐色粗毛，果瓣内有木质横膈膜；宿存萼密被锈褐色柔毛；有种子 2~4 粒，种子倒卵形或近肾形，长宽各约 10mm，微扁，种皮鲜红色，坚硬，有光泽，种脐长约 3mm。花期 4 月，果期 11~12 月。

【分布现状】主要分布于中国广西、云南。

【广西产地】乐业、凌云、凤山。

【生　　境】生于海拔 700~2100m 的林缘或山坡次生林内。

【经济价值】材质优良，为珍贵用材，供一般家具、建筑、农具、造纸原料等用。

茸荚红豆
Ormosia pachycarpa

国家保护等级	《IUCN 濒危物种红色名录》受胁等级	特有植物
二级	易危（VU）	中国特有种

【形态特征】常绿乔木，高达 15m，胸径 20cm。树皮灰绿色。小枝、叶柄、叶下面、花序、花萼和荚果密被灰白色棉毛状毡毛，后变为灰色。奇数羽状复叶，长 18~30cm；叶柄长 3~6.2cm；托叶宽三角形，密被白色棉毛；小叶 2~3 对，革质，倒卵状长椭圆形，长 6.7~11.7cm，宽 2.5~4.7cm，先端急尖并具短尖头，基部楔形，略圆，侧脉 12~13 对；小叶柄长 4~9mm。圆锥花序顶生，长达 20cm，花近无柄；萼齿 5，外面有棉毛，内面薄被毛；花冠白色，旗瓣近圆形，长约 8mm，宽约 1cm，先端凹，瓣柄长约 3mm，宽约 2mm，翼瓣长椭圆形，长约 10mm，宽约 4mm，瓣柄细，长约 3mm，龙骨瓣镰状，大小似翼瓣，基部一侧耳形；雄蕊 10，长 0.7~1.5cm，子房卵形或椭圆形，密被毛，胚珠 3，花柱细，无毛。荚果椭圆形或近圆形，长 2.5~5cm，宽 2.5~3cm，厚 1.3cm，肿胀，两端钝圆，果瓣厚约 2mm，毡毛厚约 4mm，无膈膜；有种子 1~2 粒，种子斜菱状方形或圆形，肥厚，基部不对称心形，长 1.8~2.5cm，径约 1.4cm，褐红色，有光泽，种脐小，长约 1mm，椭圆形，微凹，位于长轴一侧稍偏。花期 6~7 月。

【分布现状】主要分布于中国广东、广西。

【广西产地】贵港、河池。

【生　　境】生于山坡、山谷、溪边的杂木林内。

【经济价值】常绿乔木，材质优良，为珍贵用材，可与柚木媲美，供一般家具、建筑、农具、造纸原料等用。

菱荚红豆

Ormosia pachyptera

国家保护等级	《IUCN 濒危物种红色名录》受胁等级	特有植物
二级	濒危（EN）	中国特有种

【形态特征】叶柄长 5.8~6.4cm；叶轴长 15.2~19.7cm，在两小叶着生处有一突起，叶轴在最上部一对小叶处延长 2~5mm 生顶小叶；叶柄、叶轴、小叶柄疏被白色短柔毛或近无毛；小叶 7~9 对，革质，长椭圆状倒披针形或长椭圆形，通常中部以上最宽，长 3.7~8.6cm，宽 1.3~2.4cm，先端尾尖，基部楔形，上面深绿色，无毛，下面粉绿色，疏被灰色细短毛，中脉上面凹陷，下面隆起，侧脉 6~7 对，与细脉均不明显，干时下面侧脉隆起，细脉微隆起；小叶柄长 4~6mm。圆锥状果序生于叶腋，长 15~18cm；果总梗有疏毛，果柄长 6~7mm，有淡褐色毛；荚果菱形，压扁，长 4~6.5cm（果颈除外），宽 3.7~5.2cm，先端尖，基部宽圆形，果颈长 5~6mm，果瓣黑色，薄木质，外面密被淡灰色极短毛，腹背缝边缘内面有宽翅，翅宽 1~1.6cm，有膈膜；宿存萼外面疏被灰白色短毛，内面有较密淡黄褐色毛，有种子 1~2 粒；种子横椭圆形，微扁，长 1.3~1.5cm，宽 7~12mm，厚 3mm，种皮红色，种脐小，椭圆形，微凹，长约 3mm，位于短轴一端。

【分布现状】主要分布于中国广西西南部。

【广西产地】龙州、那坡。

【生　　境】生于海拔 450~1000m 的砂质岩酸性土的丘陵山坡疏林边。

【经济价值】材质优良，为珍贵用材，供一般家具、建筑、农具、造纸原料等用。

屏边红豆

Ormosia pingbianensis

国家保护等级	《IUCN 濒危物种红色名录》受胁等级	特有植物
二级	数据缺乏（DD）	

【形态特征】常绿乔木，高 15m。1 年生小枝被黄褐色平贴细毛，老枝光滑，色暗。裸芽有柄，外被灰色细柔毛。奇数羽状复叶，互生或稀近对生，长 15~17cm；叶柄长 2.5~3.5cm，叶轴长 3~5cm，叶轴在最上部一对小叶处延长 1.4~2cm 生顶小叶，叶柄及叶轴纤细无毛；小叶（2）3 对，薄革质，长椭圆形，长 5.2~8.5cm，宽 1.7~2.6cm，先端渐尖或长渐尖，基部楔形，稀微圆，两面光滑无毛，下面色淡，中脉上面微凹，干后两面侧，细脉均隆起；小叶柄长约 3mm，无毛，上面有凹沟。花未见。果序轴有淡褐色短柔毛；荚果长圆形、椭圆状倒卵形或长卵形，长 3.2~4.4cm，宽 1.8~2cm，先端钝圆，有短尖，不成喙状，基部圆或楔形，果颈长 3~4mm，宿存萼小，密被黄褐色柔毛，果瓣薄革质，厚不足 1mm，干时黑褐色，无毛，内壁无膈膜；有种子 1~3 粒，种子近圆形，微扁，长约 1cm，宽约 9mm，厚约 7mm，种皮鲜红色，种脐椭圆形，微凹，长 2mm，位于短轴一侧。花期 3~6 月，果期 9~10 月。

【分布现状】主要分布于中国广西、云南。

【广西产地】宁明。

【生　　境】生于海拔 900~1000m 的山谷疏林中。

【经济价值】材质优良，为珍贵用材，供一般家具、建筑、农具、造纸原料等用。

海南红豆
Ormosia pinnata

国家保护等级	《IUCN 濒危物种红色名录》受胁等级	特有植物
二级	无危（LC）	

【形态特征】常绿乔木或灌木，高 3~18m，稀达 25m，胸径 30cm。树皮灰色或灰黑色；木质部有黏液。幼枝被淡褐色短柔毛，渐变无毛。奇数羽状复叶，长 16~22.5cm；叶柄长 2~3.5（6.5）cm，叶轴长 2.5~9cm，叶轴在最上部一对小叶处延长 0.2~2.6cm 生顶小叶；小叶 3（4）对，薄革质，披针形，长 12~15cm，宽约 4（5）cm，先端钝或渐尖，两面均无毛，侧脉 5~7 对；小叶柄长 3~6mm，有凹槽及短柔毛或近无毛。圆锥花序顶生，长 20~30cm；花长 1.5~2cm；花萼钟状，比花梗长，被柔毛，萼齿阔三角形；花冠粉红色而带黄白色，各瓣均具柄，旗瓣长 13mm，瓣片基部有角质耳状体 2 枚，翼瓣倒卵圆形，龙骨瓣基部耳形；子房密被褐色短柔毛，内有胚珠 4 粒，花柱无毛而弯曲。荚果长 3~7cm，宽约 2cm；有种子 1~4 粒，如具单粒种子时，其基部有明显的果颈，呈镰状，如具数粒种子时，则肿胀而微弯曲，种子间缢缩，果瓣厚木质，成熟时橙红色，干时褐色，有淡色斑点，光滑无毛；种子椭圆形，长 15~20mm，种皮红色，种脐长不足 1mm，位于短轴一端。花期 7~8 月。

【分布现状】主要分布于中国广东、海南、广西；越南、泰国。

【广西产地】合浦、防城、陆川、宁明、龙州。

【生　　境】生于中海拔及低海拔的山谷、山坡、路旁森林中。

【经济价值】一种优良的乡土阔叶树种，材质优良，为珍贵用材，供一般家具、建筑、农具、造纸原料等用；也可用公园、庭院、四旁绿化的景点栽植，具有良好的景观效果。

柔毛红豆
Ormosia pubescens

国家保护等级	《IUCN 濒危物种红色名录》受胁等级	特有植物
二级	濒危（EN）	

【形态特征】常绿乔木，高 20m，胸径达 40cm。小枝有褐色短柔毛。奇数羽状复叶，长 12~16cm；叶柄长 1.5~4cm，叶轴长 2~2.7cm，叶轴在最上部一对小叶处延长 1.2~1.5cm 生顶小叶，叶柄、叶轴微有毛或近无毛；小叶 2 对，椭圆形或长椭圆形，长 4.5~9.5（11）cm，先端具急尖的短尖头，基部楔形，上面绿色，下面色淡，有极短柔毛，叶脉不明显；小叶柄长约 6mm，上面有凹陷沟槽，近无毛。圆锥花序顶生，长约 8cm，下部分枝总状花序生于叶腋；总花梗及花梗密被褐色短毛；花梗细长，长约 5mm；花萼 5 浅裂，萼齿三角形，外面密被褐色短柔毛；旗瓣扇形，长约 7.5mm，宽 1cm，柄长约 1.5mm，翼瓣椭圆形，长约 9mm，宽约 3mm，柄长 3mm，龙骨瓣长圆形，长约 8mm，宽 3~5mm，柄长 4mm；雄蕊 10，长 5~10mm，不等长；子房密被黄褐色毛。荚果斜方形或椭圆形，肿胀，长 3.3~5.6cm，宽约 2.7cm，厚约 1.2cm，果瓣木质，厚约 4mm，外面密被黄褐色短毛，内有横膈膜；有种子 1~4 粒，种子长椭圆形，长约 1.4cm，宽约 8mm，厚约 7mm，种皮红色，种脐位于短轴一端，长约 2mm。花期 5~7 月，果期 10~11 月。

【分布现状】主要分布于中国广西。

【广西产地】上思、东兴。

【生　　境】生于山坡沟谷中。

【经济价值】材质优良，为珍贵用材，可与柚木媲美，供一般家具、建筑、农具、造纸原料等用。

软荚红豆
Ormosia semicastrata

国家保护等级	《IUCN 濒危物种红色名录》受胁等级	特有植物
二级	易危（VU）	

【形态特征】常绿乔木，高达 12m。树皮褐色。皮孔突起并有不规则的裂纹。小枝具黄色柔毛。奇数羽状复叶，长 18.5~24.5cm；叶轴在最上部一对小叶处延长 1.2~2cm 生顶小叶；小叶 1~2 对，革质，卵状长椭圆形或椭圆形，长 4~14.2cm，宽 2~5.7cm，先端渐尖或急尖，钝头或微凹，基部圆形或宽楔形，两面无毛或有时下面有白粉，沿中脉被柔毛，侧脉 10~11 对，与中脉成 60° 角，边缘弧曲相接，但不明显；叶轴、叶柄及小叶柄有灰褐色柔毛，后渐尖脱落。圆锥花序顶生，在下部的分枝生于叶腋内，约与叶等长；总花梗、花梗均密被黄褐色柔毛；花小，长约 7mm，花萼钟状，长 4~5mm，萼齿三角形，近相等，外面密被锈褐色茸毛，内面疏被锈褐色柔毛；花冠白色，比萼约长 2 倍，旗瓣近圆形，连柄长约 4mm，宽 4mm，翼瓣线状倒披针形，连柄长 4.5mm，宽 2mm，龙骨瓣长圆形，长 4mm，宽 2mm，柄长 2mm；雄蕊 10，5 枚发育，5 枚短小退化而无花药，交互着生于花盘边缘，花丝无毛；花盘与萼筒贴生；雄蕊花柱下部腹面及子房背腹缝密被黄褐色短柔毛，尤以腹缝最密，内有胚珠 2 粒。荚果小，近圆形，稍肿胀，革质，光亮，干时黑褐色，长 1.5~2cm，顶端具短喙，果颈长 2~3mm；有种子 1 粒，种子扁圆形，鲜红色，长和宽约 9mm，厚 6mm，种脐长 2mm，珠柄纤细，长约 3mm，灰色。花期 4~5 月。

【分布现状】主要分布于中国江西、福建、广东、海南、广西。

【广西产地】横县、阳朔、苍梧、金秀、防城、恭城、永福。

【生　　境】生于海拔 240~910m 的山地、路旁、山谷杂木林中。

【经济价值】枝叶繁茂，树冠开阔，是南方著名的观赏树种，常作为庭荫树、行道树；因其种子红色，可供装饰用。

荔枝叶红豆

Ormosia semicastrata f. *litchiifolia*

国家保护等级	《IUCN 濒危物种红色名录》受胁等级	特有植物
二级	易危（VU）	

【形态特征】常绿乔木，高达 15m，胸径 40cm。叶互生，奇数羽状复叶，连柄长 12~16cm，叶轴较柔弱，小叶通常 5~9 枚。圆锥形花序生于上部叶腋内，约与叶等长，被黄色柔毛。荚果小，近圆形，稍肿胀，果瓣革质，光亮。干时黑褐色，顶端有角质小尖刺；种子单生，鲜红而有光泽，扁圆形，长阔约 9mm。

【分布现状】主要分布于中国海南、广西。

【广西产地】苍梧、上思、防城、金秀。

【生　　境】生于海拔 700~1700m 的山坡、山谷杂木林中。

【经济价值】材质坚重，致密，易加工，但边材易罹病虫害，不耐腐，心材优良，供家具、室内装修等用；树冠浓密呈伞形，花粉红色，是优良的园林、行道绿化树种。

苍叶红豆

Ormosia semicastrata f. *pallida*

国家保护等级	《IUCN 濒危物种红色名录》受胁等级	特有植物
二级	易危（VU）	

【形态特征】常绿乔木，高达 12m。树皮青褐色，皮孔突起并有不规则的裂纹。奇数羽状复叶，长 18.5~24.5cm；叶轴在最上部一对小叶处延长 1.2~2cm 生顶小叶，小叶常为 3~4 对，有时可达 5 对，叶片长椭圆状披针形或倒披针形，长 4~10（13）cm，宽 1~3.5cm，基部楔形或稍钝。花期 2~3 月，果期 6~8 月。

【分布现状】主要分布于中国江西、湖南、广东、海南、广西、贵州。

【广西产地】阳朔、临桂、永福。

【生　　境】生于海拔 100~1700m 的溪旁、山谷、山坡杂木林中。

【经济价值】材质坚硬，可供车轮、纱锭及烟斗管用。

亮毛红豆
Ormosia sericeolucida

国家保护等级	《IUCN 濒危物种红色名录》受胁等级	特有植物
二级	濒危（EN）	中国特有种

【形态特征】常绿乔木，高达 24m，胸径达 34cm。树皮灰褐色，有较浅的纵裂纹。枝和小枝被黄褐色短柔毛。奇数羽状复叶，长 16~21cm；叶柄长 3.5~4cm，叶轴长 7.6~7.8cm，叶轴在最上部一对小叶处延长 3~7mm 生顶小叶；叶柄、叶轴密被黄褐色柔毛；小叶 2~3 对，革质，长椭圆状倒披针形、倒卵状长椭圆形或长椭圆形，长 5.5~11.6cm，宽 2.3~4.8cm，先端尖或急尖，钝头，基部楔形，边缘微反卷，上面橄绿色，有光泽，无毛，下面贴生淡黄色绢毛。中脉上面凹下，侧脉 10~12 对，上面不清晰，下面明显隆起；小叶柄长 8~10mm，较粗，密被短毛。圆锥花序顶生，长约 20cm，分枝多，密被褐色短柔毛；萼齿 5，不等大，宽约 1cm，密被柔毛；花冠白色。荚果略扁，椭圆形或倒卵形，偏斜，长 3~5cm，宽 2.2~2.6cm，先端有平圆或偏斜的喙，果颈长 4~5mm，果瓣革质，厚约 1mm，密被黄褐色短柔毛，内壁无膈膜；有种子 1~2 粒，种子斜菱方形或倒卵形，压扁，长 1.6~1.8cm，宽 1.2~2cm，厚 3~4mm，幼嫩时红褐色，成熟时栗褐色，有光泽，种脐小，不足 1mm，位于长轴一侧稍偏。花期 8 月。

【分布现状】主要分布于中国广东、广西。

【广西产地】上思、防城。

【生　　境】生于海拔 300~2400m 的山谷、溪旁杂木林中，散生。

【经济价值】材质优良，为珍贵用材，供一般家具、建筑、农具、造纸原料等用。

单叶红豆
Ormosia simplicifolia

国家保护等级	《IUCN 濒危物种红色名录》受胁等级	特有植物
二级	数据缺乏（DD）	

【形态特征】灌木或小乔木，高 2~5m。枝无毛。芽三角状卵形，密被褐色茸毛，直立。单叶，互生或有时在顶端近对生；无托叶；叶革质，长椭圆形或披针形，长 4.7~25cm，宽 1.4~6cm，先端长尾尖，尖头有时微凹，基部楔形或微圆，上面无毛，下面疏被红褐色粗毛，侧脉 8~10 对，不明显；叶柄长 4~8mm，有极短毛。花序顶生或生于上部叶腋内，呈疏松的圆锥花序或总状花序，长 6~10cm，具灰褐色茸毛或近无毛；花长约 1.5cm，有香气；花梗纤细，长约 0.7~1cm，具贴伏黄灰色细短毛；花萼具贴伏黄灰色短毛，萼齿三角形，钝头，较萼筒略长；花冠玫瑰红色，旗瓣阔卵形，宽约 1.5cm；雄蕊 10；子房无毛，胚珠 4 粒。荚果扁，长椭圆形或倒卵形，长 3~4.5（6）cm，宽 2~2.5cm，果瓣近木质，厚约 2mm，内壁无膈膜；有种子 1~3 粒，种子椭圆形，长约 1.5cm，宽约 1.2cm，厚约 6mm，种皮红色，有光泽，种脐小，位于短轴一端，有残留珠柄，无假种皮。花期 7 月，果期 9~10 月。

【分布现状】主要分布于中国海南、广西等地；越南。

【广西产地】上思。

【生　　境】生于海拔 400~1300m 的山谷林内。

【经济价值】材质优良，为珍贵用材，供一般家具、建筑、农具、造纸原料等用。

木荚红豆

Ormosia xylocarpa

国家保护等级	《IUCN 濒危物种红色名录》受胁等级	特有植物
二级	无危（LC）	

【形态特征】常绿乔木，高 12~20m，胸径 40~150cm。树皮灰色或棕褐色，平滑。枝密被紧贴的褐黄色短柔毛。奇数羽状复叶，长（8）11~24.5cm；叶柄长 3~5cm，叶轴长 3.2~5.4cm，叶轴在最上部一对小叶处延长（0.8）1.7~2.5cm 生顶小叶，叶柄及叶轴被黄色短柔毛或疏毛；小叶（1）2~3 对，厚革质，长椭圆形或长椭圆状倒披针形，长 3~14cm，宽 1.3~5.3cm，先端钝圆或急尖，基部楔形或宽楔形，边缘微向下反卷，上面无毛，下面贴生极短的褐黄色毛，或脱落较疏，但中脉两侧较密；小叶柄长约（4）7~12mm，上面有沟槽，密被短毛。圆锥花序顶生，长 8~14cm，被短柔毛；花大，长 2~2.5cm，有芳香；花梗长约 8mm；花萼长约 10mm，5 齿裂，萼齿长卵形约 8mm，外面密被褐黄色短绢毛；花冠白色或粉红色，各瓣近等长；子房密被褐黄色短绢毛，内有胚珠 7~9 粒。荚果倒卵形至长椭圆形或菱形，长 5~7cm，宽 2~4cm，厚 1.5cm，压扁，着种子处微隆起，果瓣厚木质，腹缝边缘向外反卷，外面密被黄褐色短绢毛，内壁有横膈膜；有种子 1~5 粒，种子横椭圆形或近圆形，微扁，长 0.8~1.3cm，宽 6~8mm，厚 4~5mm，种皮红色，光亮，种脐小，长约 1.5~2.5mm，位于短轴稍偏。花期 6~7 月，果期 10~11 月。

【分布现状】主要分布于中国江西、福建、湖南、广东、海南、广西、贵州。

【广西产地】武鸣、融水、全州、平乐、永福、龙胜、恭城、防城、上思、金秀、田林。

【生　　境】生于海拔 230~1600m 的山坡、山谷、路旁、溪边疏林或密林内。

【经济价值】木材坚实硬重、耐磨、结构细，是工艺、雕刻、装饰和贵重家具的上等用材；树冠浓荫覆地，也是优良的庭院绿化树种；种子具有较高的药用价值，可医治眼疾。

越南槐
Sophora tonkinensis

国家保护等级	《IUCN 濒危物种红色名录》受胁等级	特有植物
二级	易危（VU）	

【形态特征】灌木。茎纤细，有时攀缘状。根粗壮。枝绿色，无毛，圆柱形，分枝多，小枝被灰色柔毛或短柔毛。羽状复叶长 10~15cm；叶柄长 1~2cm，基部稍膨大；托叶极小或近于消失；小叶 5~9 对，革质或近革质，对生或近互生，椭圆形、长圆形或卵状长圆形，长 15~25mm，宽 10~15mm，叶轴下部的叶明显渐小，顶生小叶大，长达 30~40mm，宽约 20mm，先端钝，骤尖，基部圆形或微凹成浅心形，上面无毛或散生短柔毛，下面被紧贴的灰褐色柔毛，中脉上面微凹，下面明显隆起；小叶柄长 1~2mm，稍肿胀。总状花序或基部分枝近圆锥状，顶生，长 10~30cm；总花梗和花序轴被短而紧贴的丝质柔毛，花梗长约 5mm；苞片小，钻状，被毛；花长 10~12mm；花萼杯状，长约 2mm，宽 3~4mm，基部有脐状花托，萼齿小，尖齿状，被灰褐色丝质毛；花冠黄色，旗瓣近圆形，长 6mm，宽 5mm，先端凹缺，基部圆形或微凹，具短柄，柄长约 1mm，翼瓣比旗瓣稍长，长圆形或卵状长圆形，基部具 1 三角形尖耳，柄内弯，与耳等长，无皱褶，龙骨瓣最大，常呈斜倒卵形或半月形，长 9mm，宽 4mm，背部明显呈龙骨状，基部具 1 斜展的三角形耳；雄蕊 10，基部稍连合；子房被丝质柔毛，胚珠 4 粒，花柱直，无毛，柱头被画笔状绢质疏长毛。荚果串珠状，稍扭曲，长 3~5cm，直径约 8mm，疏被短柔毛，沿缝线开裂成 2 瓣；有种子 1~3 粒，种子卵形，黑色。花期 5~7 月，果期 8~12 月。

【分布现状】主要分布于中国广西、贵州、云南；越南北部。

【广西产地】隆安、龙州、百色、乐业、德保、金秀、那坡、凤山、南丹、罗城、环江。

【生　　境】生于海拔 1000~2000m 亚热带或温带的石山或石灰岩山地的灌木林中。

【经济价值】干燥根茎为传统中药山豆根，根茎入药，性苦寒，有毒，归肺、胃经，具有清热解毒、消肿利咽之功效，主要用于治疗火毒蕴结、齿龈肿痛、口舌生疮等。

广东蔷薇

Rosa kwangtungensis

国家保护等级	《IUCN 濒危物种红色名录》受胁等级	特有植物
二级	易危（VU）	中国特有种

【形态特征】攀缘小灌木，有长匍枝。枝暗灰色或红褐色，无毛；小枝圆柱形，有短柔毛，皮刺小，基部膨大，稍向下弯曲。小叶 5~7，连叶柄长 3.5~6cm；小叶片椭圆形、长椭圆形或椭圆状卵形，长 1.5~3cm，宽 8~15mm，先端急尖或渐尖，基部宽楔形或近圆形，边缘有细锐锯齿，上面暗绿色，沿中脉有柔毛，下面淡绿色，被柔毛，沿中脉和侧脉较密，中脉突起，密被柔毛，有散生小皮刺和腺毛；托叶大部贴生于叶柄，离生部分披针形，边缘有不规则细锯齿，被柔毛。顶生伞房花序，直径 5~7cm，有花 4~15 朵；花梗长 1~1.5cm，总花梗和花梗密被柔毛和腺毛；花直径 1.5~2cm；萼筒卵球形，外被短柔毛和腺毛，逐渐脱落，萼片卵状披针形，先端长渐尖，全缘，两面有毛，边缘较密，外面混生腺毛；花瓣白色，倒卵形，比萼片稍短；花柱结合成柱，伸出，有白色柔毛，比雄蕊稍长。果实球形，直径 7~10mm，紫褐色，有光泽，萼片最后脱落。花期 3~5 月，果期 6~7 月。

【分布现状】主要分布于中国广东、广西、福建。

【广西产地】南宁、武鸣、马山、柳州、桂林、隆林、南丹、田东。

【生　　境】多生于海拔 100~500m 的山坡、路旁、河边或灌丛中。

【经济价值】粉红色蔷薇属的花卉，是我国蔷薇属植物的宝贵资源，具有很高的经济价值和观赏价值。

亮叶月季
Rosa lucidissima

国家保护等级	《IUCN 濒危物种红色名录》受胁等级	特有植物
二级	极危（CR）	中国特有种

【形态特征】常绿或半常绿攀缘灌木。小枝粗壮，老枝无毛，有基部压扁的弯曲皮刺，有时密被刺毛。小叶通常3，极稀5；连叶柄长6~11cm；小叶片长圆状卵形或长椭圆形，长4~8cm，宽2~4cm，先端尾状渐尖或急尖，基部近圆形或宽楔形，边缘有尖锐或紧贴锯齿，两面无毛，老时常呈紫褐色，上面颜色深绿，有光泽，下面苍白色；顶生小叶柄较长，侧生小叶柄短，总叶柄有小皮刺和稀疏腺毛；托叶大部贴生，仅顶端分离，无毛，游离部分披针形，边缘有腺。花单生，直径3~3.5cm，花梗短，长6~12mm，花梗和萼筒无毛或幼时微有短柔毛，稀有腺毛，无苞片；萼片与花瓣近等长，长圆状披针形，先端尾状渐尖，全缘或稍有缺刻，外面近无毛，有时有腺，内面密被柔毛，花后反折；花瓣紫红色，宽倒卵形，顶端微凹，基部楔形；雄蕊多数，着生在坛状花托口周围的突起花盘上；心皮多数，被毛，花柱紫红色，离生，比雄蕊稍短。果实梨形或倒卵球形，常呈黑紫色，平滑，果梗长5~10mm。花期4~6月，果期5~8月。

【分布现状】主要分布于中国湖北、广西、四川、贵州。

【广西产地】乐业。

【生　　境】多生于海拔400~1400m的山坡杂木林中或灌丛中。

【经济价值】花密，色艳，香浓，秋果红艳，攀缘性强，是极好的垂直绿化材料，适用于布置花柱、花架、花廊和墙垣是作绿篱的良好材料，非常适合家庭种植。

大叶榉树

Zelkova schneideriana

国家保护等级	《IUCN 濒危物种红色名录》受胁等级	特有植物
二级	近危（NT）	中国特有种

【形态特征】乔木，高达 35m，胸径达 80cm。树皮灰褐色至深灰色，呈不规则的片状剥落；当年生枝灰绿色或褐灰色，密生伸展的灰色柔毛。冬芽常 2 个并生，球形或卵状球形。叶厚纸质，大小形状变异很大，卵形至椭圆状披针形，长 3~10cm，宽 1.5~4cm，先端渐尖、尾状渐尖或锐尖，基部稍偏斜，圆形、宽楔形、稀浅心形，叶面绿色，干后深绿色至暗褐色，被糙毛，叶背浅绿色，干后变淡绿至紫红色，密被柔毛，边缘具圆齿状锯齿，侧脉 8~15 对；叶柄粗短，长 3~7mm，被柔毛。雄花 1~3 朵簇生于叶腋，雌花或两性花常单生于小枝上部叶腋。核果与榉树相似。花期 4 月，果期 9~11 月。

【分布现状】主要分布于中国陕西、甘肃、江苏、安徽、浙江、江西、福建、河南、湖北、湖南、广东、广西、四川、贵州、云南、西藏。

【广西产地】灵川、乐业、靖西、隆林。

【生　　境】常生于海拔 200~1100m 的溪间水旁山坡土层较厚的疏林中，在云南和西藏可达 1800~2800m。

【经济价值】木材致密坚硬，纹理美观，不易伸缩与反挠，耐腐力强，老树材常带红色，故有“血榉”之称，为供造船、桥梁、车辆、家具、器械等用的上等木材；树皮含纤维 46%，可供制人造棉、绳索和造纸原料；树形优美，秋季叶色季相变化丰富，是重要的园林绿化景观树种。

长穗桑
Morus wittiorum

国家保护等级	《IUCN 濒危物种红色名录》受胁等级	特有植物
二级	无危（LC）	中国特有种

【形态特征】落叶乔木或灌木，高 4~12m。树皮灰白色。幼枝亮褐色，皮孔明显。冬芽卵圆形。叶纸质，长圆形至宽椭圆形，长 8~12cm，宽 5~9cm，表面绿色，背面浅绿色，两面无毛，或幼时叶背主脉和侧脉上生短柔毛，边缘上部具粗浅牙齿或近全缘，先端尖尾状，基部圆形或宽楔形，基生叶脉三出，侧生 2 脉延长至中部以上，侧脉 3~4 对；叶柄长 1.5~3.5cm，上面有浅槽；托叶狭卵形，长 4mm。花雌雄异株，穗状花序具柄；雄花序腋生，总花梗短，雄花花被片近圆形，绿色；雌花序长 9~15cm，总花梗长 2~3cm，雌花无梗，花被片黄绿色，覆瓦状排列，子房 1 室，花柱极短，柱头 2 裂。聚花果狭圆筒形，长 10~16cm，核果卵圆形。花期 4~5 月，果期 5~6 月。

【分布现状】主要分布于中国湖北、湖南、广西、广东、贵州。

【广西产地】融水、全州、龙胜、平南、扶绥、金秀、罗城、环江。

【生　　境】生于海拔 900~1400m 的山坡疏林中或山脚沟边。

【经济价值】长穗桑的白色乳汁可治小儿口疮和止血，亦可外敷治疗蛇、蜈蚣、蜘蛛咬伤；桑椹可治疗老年性便秘和神经衰弱；据《本草纲目 · 全图附方》记载，其枝可治身面水肿，坐卧不得璧。

长圆苎麻

Boehmeria oblongifolia

国家保护等级	《IUCN 濒危物种红色名录》受胁等级	特有植物
二级	数据缺乏（DD）	

【形态特征】灌木，高 3~5m。小枝只在顶端有短伏毛，其他部分无毛。叶互生；叶片纸质，长椭圆形，长 7.5~20cm，宽 2.8~6.5cm，顶端渐尖，基部楔形或微钝，边缘有很小的钝牙齿，两面无毛，基出脉 3 条，在下面稍隆起，侧脉 2 对；叶柄长 0.5~7cm，疏被短糙伏毛，通常很快变无毛；托叶三角形，长约 4mm。雌团伞花序单个腋生，直径 3~4.5mm，有多数花；苞片卵状船形，长约 1.2mm；雌花：花被结果时近倒正三角形，长约 1.2mm，顶端有 2 小齿，疏被贴伏的短柔毛；柱头长约 1mm。瘦果宽倒卵球形，长约 1mm，光滑。花期 4 月。

【分布现状】主要分布于中国云南南部、广西。

【广西产地】龙州。

【生　　境】生于海拔 950~1400m 的山谷林中或沟边。

【经济价值】韧皮纤维可以造纸或做绳索。苎麻叶是蛋白质含量较高、营养丰富的饲料；根供药用，为利尿解热药，有安胎作用，治腹痛、下血等症；茎、叶可提苎麻浸膏，止血效果较好。

华南锥

Castanopsis concinna

国家保护等级	《IUCN 濒危物种红色名录》受胁等级	特有植物
二级	濒危（EN）	中国特有种

【形态特征】乔木，高 10~15m，很少达 20m，胸径达 50cm。当年生枝及花序轴被黄色或红棕色微柔毛及颇厚的细片状易抹落的蜡鳞层，3 年生枝无或几无毛。叶革质，硬而脆，椭圆形或长圆形，有时兼有倒披针形，长 5~10cm，宽 1.5~3.5cm，稀更大，顶部短或渐尖，基部圆或宽楔形，通常两侧对称，少有稍不对称，边全缘，略向背卷，中脉在叶面明显凹陷，侧脉每边 12~16 条，支脉不显，有时隐约可见，叶背密被粉末状红棕色或棕黄色易刮落的鳞秕，嫩叶叶背及中脉叶缘有疏长毛；叶柄长 4~12mm。雄穗状花序通常单穗腋生，或为圆锥花序，雄蕊 10~12 枚；雌花序长 5~10cm，花柱 3 或 4 枚，少有 2 枚。花期 4~5 月，果期翌年 9~10 月。

【分布现状】主要分布于中国珠江三角洲以西南至广西岑溪、防城一带，北限见于广东的广宁县（越过北回归线稍北），沿海岛屿只见于香港。

【广西产地】岑溪、防城。

【生　　境】生于海拔约 500m 以下花岗岩风化的红壤丘陵坡地常绿阔叶林中。

【经济价值】种子含淀粉，种仁可作木本粮食，味道能与板栗媲美；木材颜色鲜艳，材质坚重有弹性，耐水湿，是家具、器械、建筑的优良用材。

尖叶栎

Quercus oxyphylla

国家保护等级	《IUCN 濒危物种红色名录》受胁等级	特有植物
二级	无危（LC）	

【形态特征】叶片卵状披针形、长圆形或长椭圆形，长 5~12cm，宽 2~6cm，叶缘上部有浅锯齿或全缘，幼叶两面被星状茸毛，老时仅叶背被毛，侧脉每边 6~12 条；叶柄长 0.5~1.5cm，密被苍黄色星状毛。壳斗杯形，包着坚果约 1/2，连小苞片直径 1.8~2.5cm，高 1.2~1.5cm；小苞片线状披针形，长约 5mm，先端反曲，被苍黄色茸毛。坚果长椭圆形或卵形，直径 1~1.4cm，高 2~2.5cm，顶端被苍黄色短茸毛；果脐微突起，直径 3~5mm。花期 5~6 月，果期翌年 9~10 月。

【分布现状】主要分布于中国陕西、甘肃、安徽、浙江、福建，南至广西，西南至四川、贵州。

【广西产地】临桂、灵川、兴安、钟山、富川。

【生　　境】生于海拔 200~2900m 的山坡、山谷地带及山顶阳处或疏林中。

【经济价值】树种高大，树干通直，材质优良。

喙核桃

Annamocarya sinensis

国家保护等级	《IUCN 濒危物种红色名录》受胁等级	特有植物
二级	濒危（EN）	

【形态特征】落叶乔木，高可达 15m。树皮灰白色至灰褐色，常不开裂。叶柄基部膨大，叶轴圆柱形，无棱；小叶近革质，全缘，上面深绿色，下面淡绿色，中脉及侧脉显著凸起；侧生小叶对生，叶片长椭圆形至长椭圆状披针形，雄性葇荑花序，总梗圆柱形，雄花的苞片及小苞片愈合，花药阔椭圆形，雌性穗状花序直立，果实近球状或卵状椭圆形，外表面黑褐色，密被灰黄褐色的皮孔，果核球形或卵球形，内果皮骨质，内面平滑。花期 4~5 月，果期 11~12 月。

【分布现状】主要分布于中国贵州南部、广西、云南东南部；越南。

【广西产地】永福、龙州、隆林、南丹、东兰、都安、罗城、巴马。

【生　　境】生于山谷阔叶林中，多见于北热带地区，向北可延伸至中亚热带的山谷或河流两岸的阔叶林内。

【经济价值】速生树种，木材材质优良，其树皮及外果皮可提取单宁，果壳可制作活性炭，种仁的含油率较高，在食用和工业方面应用广泛。

贵州山核桃

Carya kweichowensis

国家保护等级	《IUCN 濒危物种红色名录》受胁等级	特有植物
二级	濒危（EN）	中国特有种

【形态特征】乔木，高达 20m，胸径达 60~70cm。树皮灰白色至暗褐色，浅纵裂。小枝灰黑色，散布有稀疏的皮孔，幼时亦有盾状着生的橙黄色腺体。冬芽黑褐色，有树脂，并稍具黏性。奇数羽状复叶长 11~20cm，叶柄及叶轴无毛，生稀疏腺体，5 小叶，上部 3 枚较大，长 6~14cm，宽 2~5cm，下部 2 枚较小，长 3~7cm，宽 1.5~3.5cm；顶生小叶柄长 5~10mm，侧生小叶柄长 1~4mm 或近无柄；小叶片纸质，椭圆形、长椭圆形或长椭圆状披针形，顶端钝至急尖，基部歪斜、钝圆至楔形，边缘有锯齿，上面无毛，下面仅侧脉腋内有 1 簇柔毛，两面均散生稀疏的腺体，后来逐渐脱落，中脉在下面隆起，侧脉 11~13 对，伸达近叶缘处相互网结。雄性葇荑花序 1~3 条 1 束，花序束总梗长约 1cm，每条花序长达 14cm，无毛，密生雄花。雄花无柄，苞片 1 枚和小苞片 2 枚几乎完全联合或仅成 3 个小裂片（中间裂片为苞片，两侧裂片为小苞片），无毛而生有腺体，雄蕊 6~8 枚，无花丝，花药无毛；雌性穗状花序顶生，花序轴粗壮，直立，无毛，长 6~15mm，有 3~4 雌花；雌花无柄，子房椭圆形，长约 3mm，有腺体，苞片位于远轴一边，显著较小苞片长，无毛，柱头伞形，边缘不规则波状。果实扁圆形、稀扁倒卵形，疏生腺体，长 2~2.5cm，径 2.1~2.5cm，无纵棱，果核扁球形，长 1.6~1.9cm，径 2~2.2cm，淡黄白色，顶端凹陷，基部平圆，有 2 条纵凹线条。花期 3~4 月，果期 10 月。

【分布现状】主要分布于中国贵州、广西。

【广西产地】乐业、环江。

【生　　境】生于海拔 1300m 的山坡林中。

【经济价值】果肉中富含多种氨基酸和对人体有益的多种矿质元素、维生素等营养物质，种仁、外果皮及根皮皆可入药，是公认的营养价值极高的坚果，十分珍贵的干果种质资源。

蛛网脉秋海棠

Begonia arachnoidea

国家保护等级	《IUCN 濒危物种红色名录》受胁等级	特有植物
二级	极危（CR）	广西特有种

【形态特征】草本，雌雄同株。根状茎粗壮，匍匐，粗 1.1~2cm，节间长 0.5~1cm。叶基生，盾状着生；托叶早落，卵状三角形，长 0.7~0.9cm，宽 0.7~1.1cm；叶柄长 13~26（30）cm，具长硬毛状柔毛（毛长 2~5.5mm）；叶片近圆形或宽卵形，长 12~26（35）cm，宽 11~19（27）cm，纸质，正面深绿色或带褐色，沿主脉有白色或浅色带（通常由小而密集的白点组成），密被短刚毛和糙硬刚毛（毛长 0.2~0.9mm），所有脉背面密被短硬柔毛（毛状体略带红色，基部红色，长 0.3~0.8mm，稍不均匀分布和参差不齐），基部圆形，稍斜，边缘浅不均匀有细锯齿或波状，先端锐尖至短渐尖；叶脉自基部 6 或 7 掌状，第三级脉到顶部，蜘蛛网状。花序腋生；花序梗长 9~31cm，具中等粗硬长柔毛；花白色，6~24 朵，二歧聚伞花序；苞片早落，卵形或长圆形，长 5~7cm；雄花：花梗 0.6~3.7cm，具柔毛；花被片 4，粉红色，外面 2 个宽卵形，长 1.1~1.9cm，宽 1~1.5cm，基部近圆形，先端稍锐尖或钝，外面具粗毛或糙硬毛，里面 2 个椭圆形，长 6~8mm，宽 3.5~5mm，先端锐尖；雄蕊 26~44；花丝长约 1.5~2mm；花药倒卵状长圆形，1.1~1.4mm；药隔先端微缺；雌花：花梗 4~6cm，具 1 小苞片，具短硬毛；花被片 3，粉红色，外面 2 个近圆形或宽卵形，长 0.9~1.5cm，宽 0.9~1.4cm，先端和基部圆形，里面 1 个椭圆形，长 6~8mm，宽 3.5~4mm；子房长圆形，长 7~16mm，直径 4~5mm，具柔毛或长柔毛，不等长 3 翅，1 室；花柱 3，长约 4mm，基部融合，柱头螺旋扭曲，周围有乳头状突起。果实下垂，长 1.3~2.6cm，宽 0.5~0.6cm。花期 9~10 月，果期 10~12 月。

【分布现状】主要分布于中国广西。

【广西产地】大新。

【生　　境】生于石灰岩山脚下、岩石斜坡上、竹林和灌丛混合林下。

【经济价值】蜘蛛网状叶脉，矮生、多花的观叶秋海棠。

黑峰秋海棠

Begonia ferox

国家保护等级	《IUCN 濒危物种红色名录》受胁等级	特有植物
二级	极危（CR）	广西特有种

【形态特征】草本。根状茎粗壮，匍匐，粗 1~2cm，长达 40cm，节间长 1~1.5cm，叶柄基部附近具长柔毛。托叶最后脱落，卵状三角形，长 1~1.7cm，宽 1.1~1.5cm，草质，明显龙骨状，背面沿中脉有毛，先端具芒，芒长约 0.2cm。叶互生，叶柄圆柱状，长 10~23（27）cm，粗 0.4~0.7cm，幼时具长柔毛，后变为棕色茸毛；叶片不对称，卵形，长（11）14~19cm，宽 8~13cm，先端渐尖，基部明显斜心形，边缘呈残波状，黄绿色，幼时具长柔毛，正面绿色，表面有泡状隆起，脉间区域密布着黑棕色和具毛的泡状隆起，圆锥形，顶端略带红色，高（0.3）0.8~1.3cm，宽（0.3）0.8~1.2（1.5）cm，背面浅绿色，脉和泡状隆起微红色，脉被茸毛。幼小的叶，很少有或没有泡状隆起。花序腋生，二歧聚伞花序，直接生于根状茎，分枝 3~4 次；花序梗长 5~13cm，被茸毛；苞片和小苞片早落，淡黄色，苞片狭卵形，长 1~1.2cm，宽 0.4~0.6cm，船形，脉带红色，边缘流苏状，小苞片长圆形，长约 0.3cm，宽约 0.1cm；雄花：花梗长约 1.5cm，花被片 4 个，外部 2 个宽卵形，长 0.9~1.1cm，宽 0.6~1cm，背面淡黄红色，疏生刚毛，内部 2 个椭圆形，白色，长 0.7~1.1cm，宽 0.4cm；雄蕊群辐射对称，球形，直径约 0.4cm；雄蕊 65~85；花丝在基部融合成柱状，长约 0.2cm；花药倒卵形，2 室；雌花：花梗长 1.5~1.6cm，花被片 3 片，外部 2 片近圆形或宽卵形，粉白色，长 0.8~1.1cm，宽 0.7~1.1cm，内部 1 片椭圆形，白色，长 0.8~0.9cm，宽 0.3~0.4cm；子房三棱椭圆形，长 1.3~1.4cm，厚 0.4cm（翅除外），带红色，具 3 翅；翅不等长，黄绿色，侧翅较窄，高 0.4~0.5cm，背面的翅新月形，高约 0.6cm，宽 1.5~1.6cm；花柱 3，基部融合，黄色或浅绿色，长约 0.4cm，柱头螺旋扭曲。蒴果三棱椭圆形，长 1~1.5cm，厚 0.2~0.5cm（翅除外），新鲜时带绿色或带红色；翅不等长，侧翼高 0.3~0.5cm，背面翅新月形，高 0.6~0.9cm；种子多数，棕色，椭圆形，长约 0.5mm，厚 0.3mm。花期 5~10 月。

【分布现状】主要分布于中国广西。

【广西产地】崇左。

【生　　境】仅分布于中国大陆广西弄岗自然保留区，单一族群，个体数量少。

【经济价值】叶面具有显著的黑色突起，矮生、观叶绿植，用于布置夏天、秋花坛和草坪边缘。

古龙山秋海棠

Begonia gulongshanensis

国家保护等级	《IUCN 濒危物种红色名录》受胁等级	特有植物
二级	极危（CR）	广西特有种

【形态特征】叶片呈卵形，叶片基部倾斜。有花序梗，外部花被片和果实的正面表面上的具腺毛的长柔毛，雌雄花瓣均较小。花期 2~5 月，果期 5~6 月。

【分布现状】主要分布于中国广西。

【广西产地】靖西。

【生　　境】生于深谷中浅洞入口处或阴暗峭壁的湿润表面上。

【经济价值】花形多姿，叶色柔媚，为观赏型花卉。

斜翼

Plagiopteron suaveolens

国家保护等级	《IUCN 濒危物种红色名录》受胁等级	特有植物
二级	极危（CR）	

【形态特征】蔓性灌木。嫩枝被褐色茸毛。叶膜质，卵形或卵状长圆形，长 8~15cm，宽 4~9cm，先端急锐尖，基部圆形或微心形，上面脉上有稀疏茸毛，下面密被褐色星状茸毛，全缘，侧脉 5~6 对；叶柄长 1~2cm，被毛。圆锥花序生枝顶叶腋，通常比叶片为短，花序轴被茸毛；花柄长 6mm；小苞片针形，长 2~3mm；萼片 3 片，披针形，长约 2mm，被茸毛；花瓣 3 片，长卵形，长 4mm，两面被茸毛；雄蕊长 5mm，花药球形，纵裂；子房被褐色长茸毛，胚珠侧生。花期 5 月，果期 10 月。

【分布现状】主要分布于中国广西。

【广西产地】龙州。

【生　　境】生于海拔 220m 的丘陵灌木林里。

【经济价值】俗称“金丝藤”“草杜仲”，根、枝、叶入药，用于治疗关节屈伸不利、风湿骨痛、肾虚腰痛、跌打损伤、刀伤出血等。

膝柄木
Bhesa robusta

国家保护等级	《IUCN 濒危物种红色名录》受胁等级	特有植物
一级	极危（CR）	

【形态特征】乔木高达 10m。小枝粗壮，紫棕色，表面粗糙不平，并常有较大的叶痕和芽鳞痕。叶互生，在小枝上有时近对生，近革质，有光泽，长方窄椭圆形或窄卵形，长 11~20cm，宽 3.5~6cm，先端急尖或短渐尖，基部圆形或阔楔形，偶近平截或浅心形，全缘，中脉和侧脉均在叶背强度凸起，侧脉每侧 14~18 对，平行较密排列，三生脉细而多，与中脉略作垂直角度伸出，平行密集成格状网纹；叶柄圆柱状，长 2~3cm，两端增粗，在近叶片的一端背部微突呈膝状弯曲。花小，黄绿色；聚伞圆锥花序多侧生于小枝上部，常呈假顶生状；花序梗短或近无，花序轴有 3~5 分枝，枝上着生多数短梗小花，如穗状；花 5 数，直径约 5mm；萼片线状披针形，长约 1.5mm，先端窄尖；花瓣窄倒卵形或长圆披针形，长约 2mm，先端圆钝；花盘浅盘状，雄蕊插生其环状外缘上，花丝长约 2mm，花药内向；子房近扁球状，基部着生花盘上，与之完全游离；子房具 2 心皮，2 室，2 胚珠，上部近花柱处有疏毛丛，花柱 2，粗壮，柱头小。蒴果窄长卵状，长约 3cm，中下部最宽处宽 1~1.2cm，上部窄，顶端常稍呈喙状，无小果梗或有长约 1mm 的粗梗；种子 1，基生，椭圆卵状，长约 1.5cm，棕红色或棕褐色，有光泽，假种皮淡棕色，包围种子大部，由基部上达种子 2/3 处，先端开口，并有长条状或丝状延伸部分上达种子 4/5 处。花期 7~9 月，果期翌年 3~4 月。

【分布现状】主要分布于中国广西；印度、越南、马来西亚。

【广西产地】合浦、东兴。

【生　　境】生于海拔 50m 近海岸的坡地杂木林中。

【经济价值】生于滨海生态过渡带的常绿高大乔木，在维系海岸植被生态系统的稳定性、健康和抵御台风自然灾害方面有着重要的作用。树形优美，叶色油亮，叶脉美观，是良好的绿化树种。

合柱金莲木

Sauvagesia rhodoleuca

国家保护等级	《IUCN 濒危物种红色名录》受胁等级	特有植物
二级	易危（VU）	中国特有种

【形态特征】直立小灌木，高约 1m。茎常单生或近顶部分叉，暗紫色，光滑。叶薄纸质，狭披针形或狭椭圆形，长 7~15cm，宽 1.5~3cm，两端渐尖，边缘有密而不相等的腺状锯齿，两面光亮无毛，中脉两面隆起，侧脉多数，近平行，小脉明显；叶柄长 3~5mm，腹面有槽。圆锥花序较狭，长 6~10cm，花少数，具细长柄；萼片卵形或披针形，长 3~4mm，浅绿色；花瓣椭圆形，长 4.5~6.5mm，白色，微内拱；退化雄蕊宿存，白色，外轮的腺体状，基部连合成短管，中轮和内轮的长圆形，中轮的较大，顶端截平而有数小齿，内轮的略小，顶端微尖而具 3 齿裂；雄蕊长 2.5~3.5mm，花丝短，花药箭头形，2 室；子房卵形，长约 2mm，花柱圆柱形，柱头小，不明显。蒴果卵球形，长和宽约 5mm，熟时 3 瓣裂；种子椭圆形，长约 1.7mm，种皮暗红色，有多数小圆凹点。花期 4~5 月，果期 6~7 月。

【分布现状】主要分布于中国广西北部（大苗山）、中部（大瑶山、象州）和广东西北部（怀集、封开、连山）。

【广西产地】融水、金秀、德保。

【生　　境】生于海拔 1000m 的山谷水旁密林中。

【经济价值】以根茎入药，具有止痒杀虫等功效。

华南飞瀑草
Cladopus austrosinensis

国家保护等级	《IUCN 濒危物种红色名录》受胁等级	特有植物
二级	极危（CR）	

【形态特征】根扁平，叶状体状，多分枝，紧贴于石上。茎极短，不分枝。生于不育枝上的叶部分线形，部分指状分裂；生于能育枝上的叶鳞片状，2 裂或指状分裂，覆瓦状排列。花莛长不及 1cm，花单朵顶生，两性，两侧对称，开花前藏于佛焰苞内；花被片 2，线形或狭三角形，生于花丝基部之两侧；雄蕊 1~2 枚，花药基着；子房平滑，斜椭圆形，2 室，花柱 2，线形。蒴果近球形，2 裂，较大的一枚裂爿宿存。花期 1~2 月。

【分布现状】主要分布于中国海南、广东、广西、香港。

【广西产地】融水。

【生　　境】生于溪流边岩石上。

【经济价值】只生长在水质特别好的环境中，稀奇宝贵，具有较高的观赏价值。

川苔草
Cladopus doianus

国家保护等级	《IUCN 濒危物种红色名录》受胁等级	特有植物
二级	极危（CR）	

【形态特征】水生小草本植物。根狭长而扁平，绿色而常带红色，羽状分枝，借吸器紧贴于石上。不育枝上有簇生、线形叶，能育枝上的叶常作指状分裂，覆瓦状排列，花后叶脱落。花单朵顶生，佛焰苞斜球形，花被片线形，位于花丝基部之二侧；药倒卵形至球形，柱头偏斜。蒴果椭圆状；种子多数，小。花期冬季。

【分布现状】主要分布于中国福建、广东、广西；亚洲东南部及东部。

【广西产地】靖西。

【生　　境】生于水流湍急的河川及瀑布下。

【经济价值】生长在水溪边，稀奇宝贵，具有较高的观赏价值。

水石衣

Hydrobryum griffithii

国家保护等级	《IUCN 濒危物种红色名录》受胁等级	特有植物
二级	极危（CR）	

【形态特征】多年生小草本。根呈叶状体状，固着于石头上，外形似地衣，直径可达 2.5cm。叶鳞片状，每 4~6 枚一簇，二行覆瓦状排列，有时基部的叶为长 3~6mm 的丝状体或有时全为丝状体，每 2~6 条一簇，不规则地散生于叶状体状的根上。佛焰苞长约 2mm，花被片 2，线形，生于花丝基部两侧；雄蕊与子房近等长，花药长圆形；子房椭圆形；花柱极短，柱头 2，楔形。蒴果椭圆状，长 2.2mm，果爿上有纤细的纵脉；种子椭圆状，种皮上有颗粒。花期 8~10 月，果期翌年 3~4 月。

【分布现状】主要分布于国内分布于中国云南（禄春、西双版纳）和广西；印度、越南等地。

【广西产地】金秀。

【生　　境】多生于海拔 900~1900m 的山脚溪流中石上。

【经济价值】生长在水溪边，稀奇宝贵，具有较高的观赏价值。

金丝李

Garcinia paucinervis

国家保护等级	《IUCN 濒危物种红色名录》受胁等级	特有植物
二级	易危（VU）	中国特有种

【形态特征】乔木，高 3~15（25）m。树皮灰黑色，具白斑块。幼枝压扁状四棱形，暗紫色，干后具纵槽纹。叶片嫩时紫红色，膜质，老时近革质，椭圆形，椭圆状长圆形或卵状椭圆形，长 8~14cm，宽 2.5~6.5cm，顶端急尖或短渐尖，钝头、基部宽楔形，稀浑圆，干时上面暗绿色，下面淡绿色或苍白色，中脉在下面凸起，侧脉 5~8 对，两面隆起，至边缘处弯拱网结，第三级小脉蜿蜒平行，网脉连结，两面稍隆起；叶柄长 8~15mm，幼叶叶柄基部两侧具托叶各 1 枚，托叶长约 1mm。花杂性，同株；雄花的聚伞花序腋生和顶生，有花 4~10 朵，总梗极短；花梗粗壮，微四棱形，长 3~5mm，基部具小苞片 2；花萼裂片 4 枚，几等大，近圆形，长约 3mm；花瓣卵形，长约 5mm，顶端钝，边缘膜质，近透明；雄蕊多数（约 300~400），合生成 4 裂的环，花丝极短，花药长椭圆形，2 室，纵裂，退化雌蕊微四棱形，柱头盾状而凸起；雌花通常单生叶腋，比雄花稍大，退化雄蕊的花丝合生成 4 束，束柄扁，片状，短于子房，每束具退化花药 6~8，柱头盾形，全缘，中间隆起，光滑，子房圆球形，高约 2.5mm，无棱，基生胚珠 1。果成熟时椭圆形或卵珠状椭圆形，长 3.2~3.5cm，直径 2.2~2.5cm，基部萼片宿存，顶端宿存柱头半球形，果柄长 5~8mm；种子 1。花期 6~7 月，果期 11~12 月。

【分布现状】主要分布于中国广西西部和西南部、云南东南部。

【广西产地】武鸣、隆安、马山、崇左、大新、忻城、西林、德保、靖西、那坡、河池、东兰、巴马、凤山、都安、环江。

【生　　境】适生于南亚热带季风气候区，适生土壤为棕色石灰岩土。

【经济价值】《中华草本》记载，金丝李的枝叶、树皮可作药材，有清热解毒、消肿之功效，主治痈肿疮毒、烫伤等。广西优良的深色名贵硬木树种，与格木、蚬木、狭叶坡垒、紫荆木并称“广西五大硬木”，其材质坚重，结构致密，纹理通直，强度高，硬度大，耐腐、耐水性特强，是广西著名的铁木，广泛应用于机械、军事、造船、建筑和高级家具等领域，经济价值很高，是岩溶区极具开发价值的特色资源植物。

海南大风子

Hydnocarpus hainanensis

国家保护等级	《IUCN 濒危物种红色名录》受胁等级	特有植物
二级	易危（VU）	

【形态特征】常绿乔木，高 6~9m。树皮灰褐色。小枝圆柱形，无毛。叶薄革质，长圆形，长 9~13cm，宽 3~5cm，先端短渐尖，有钝头，基部楔形，边缘有不规则浅波状锯齿，两面无毛，近同色，侧脉 7~8 对，网脉明显；叶柄长约 1.5cm，无毛。花 15~20 朵，呈总状花序（雄花排列较密集），长 1.5~2.5cm，腋生或顶生；花序梗短；花梗长 8~15mm，无毛；萼片 4，椭圆形，直径约 4mm，无毛；花瓣 4，肾状卵形，长 2~2.5mm，宽 3~3.5mm，边缘有睫毛，内面基部有肥厚鳞片，鳞片不规则 4~6 齿裂，被长柔毛；雄花：雄蕊约 12 枚，花丝基部粗壮，有疏短毛，花药长圆形，长 1.5~2mm；雌花：退化雄蕊约 15 枚；子房卵状椭圆形，密生黄棕色茸毛，1 室，侧膜胎座 5，胚珠多数，花柱缺，柱头 3 裂，裂片三角形，顶端 2 浅裂。浆果球形，直径 4~5cm，密生棕褐色茸毛，果皮革质，果梗粗壮，长 6~7mm；种子约 20 粒，长约 1.5cm。花期春末至夏季，果期夏季至秋季。

【分布现状】主要分布于中国海南、广西；越南北部。

【广西产地】隆安、大新、宁明、龙州、靖西、那坡。

【生　　境】多生于海拔 500m 以下的低山丘陵地区。一般喜生于沟谷和岩石裸露的河岸阶地，居于林冠的第二层林层，天然结实率弱，更新不良，林下幼苗、幼树稀少。

【经济价值】民间入药用于祛风、攻毒、杀虫等，其水浸剂在试管内对奥杜盎氏小芽孢癣有抑制作用；木材结构密致，材质坚硬而重，耐磨、耐腐，为海南的优良名材。

东京桐

Deutzianthus tonkinensis

国家保护等级	《IUCN 濒危物种红色名录》受胁等级	特有植物
二级	濒危（EN）	

【形态特征】乔木，高达 12m，胸径达 30cm。嫩枝密被星状毛，很快变无毛，枝条有明显叶痕。叶椭圆状卵形至椭圆状菱形，长 10~15cm，宽 6~11cm，顶端短尖至渐尖，基部楔形、阔楔形至近圆形，全缘，上面无毛，下面苍灰色，仅脉腋具簇生柔毛；侧脉每边 5~7 条，在近叶缘处弯拱消失；叶柄长 5~15（20）cm，无毛，顶端有 2 枚腺体。雌雄异株，花序顶生，密被灰色柔毛，雌花序长约 10cm，宽 6~12cm，苞片近丝状，宿存；雄花序长约 15cm，宽约 20cm；雄花：花萼钟状，具短裂片，萼裂片三角形，长约 1mm，花瓣长圆形，舌状，两面被毛；花盘 5 深裂；雄蕊 7 枚，花药伸出，花丝被毛；雌花：花萼、花瓣与雄花同，花萼长 2~5mm；花盘杯状，5 裂；子房被绢毛，花柱顶端 2 次分叉。果稍扁球形，直径约 4cm，被灰色短毛，外果皮厚壳质，内果皮木质；种子椭圆状，长约 2.5cm，宽约 1.8cm，种皮硬壳质，平滑、有光泽。花期 4~6 月，果期 7~9 月。

【分布现状】主要分布于中国广西西南部（龙州、宁明和江州区）和云南南部（马关和河口）；越南北部。

【广西产地】龙州。

【生　　境】生于海拔 900m 以下的密林中，多混生于山谷与峰丛的常绿林内。

【经济价值】种仁含油率高达 49.7%，是重要的工业原料，用于制作肥皂、油漆、涂料、防腐剂等；果壳可制活性炭或桐碱；桐饼为上等肥料；木材纹理直，结构细，材质坚韧，可供民用建筑和制作家具之用；叶大荫浓，硕果累累，可作观赏树种；是石灰岩地区的“油、材”两用经济树种。

细果野菱（野菱）

Trapa incisa

国家保护等级	《IUCN 濒危物种红色名录》受胁等级	特有植物
二级	数据缺乏（DD)	

【形态特征】聚生于茎顶形成莲座状的菱盘。叶片斜方形或三角状菱形，长 2~5cm，宽 2~7cm，表面深绿色、光滑，背面淡绿色带紫色，被少量的短毛，脉间有棕色斑块，边缘中上部具不整齐的缺刻状的锯齿，叶缘中下部宽楔形或近圆形，全缘；叶柄中上部膨大或稍膨大，或不膨大，长 3.5~10cm，被短毛；沉水叶小，早落。花单生叶腋，花小，两性；萼筒 4 裂，无毛或少毛；花瓣 4，白色；雄蕊 4，花丝纤细，花药“丁”字形着生，药背着生，内向；子房半下位，2 室，花柱钻状，柱头头状；花盘鸡冠状；花梗无毛。果三角形，高宽各 2cm，具 4 刺角，2 肩角斜上伸，2 腰角圆锥状，斜下伸，刺角长约 1cm；果柄细而短，长 1~1.5cm；果喙圆锥状，无果冠。花期 7~8 月，果期 8~10 月。

【分布现状】主要分布于中国江苏、浙江、安徽、湖南、江西、福建、台湾；日本等。

【广西产地】桂东南。

【生　　境】生于水底泥中。

【经济价值】果实性凉、味甘，除可食用外，果肉、果壳、根、茎、叶具有各种营养成分和显著的药效，是生产滋补健身饮料的适宜原料。

林生杧果
Mangifera sylvatica

国家保护等级	《IUCN 濒危物种红色名录》受胁等级	特有植物
二级		

【形态特征】常绿乔木，高 6~20m。树皮灰褐色，厚，不规则开裂，里层分泌白色树脂。小枝暗褐色，无毛。叶纸质至薄革质，披针形至长圆状披针形，长 15~24cm，宽 3~5.5cm，先端渐尖，基部楔形，全缘，无毛，叶面略具光泽，侧脉 16~20 对，斜升，两面突起；叶柄长 3~7cm，无毛，基部增粗。圆锥花序长 15~33cm，无毛，疏花，分枝纤细，小苞片卵状披针形，长约 1mm，无毛；花白色，花梗纤细，长 3~18mm，无毛，中部具节；萼片卵状披针形，长约 3.5mm，宽约 1.5mm，无毛，内凹；花瓣披针形或线状披针形，长约 7mm，宽约 1~5mm，无毛，里面中下部具 3~5 条暗褐色纵脉，中间 1 条粗而隆起，近基部汇合，在雄花中花瓣较狭，半透明，开花时外卷；雄蕊仅 1 个发育，花丝线形，长约 4mm，花药卵形，长约 0.7mm，不育雄蕊 1~2，小，钻形或小齿状；子房球形，径约 1.5mm，无毛，花柱近顶生，长约 4.8mm。核果斜长卵形，长 6~8cm，最宽处 4~5cm，先端伸长呈向下弯曲的喙，外果皮和中果皮薄，果核大，球形，不压扁，坚硬。花期 5~6 月，果期 7~8 月。

【分布现状】主要分布于中国云南、广西；尼泊尔、锡金、印度、孟加拉国、缅甸、泰国、柬埔寨。

【广西产地】桂东南、桂中。

【生　　境】生于海拔 620~1900m 的山坡或沟谷林中。

【经济价值】木材坚硬，是家具、模型、车辆、室内装修等的优良用材；树冠浓绿，树姿雄伟，冬口果实垂挂，可开发为园林观赏树。

伞花木

Eurycorymbus cavaleriei

国家保护等级	《IUCN 濒危物种红色名录》受胁等级	特有植物
二级	濒危（EN）	中国特有种

【形态特征】落叶乔木，高可达 20m。树皮灰色；小枝圆柱状，被短茸毛。叶连柄长 15~45cm，叶轴被皱曲柔毛；小叶 4~10 对，近对生，薄纸质，长圆状披针形或长圆状卵形，长 7~11cm，宽 2.5~3.5cm，顶端渐尖，基部阔楔形，腹面仅中脉上被毛，背面近无毛或沿中脉两侧被微柔毛；侧脉纤细而密，约 16 对，末端网结；小叶柄长约 1cm 或不及。花序半球状，稠密而极多花，主轴和呈伞房状排列的分枝均被短茸毛；花芳香，梗长 2~5mm；萼片卵形，长 1~1.5mm，外面被短茸毛；花瓣长约 2mm，外面被长柔毛；花丝长约 4mm，无毛；子房被茸毛。蒴果的发育果爿长约 8mm，宽约 7mm，被茸毛；种子黑色，种脐朱红色。花期 5~6 月，果期 10 月。

【分布现状】主要分布于中国云南、贵州、广西、湖南、江西、广东、福建、台湾。

【广西产地】桂林、全州、贵港、大新、龙州、凌云、西林、隆林、天峨、南丹、都安、环江。

【生　　境】生于海拔 300~1400m 处的阔叶林中，土壤主要为红壤或黄壤。为偏阳性树种，萌蘖力强。

【经济价值】果实可榨取工业用油，也可食用，为一木本油料树种；木材轻，硬而韧性强，花纹细腻，用途广泛；涵养水源效果好，是绿化石灰岩山地的优良速生树种。

掌叶木

Handeliodendron bodinieri

国家保护等级	《IUCN 濒危物种红色名录》受胁等级	特有植物
二级	濒危（EN）	中国特有种

【形态特征】落叶乔木或灌木，高 1~8m。树皮灰色。小枝圆柱形，褐色，无毛，散生圆形皮孔。叶柄长 4~11cm；小叶 4 或 5，掌状复叶对生，小叶一般为 5 枚，薄纸质，椭圆形至倒卵形，长 3~12cm，宽 1.5~6.5cm，顶端常尾状骤尖，基部阔楔形，两面无毛，背面散生黑色腺点；侧脉 10~12 对，拱形，在背面略突起；小叶柄长 1~15mm。花序长约 10cm，疏散，多花；花梗长 2~5mm，无毛，散生圆形小鳞秕；萼片长椭圆形或略带卵形，长 2~3mm，略钝头，两面被微毛，边缘有缘毛；花瓣长约 9mm，宽约 2mm，外面被伏贴柔毛；花丝长 5~9mm，除顶部外被疏柔毛。蒴果全长 2.2~3.2cm，其中柄状部分长 1~1.5cm；种子长 8~10mm。花期 5 月，果期 7 月。

【分布现状】主要分布于中国贵州南部和广西西北部两地接壤的石灰岩地区。

【广西产地】灵川、阳朔、龙州、乐业、凌云、田林、隆林、天峨、南丹、东兰、环江。

【生　　境】生于海拔 500~800m 的林中或林缘，生于石灰岩石山的石沟、洞穴、漏斗及缝隙土层浅薄处，根系外露以适应水肥分散的喀斯特环境。

【经济价值】重要的经济植物，材质坚硬，可作高档家具和建筑材料；种子富含油脂，油清澈，有香味，可食用或作工业用油；树形优美，叶形奇特，入秋后掌状复叶衬上红色果实，观赏价值高。

野生荔枝

Litchi chinensis var. *euspontanea*

国家保护等级	《IUCN 濒危物种红色名录》受胁等级	特有植物
二级	无危（LC）	

【形态特征】常绿乔木，高通常不超过 10m，有时可达 15m 或更高。树皮灰黑色。小枝圆柱状，褐红色，密生白色皮孔。叶连柄长 10~25cm 或过之；小叶 2 或 3 对，较少 4 对，薄革质或革质，披针形或卵状披针形，有时长椭圆状披针形，长 6~15cm，宽 2~4cm，顶端骤尖或尾状短渐尖，全缘，腹面深绿色，有光泽，背面粉绿色，两面无毛；侧脉常纤细，在腹面不很明显，在背面明显或稍凸起；小叶柄长 7~8mm。花序顶生，阔大，多分枝；花梗纤细，长 2~4mm，有时粗而短；萼被金黄色短茸毛；雄蕊 6~7，有时 8，花丝长约 4mm；子房密覆小瘤体和硬毛。果卵圆形至近球形，长 2~3.5cm，成熟时通常暗红色至鲜红色；种子全部被肉质假种皮包裹。花期春季，果期夏季。

【分布现状】主要分布于中国广东、福建、广西。

【广西产地】南宁、上林、横县、梧州、苍梧、合浦、东兴、上思、灵山、陆川、博白、天等、宁明、龙州、凌云、平果、德保、田东、那坡。

【生　　境】喜高温高湿，喜光向阳，其遗传性要求花芽分化期有相对低温。

【经济价值】木材被列入特等商品材，纹理交错，结构致密，材质坚硬而重，少开裂，切面光滑，具光泽，抗腐性强，可作上等家具、高级建筑用材，是荔枝育种的种质资源，在生产和科研上均有价值。

韶子
Nephelium chryseum

国家保护等级	《IUCN 濒危物种红色名录》受胁等级	特有植物
二级	无危（LC）	

【形态特征】常绿乔木，高 10~20m 或更高。小枝有直纹，干时灰褐色，嫩部被锈色短柔毛。偶数羽状复叶，互生；叶连柄长 20~40cm；小叶常 4 对，很少 2 或 3 对；小叶柄长 5~8mm；叶片薄纸质，长圆形，长 6~18cm，宽 2.5~7.5cm，两端近短尖，全缘，背面粉绿色，被柔毛，侧脉 9~14 对或更多。花单性，雌雄同株或异株；花序多分枝，雄花序与叶近等长，雌花序较短；萼长 1.5mm，密被柔毛；花盘被柔毛，雄蕊 7~8，花丝长 3mm，被长柔毛；子房 2 裂，2 室，被柔毛。果椭圆形，红色，连刺长 4~5cm，宽 3~4cm；刺长 1cm 或过之，两侧扁，基部阔，先端尖，弯钩状。花期春季，果期夏季。

【分布现状】主要分布于中国广东西部、广西南部和云南南部。

【广西产地】东兴、龙州、靖西。

【生　　境】生于海拔 500~1500m 的密林中。

【经济价值】木材略重，纹理直，可供建筑、造船用。果肉可食，种子可榨油，果皮可入药，树皮可提烤胶。可作用材树种和经济树种。

宜昌橙
Citrus cavaleriei

国家保护等级	《IUCN 濒危物种红色名录》受胁等级	特有植物
二级	近危（NT）	中国特有种

【形态特征】小乔木或灌木，高 2~4m。枝干多劲直锐刺，刺长 1~2.5cm，花枝上的刺通常退化。叶卵状披针形，大小差异很大，大的长达 8cm、宽 4.5cm，小的长 2~4cm、宽 0.7~1.5cm，顶部渐狭尖，全缘或叶缘有甚细小的钝裂齿；翼叶比叶略短小至稍长。花通常单生于叶腋；花蕾阔椭圆形；萼 5 浅裂；花瓣淡紫红色或白色，小花的花瓣长 1~1.2cm、宽 0.5cm，大花的长 1.5~1.8cm、宽约 6~8mm；雄蕊 20~30 枚，花丝合生成多束，偶有个别离生；花柱比花瓣短，早落，柱头约与子房等宽。果扁圆形、圆球形或梨形，顶部短乳头状突起或圆浑，通常纵径 3~5cm，横径 4~6cm，梨形的纵径 9~10cm，横径 7~8cm，淡黄色，粗糙，油胞大，明显凸起，果皮厚 3~6mm 或较薄或更厚，果心实，瓢囊 7~10 瓣，果肉淡黄白色，甚酸，兼有苦及麻舌味；种子 30 粒以上，近圆形而稍长，或不规则的四面体，2 或 3 面近于平坦，一面浑圆，长、宽均达 15mm，厚约 12mm，种皮乳黄白色，合点大，几占种皮面积的一半，深茶褐色，子叶乳白色，单或多胚。花期 5~6 月，果期 10~11 月。

【分布现状】主要分布于中国陕西、甘肃、湖北、湖南、广西、贵州、四川、云南。

【广西产地】融水、龙胜、金秀、环江。

【生　　境】很耐寒，于 -11.5℃仍能正常生长而不受冻害，耐土壤瘦瘠，耐阴，抗病力强。

【经济价值】具有消炎止痛功效，防腐生肌，治伤口溃烂、湿疹、疮疖、肿痛。

道县野橘

Citrus daoxianensis

国家保护等级	《IUCN 濒危物种红色名录》受胁等级	特有植物
二级	近危（NT）	中国特有种

【形态特征】本种与柑橘的区别：叶宽披针形，长 6~7.2cm，宽 2.3~3cm，疏生细圆齿；柑果球形，果顶部具短硬尖，径 2.8~3.2cm，重 11~20g；内果皮厚膜质，囊瓣 7~8，肾形，富含果胶；汁胞纺锤形，淡黄色或橙黄色，具柄，含油腺点，味极酸。花期 5 月，果期 11 月。

【分布现状】主要分布于中国湖南、广西。

【广西产地】资源。

【生　　境】生于山区。

【经济价值】本种为甜橙及酸橙等重要栽培种类古老的基因资源，对柑橘的育种研究意义重大。秋季时硕果累累，也颇具观赏价值。

莽山野橘
Citrus mangshanensis

国家保护等级	《IUCN 濒危物种红色名录》受胁等级	特有植物
二级	近危（NT）	中国特有种

【形态特征】本种与柑橘的区别：叶宽椭圆形或卵形，长 4.2~5.3cm，具细圆齿；花瓣白色；花柱粗短。柑果近梨形或扁球形，径 6~7.5cm，果顶部具短硬尖，富含果胶；汁胞球形或卵形，含油腺点，味极酸微苦。花期 5 月，果期 10 月。

【分布现状】主要分布于中国湖南、广西。

【广西产地】资源。

【生　　境】生于山区。

【经济价值】有消炎止痛功效，防腐生肌，治伤口溃烂、湿疹、疮疖、肿痛。

望谟崖摩
Aglaia lawii

国家保护等级	《IUCN 濒危物种红色名录》受胁等级	特有植物
二级	无危（LC）	

【形态特征】乔木，高达 13m。小枝被苍白色鳞片，复叶长约 50cm，叶柄及叶轴无毛；小叶 6~8，小叶互生或近对生，椭圆形或长椭圆状披针形，长 10~18cm，宽 5~7cm，先端渐尖，基部楔形或圆，上面中脉被鳞片，下面密被鳞片，侧脉 12~15 对；小叶柄长 5~8mm，被鳞片；叶互生，叶柄和叶轴长 4.5~11cm，密被淡褐色鳞片，有小叶 3~5；小叶坚纸质，椭圆形至卵状披针形，长 5~20cm，宽 2~6cm，先端渐尖，基部楔形，稍偏斜，两面无毛，背面脉上疏被褐色鳞片；小叶柄长 2~5mm，稍膨大，密被鳞片。圆锥花序常成总状，腋生，短，长 2~4cm，密被淡褐色鳞片，少花，有时仅含单花。果序长 6~10cm，被鳞片；果椭圆形，长约 2.5cm，顶端骤尖，基部渐窄成短柄状，被鳞片，多皱纹，宿萼圆形，萼齿 4，稍反卷，被鳞片；果皮木质，果柄长 1.3cm；种子为肉质假种皮包被。花期 9~12 月。

【分布现状】主要分布于中国广西、贵州、云南等地。

【广西产地】阳朔、环江。

【生　　境】生于中海拔的山地林中。

【经济价值】木材质硬而重，耐腐，为造船、车辆、家具的优质用材；植物化学成分主要有三萜、二萜、甾体和生物碱等类型化合物，具有抗肿瘤、抗炎、抗菌等多种活性。

红椿
Toona ciliata

国家保护等级	《IUCN 濒危物种红色名录》受胁等级	特有植物
二级	易危（VU）	

【形态特征】大乔木，高可达 20m 余。小枝初时被柔毛，渐变无毛，有稀疏的苍白色皮孔。叶为偶数或奇数羽状复叶，长 25~40cm，通常有小叶 7~8 对；叶柄长约为叶长的 1/4，圆柱形；小叶对生或近对生，纸质，长圆状卵形或披针形，长 8~15cm，宽 2.5~6cm，先端尾状渐尖，基部一侧圆形，另一侧楔形，不等边，边全缘，两面均无毛或仅于背面脉腋内有毛，侧脉每边 12~18 条，背面凸起；小叶柄长 5~13mm。圆锥花序顶生，约与叶等长或稍短，被短硬毛或近无毛；花长约 5mm，具短花梗，长 1~2mm；花萼短，5 裂，裂片钝，被微柔毛及睫毛；花瓣 5，白色，长圆形，长 4~5mm，先端钝或具短尖，无毛或被微柔毛，边缘具睫毛；雄蕊 5，约与花瓣等长，花丝被疏柔毛，花药椭圆形；花盘与子房等长，被粗毛；子房密被长硬毛，每室有胚珠 8~10 颗，花柱无毛，柱头盘状，有 5 条细纹。蒴果长椭圆形，木质，干后紫褐色，有苍白色皮孔，长 2~3.5cm；种子两端具翅，翅扁平，膜质。花期 5~6 月，果期 9~10 月。

【分布现状】主要分布于中国福建、湖南、广东、广西、四川和云南等地；印度、中南半岛、马来西亚、印度尼西亚等。

【广西产地】武鸣、融水、龙胜、合浦、容县、乐业、田林、那坡、隆林。

【生　　境】垂直分布在海拔 300~2600m。强喜光树种，对土壤要求不严，在干旱贫瘠的山坡能正常生长，喜深厚、肥沃、湿润、排水良好的酸性土或钙质土，尤其在土壤比较湿润而肥沃的黄壤或黄棕壤山地或溪涧旁的水湿地生长良好。多生于低山缓坡谷地阔叶林中。

【经济价值】树干通直、生长迅速，木材素有“中国桃花心木”之称；树冠庞大，枝叶繁茂，速生珍贵的用材树种，具有很高的经济价值和开发前景。

柄翅果

Burretiodendron esquirolii

国家保护等级	《IUCN 濒危物种红色名录》受胁等级	特有植物
二级	易危（VU）	

【形态特征】落叶乔木，高 20m。嫩枝被灰褐色星状柔毛。叶纸质，稍偏斜，椭圆形、阔椭圆形或阔倒卵圆形，长 9~14cm，宽 6~9cm，先端急短尖，基部不等侧心形，上面有星状柔毛，暗晦，下面密被灰褐色星状柔毛，基出脉 5 条，四条侧脉均有第二次支脉 4~5 条，边缘有小齿突；叶柄长 2~4cm。聚伞花序约与叶柄等长，有花 3 朵，苞片 2 片，卵形，长 7mm，被毛，早落；雄花：具柄，直径 2cm；萼片长圆形，长 1cm，宽 4mm，外面被星状柔毛，内面基部有胀起腺点，长约为萼片的 1/3；花瓣阔倒卵形，长 1.1cm，宽 7mm，基部有柄，长 3~4mm，先端近截头状；雄蕊约 30 枚，长 7mm，基部稍连生，花药长 2mm。果序有具翅蒴果 1~2 个，果序柄长约 1cm；果柄比果序柄略短，无节，均被星状毛；蒴果椭圆形，长 3.5~4cm，有 5 条薄翅，基部圆形，有长 3~4mm 的子房柄；种子长倒卵形，长约 1cm。花期 5 月，果期 9~10 月。

【分布现状】主要分布于中国云南、贵州、广西。

【广西产地】西林、乐业、田林、隆林、天峨。

【生　　境】生于海拔 200~1100m 的阔叶林中。喜暖树种，幼树可耐一定阴湿，对土壤适应性广，在石灰岩、砂岩、页岩等母岩发育而成的红色石灰土、红褐土、砖红壤性土均能生长。

【经济价值】木质坚硬，耐磨不变形，强度很高，是特种工业用材，更是造船、高级家具的珍贵用材。

海南椴

Diplodiscus trichospermus

国家保护等级	《IUCN 濒危物种红色名录》受胁等级	特有植物
二级	易危（VU）	

【形态特征】灌木或小乔木，高达 15m。树皮灰白色。嫩枝密被灰褐色茸毛，老枝暗褐色，秃净。叶薄革质，卵圆形，长 6~12cm，宽 4~9cm，先端渐尖或锐尖，基部微心形或截形，上面无毛或近无毛，下面密被贴紧灰黄色星状短茸毛，全缘或微波状，或上部有小齿，基出脉 5~7 条；叶柄长 2.5~5.5cm，被毛。圆锥花序顶生，长达 26cm，有花多数，花序柄密被灰黄色星状短茸毛；花柄长 5~7mm，被毛；苞片小，早落；花萼 2~5 裂，裂齿大小不等，长 3~4mm，外面密被淡黄色星状柔毛；花瓣黄色或白色，倒披针形，长 6~7mm，钝头，无毛；雄蕊 20~30 枚，花丝基部连成 5 束，无毛；退化雄蕊 5 枚，披针形，长约 2.5mm，顶端尖；子房卵圆形，5 室，密被星状短柔毛，花柱单生，柱头锥状。蒴果倒卵形，有 4~5 棱，长 2~2.5cm，熟时 5~4 爿室背开裂，果爿有深槽，内面无毛，外面密被淡黄色星状短柔毛；种子椭圆形，长约 4mm，密被黄褐色长柔毛；每一果内有种子 10 粒左右，千粒重 23.8 克。花期秋季，果期冬季。

【分布现状】主要分布于中国海南和广西等地。

【广西产地】隆安、大新、宁明、龙州。

【生　　境】生于中海拔的山地疏林中。喜高温、热量丰富的环境，有一定抗寒能力。

【经济价值】树干通直，材质优良，可作家具、室内装饰优良用材；树皮是一种优质纤维原料；枝叶可入药，用于清热解毒，具抗衰老、抗肝毒、降血糖、降血脂等功效。

广西火桐

Erythropsis kwangsiensis

国家保护等级	《IUCN 濒危物种红色名录》受胁等级	特有植物
一级	极危（CR）	中国特有种

【形态特征】落叶乔木，高达 10m。树皮灰白色，不裂。小枝干时灰黑色，几无毛。嫩芽密被淡黄褐色星状短柔毛。叶纸质，广卵形或近圆形，长 10~17cm，宽 9~17cm，全缘或在顶端 3 浅裂，裂片楔状短渐尖，长 2~3cm，基部截形或浅心形，两面均被很稀疏的短柔毛，并在 5~7 条基生脉的脉腋间密被淡黄褐色星状短柔毛；小脉在两面均凸出，几乎互相平行；叶柄长达 20cm，略被稀疏的淡黄褐色星状短柔毛。聚伞状总状花序长 5~7cm，花梗长 4~8mm，均密被金黄色且带红褐色的星状茸毛；萼圆筒形，长 32mm，宽 11mm，顶端 5 浅裂，外面密被金黄色且带红褐色的星状茸毛，内面鲜红色，被星状小柔毛，萼的裂片三角状卵形，长约 4mm；雄花的雌雄蕊柄长 28mm，雄蕊 15 枚，集生在雌雄蕊柄的顶端成头状。花期 6 月。

【分布现状】主要分布于中国广西、云南、贵州。

【广西产地】靖西、环江、那坡。

【生　　境】生于靖西市海拔 910m 的山谷缓坡灌丛中。

【经济价值】花期较长，花色显眼靓丽，金光灿烂，非常夺目，是城市绿化美化的极佳树种；木材纹理直，易加工，是制作家具、建筑、胶合板的上等用材。

蚬木

Excentrodendron tonkinense

国家保护等级	《IUCN 濒危物种红色名录》受胁等级	特有植物
二级	无危（LC）	

【形态特征】常绿乔木，高 20m。嫩枝及顶芽无毛。叶革质，卵圆形或椭圆状卵形，长 8~14cm，宽 5~8cm，先端渐尖或尾状渐尖，基部圆形，上面绿色，发亮，脉腋有囊状腺体，下面黄褐色，除脉腋有毛丛外其余秃净，基出脉 3 条，两条侧脉上升过半，离边缘有 1~1.5cm，有第二次分枝小脉 4~5 条，另两条边脉靠近叶缘，全缘；叶柄长 3.5~6.5cm。圆锥花序长 5~9cm，有花 7~13 朵；花柄无节，有短柔毛；两性花：萼片长圆形，长约 1cm，外面被褐色星状柔毛，内面无毛，无腺体，或内侧数片每片有 2 个球形腺体，花瓣阔倒卵形，长 8~9mm，宽 5~6mm，基部有明显的柄；雄蕊 26~35 枚，花丝线形，长 4~6mm，基部略连生，花药长 3mm；子房 5 室，每室有胚珠 2 颗，生于中轴胎座，花柱 5 条，极短。雌花未见。翅果长 2~3cm，有 5 条薄翅。花期 3 月，果期 6 月。

【分布现状】主要分布于中国广西、云南；越南、老挝。

【广西产地】武鸣、隆安、马山、大新、天等、宁明、龙州、百色、平果、乐业、德保、田阳、田林、那坡、田东、巴马、天峨。

【生　　境】生于石灰岩的常绿林里，是桂西石灰岩山地常绿林的主要建群种。

【经济价值】石灰岩季雨林的特征物种和中国著名硬木之一，是热带石灰岩的特有植物，有较重要的研究价值；木材坚重，结构均匀，纹理美观，干缩性小，抗压、抗剪强度高，韧性大，耐腐性强，防虫性好，可塑性大，透水性低，易上油漆、不腐蚀金属，可作船舶、车辆、特种建筑、高档家具、机械垫木、手工刨床等珍贵用材，也是作砧板的优质材料。

龙州梧桐
Firmiana calcarea

国家保护等级	《IUCN 濒危物种红色名录》受胁等级	特有植物
二级	濒危（ER）	广西特有种

【形态特征】落叶灌木，高 2~5m。小枝圆柱状，带绿色，无毛或星状短柔毛。叶片心形或卵形，全缘或 3 浅裂，长 6~12cm，宽 6~15cm，基部圆形或心形，正面星状毛，背面灰白色，密被星状毛，基生脉 5~7，侧脉 2~4 条；叶柄长 3.5~13.0cm，密被淡黄星状短柔毛。花序圆锥状，顶生或腋生，长 10~23cm；花萼长约 9mm，浅玫瑰色，近基部裂，裂片长 7~8mm，反折，背面密被黄棕色星状短柔毛，正面赭色，具星状短柔毛；雄花：蕊柄长约 8mm，圆柱状，花药 15，在先端不规则头状簇生；雌花：子房卵球形，直径约 2.5mm，纵向 5 沟槽，密被星状短柔毛，退化花药环绕子房基部。蓇葖膜质，长 5~7cm，宽 2~3cm，近无毛，有 2~4 种子；种子黄棕色，球状，直径约 7mm。花期 4~8 月，果期 7~9 月。

【分布现状】主要分布于中国广西。

【广西产地】龙州、扶绥。

【生　　境】生于海拔 300~500m 石灰岩山顶的岩石裂隙中。

【经济价值】树形美观，叶形优美，花色艳丽，观赏价值高；木材质轻软，可作室内装修；种子含淀粉、油脂。

美丽火桐

Firmiana pulcherrima

国家保护等级	《IUCN 濒危物种红色名录》受胁等级	特有植物
二级	濒危（ER）	中国特有种

【形态特征】落叶乔木，高达 18m。树皮灰白色或褐黑色。嫩枝干时紫色，近于无毛。叶异型，薄纸质，掌状 3~5 裂或全缘，长 7~23cm，宽 7~19cm，顶端尾状渐尖，基部截形或浅心形，仅在主脉的基部略被褐色星状短柔毛，中间的裂片长达 14cm，两侧的裂片长达 9cm，基生脉 5 条，叶脉在两面均凸出；叶柄长 6~17cm，无毛。聚伞花序作圆锥花序式排列，长 8~14cm，密被棕红褐色星状短柔毛；花梗长 3~4mm；萼近钟形，长 16mm，宽 8mm，顶端 5 浅裂，两面均密被棕红褐色星状短柔毛，在内面近基部有一圈白色长茸毛，萼的裂片三角形，长 3mm，雄花的雌雄蕊柄长 2.4cm，被星状毛，花药 15~25 枚聚生在雌雄蕊柄的顶端成头状并围绕退化雌蕊；退化雌蕊的心皮 5 枚，近于分离。花期 4~5 月。

【分布现状】主要分布于中国海南和广西。

【广西产地】上思、防城。

【生　　境】生于森林中和山谷溪旁。

【经济价值】树形美观，叶形优美，花色艳丽，观赏价值高。

粗齿梭罗

Reevesia rotundifolia

国家保护等级	《IUCN 濒危物种红色名录》受胁等级	特有植物
二级	濒危（EN）	中国特有种

【形态特征】乔木，高 16m。树皮灰白色。幼枝密被淡黄褐色星状短柔毛。叶薄革质，圆形或倒卵状圆形，直径 6~11.5cm，或宽略过于长，顶端圆形或截形而有凸尖，基部截形或圆形，在顶端的两侧有粗齿 2~3 个，上面沿主脉和侧脉被淡黄褐色短柔毛，下面密被淡黄褐色短柔毛，侧脉 5~6 对；叶柄长 4~4.5cm，被毛。蒴果倒卵状矩圆形，有 5 棱，长 3~4cm，顶端圆形，被淡黄色短柔毛和灰白色鳞秕；种子连翅长约 2.5cm，翅膜质，褐色，顶端斜钝形。花期 4~5 月。

【分布现状】主要分布于中国广西十万大山以南地区、广东。花期 4~5 月。

【广西产地】防城。

【生　　境】生于海拔 1000m 的森林中和山谷溪旁。

【经济价值】常绿阔叶树种，树冠庞大，分枝低而多，有榕树之形；花瓣白色，香味独特，可以作为园林绿化观赏树种；木材质地紧密轻巧，纹理颇美，适合作家具用材；树皮可作为优质纤维原料。

土沉香

Aquilaria sinensis

国家保护等级	《IUCN 濒危物种红色名录》受胁等级	特有植物
二级	易危（VU）	中国特有种

【形态特征】乔木，高 5~15m。树皮暗灰色，几平滑，纤维坚韧。小枝圆柱形，具皱纹，幼时被疏柔毛，后逐渐脱落，无毛或近无毛。叶革质，圆形、椭圆形至长圆形，有时近倒卵形，长 5~9cm，宽 2.8~6cm，先端锐尖或急尖而具短尖头，基部宽楔形，上面暗绿色或紫绿色，光亮，下面淡绿色，两面均无毛，侧脉每边 15~20，在下面更明显，小脉纤细，近平行，不明显，边缘有时被稀疏的柔毛；叶柄长约 5~7mm，被毛。花芳香，黄绿色，多朵，组成伞形花序；花梗长 5~6mm，密被黄灰色短柔毛；萼筒浅钟状，长 5~6mm，两面均密被短柔毛，5 裂，裂片卵形，长 4~5mm，先端圆钝或急尖，两面被短柔毛；花瓣 10，鳞片状，着生于花萼筒喉部，密被毛；雄蕊 10，排成 1 轮，花丝长约 1mm，花药长圆形，长约 4mm；子房卵形，密被灰白色毛，2 室，每室 1 胚珠，花柱极短或无，柱头头状。蒴果果梗短，卵球形，幼时绿色，长 2~3cm，直径约 2cm，顶端具短尖头，基部渐狭，密被黄色短柔毛，2 瓣裂，2 室，每室具有 1 种子；种子褐色，卵球形，长约 1cm，宽约 5.5mm，疏被柔毛，基部具有附属体，附属体长约 1.5cm，上端宽扁，宽约 4mm，下端成柄状。花期春夏，果期夏秋。

【分布现状】主要分布于中国广东、海南、广西、福建。

【广西产地】南宁、合浦、防城、东兴、灵山、浦北、桂平、北流、陆川、博白、崇左、大新。

【生　　境】喜生于低海拔的山地、丘陵以及路边阳处疏林中。

【经济价值】以带黑色树脂的干燥心材入药，药材名沉香，具有降气温中、暖肾纳气等功效，可治疗气逆喘息、呕吐呃逆、脘腹胀痛、腰膝虚冷等病症；树皮纤维供造纸和人造棉原料；种子油供工业用；叶片可作为保健类茶饮。此种综合利用大有可为。

狭叶坡垒

Hopea chinensis

国家保护等级	《IUCN 濒危物种红色名录》受胁等级	特有植物
二级	易危（VU）	

【形态特征】乔木，高 15~20m。具白色芳香树脂。树皮灰黑色，平滑。枝条红褐色，具白色皮孔，被灰色星状毛或短茸毛。叶互生，全缘，革质，长圆状披针形或披针形，长 7~13cm，宽 2~4cm，侧脉 7~12 对，在下面明显突起，先端渐尖或尾状渐尖，基部圆形或楔形，两侧略不等，上面无毛，下面被疏毛或无毛；叶柄长约 1cm，黑褐色，具环状裂纹，无毛或被疏毛。圆锥花序腋生、纤细，少花，长 4~18cm，被疏毛；花萼裂片 5 枚，覆瓦状排列，无毛；花瓣 5 枚，淡红色，扭曲，椭圆、形，长约 3~4mm，被黄色长茸毛；雄蕊 15 枚，花药卵圆形，近相等，药隔附属体丝状，长约 2mm；子房 3 室，每室具胚珠 2 枚。果实卵形，黑褐色，具尖头；增大的 2 枚花萼裂片为长圆状披针形或长圆形，长 8~9cm，宽 1.5cm，先端圆形，具纵脉 12 条，无毛。花期 6~7 月，果期 10~12 月。

【分布现状】主要分布于中国广西。

【广西产地】防城、上思。

【生　　境】生于海拔 600m 左右的山谷、坡地、丘陵地区。

【经济价值】中国热带季节性雨林的特有珍贵树种，木材又硬又重、富含抗老化物质、耐腐力极强，有“万年木”之称，可作军工、车船、机械和家具等用材。

望天树
Parashorea chinensis

国家保护等级	《IUCN 濒危物种红色名录》受胁等级	特有植物
一级	濒危（EN）	

【形态特征】大乔木，高 40（60）m，胸径 60~150cm。树皮灰色或棕褐色，树干上部的为浅纵裂，下部呈块状剥落。幼枝被鳞片状的茸毛，具圆形皮孔。叶革质，椭圆形或椭圆状披针形，长 6~20cm，宽 3~8cm，先端渐尖，基部圆形，侧脉羽状，14~19 对，在下面明显突起，网脉明显，被鳞片状毛或茸毛；叶柄长 1~3cm，密被毛；托叶纸质，早落，卵形，基部抱茎，具纵脉 5~7 条，被鳞片状毛或茸毛。圆锥花序腋生或顶生，长 5~12cm，密被灰黄色的鳞片状毛或茸毛；每个小花序分枝处具小苞片 1 对；每分枝有花 3~8 朵，每朵花的基部具 1 对宿存的苞片，苞片卵形或卵状椭圆形，长 6~13mm，宽 4~7mm，具纵脉 6~9 条；花萼裂片 5 枚，覆瓦状排列，长 4~5mm，宽 1~1.5mm，内外两面均被鳞片状毛或茸毛；花瓣 5 枚，黄白色，芳香，长 6~11mm，宽 3~7mm，具纵脉 10~14 条，外面被鳞片状毛，内面近无毛；雄蕊 12~15 枚，长约 4mm，两轮排列，花药线状披针形，药室顶部具尖头，药隔附属体锥状；子房长卵形，3 室，每室具胚珠 2 枚，密被白色的绢状毛，花柱细柱状，无毛，柱头小，略 3 裂。果实长卵形，密被银灰色的绢状毛；果翅近等长或 3 长 2 短，近革质，长 6~8cm，宽 0.6~1cm，具纵脉 5~7 条，基部狭窄不包围果实。花期 5~6 月，果期 8~9 月。

【分布现状】主要分布于中国云南、广西等地；东南亚大部分热带雨林。

【广西产地】大新、龙州、田阳、那坡、都安、巴马。

【生　　境】生于海拔 300~1100m 的沟谷、坡地、丘陵及石灰山密林中，在湿润沟谷、坡脚台地上，组成单优种的季节性雨林。望天树的所在地，大部分为原始沟谷雨林及山地雨林。

【经济价值】因其树干通直、出材率高且材质坚硬耐腐性强、木材剖切面光滑、纹理直而不易变形、花纹美观等优良特性，通常在豪华船艇制造业、建筑装潢业、高端家具制造及工业木料等领域广泛应用。

广西青梅
Vatica guangxiensis

国家保护等级	《IUCN 濒危物种红色名录》受胁等级	特有植物
一级	极危（CR）	

【形态特征】乔木，高约 30m。1 年生枝条密被黄褐色至棕褐色的星状茸毛，老枝无毛。叶革质，椭圆形至椭圆状披锥形，长 6~17cm，宽 1.5~4cm，先端渐尖或短渐尖，基部楔形，两面被灰黄色的星状毛，后无毛或下面被疏星状毛，侧脉 15~20 对，两面均明显突起；叶柄长约 1.5cm，被黄褐色的星状毛。圆锥花序顶生或腋生，粗壮，长 3~9cm，密被黄褐色星状毛；花萼裂片 5 枚，大小略不等，镊合状排列，两面密被银灰色的星状毛，花瓣 5 枚，长 1~1.3cm，宽 4~5mm，淡红色，外面密被银灰色的星状毛或短茸毛，内面无毛或边缘上具疏星状毛；雄蕊 15 枚，两轮排列，花丝短，三角状，花药长圆形，药隔附属体短而钝；子房近球形，密被灰色至灰黄色的星状毛或茸毛；花柱长约 1mm，无毛，柱头头状，3 裂。果实近球形，被短而紧贴的星状毛；增大的 2 枚花萼裂片其中两枚较长，为长圆状椭圆形，长 6~8cm，宽 1.5~2cm，先端圆形，具纵脉 5 条，其余 3 枚为线状披针形，均被疏星状毛。花期 4~5 月，果期 7~8 月。

【分布现状】主要分布于中国广西、云南。

【广西产地】那坡。

【生　　境】生于海拔 800m 左右的坡地、丘陵地带，分布区受东南季风和西南季风的影响。

【经济价值】广西新发现的热带稀有珍贵树种之一，木材淡褐色，纹理直，结构细致，材质重硬，耐腐性强，刨切面光滑，是造船、车辆、家具、桥梁和建筑等优质用材。

伯乐树

Bretschneidera sinensis

国家保护等级	《IUCN 濒危物种红色名录》受胁等级	特有植物
二级	近危（NT）	

【形态特征】乔木，高 10~20m。树皮灰褐色。小枝有较明显的皮孔。羽状复叶通常长 25~45cm，总轴有疏短柔毛或无毛；叶柄长 10~18cm，小叶 7~15 片，纸质或革质，狭椭圆形、菱状长圆形、长圆状披针形或卵状披针形，多少偏斜，长 6~26cm，宽 3~9cm，全缘，顶端渐尖或急短渐尖，基部钝圆或短尖、楔形，叶面绿色，无毛，叶背粉绿色或灰白色，有短柔毛，常在中脉和侧脉两侧较密；叶脉在叶背明显，侧脉 8~15 对；小叶柄长 2~10mm，无毛。花序长 20~36cm；总花梗、花梗、花萼外面有棕色短茸毛；花淡红色，直径约 4cm，花梗长 2~3cm；花萼直径约 2cm，长 1.2~1.7cm，顶端具短的 5 齿，内面有疏柔毛或无毛，花瓣阔匙形或倒卵楔形，顶端浑圆，长 1.8~2cm，宽 1~1.5cm，无毛，内面有红色纵条纹；花丝长 2.5~3cm，基部有小柔毛；子房有光亮、白色的柔毛，花柱有柔毛。果椭圆球形，近球形或阔卵形，长 3~5.5cm，直径 2~3.5cm，被极短的棕褐色毛和常混生疏白色小柔毛，有或无明显的黄褐色小瘤体，果瓣厚 1.2~5mm；果柄长 2.5~3.5cm，有或无毛；种子椭圆球形，平滑，成熟时长约 1.8cm，直径约 1.3cm。花期 3~9 月，果期 5 月至翌年 4 月。

【分布现状】主要分布于中国四川、云南、贵州、广西、广东、湖南、湖北、江西、浙江、福建等地；越南北部。

【广西产地】武鸣、融水、全州、兴安、荔浦、龙胜、岑溪、象州、金秀、贺州。

【生　　境】常散生于湿润的沟谷坡地或溪旁的常绿 - 落叶阔叶混交林中。为中性偏喜光树种，幼年耐阴，深根性，抗风力较强，稍能耐寒，但不耐高温。

【经济价值】种冠大阴浓，树干通直，材质优良；花大型，总状花序顶生，初夏盛开时满树粉红如霞，格外引人注目；果实成熟时暗红色，挂满枝头，形如小仙桃，在绿叶的衬托下，十分耀眼，独具特色，具有很高的观赏价值，是优良的园林观赏和绿化造林树种；因主根直伸，侧根发达，为深根性树种，抗风力强，生长较快，为中低山区的一个优良的速生树种。

蒜头果
Malania oleifera

国家保护等级	《IUCN 濒危物种红色名录》受胁等级	特有植物
二级	易危（VU）	

【形态特征】多年生草本。根状茎木质化，黑褐色。茎直立，高 50~100cm，分枝，具纵棱，无毛。有时一侧沿棱被柔毛。叶三角形，长 4~12cm，宽 3~11cm，顶端渐尖，基部近戟形，边缘全缘，两面具乳头状突起或被柔毛；叶柄长可达 10cm；托叶鞘筒状，膜质，褐色，长 5~10mm，偏斜，顶端截形，无缘毛。花序伞房状，顶生或腋生；苞片卵状披针形，顶端尖，边缘膜质，长约 3mm，每苞内具 2~4 花；花梗中部具关节，与苞片近等长；花被 5 深裂，白色，花被片长椭圆形，长约 2.5mm，雄蕊 8，比花被短，花柱 3，柱头头状。瘦果宽卵形，具 3 锐棱，长 6~8mm，黑褐色，无光泽，超出宿存花被 2~3 倍。花期 7~9 月，果期 8~10 月。

【分布现状】主要分布于中国广西和云南。

【广西产地】隆安、大新、龙州、百色、凌云、乐业、平果、德保、田阳、靖西、田东、乐业、隆林、凤山。

【生　　境】生于海拔 500~1640m 的山地。喜生于湿润肥沃的土壤上和石灰岩山地混交林内或稀树灌丛林中，在砂岩、页岩地区的酸性土上也有生长。

【经济价值】种仁中神经酸含量高达 40%~67%，是一种超长链单不饱和脂肪酸，在恢复神经末梢活性、促进神经细胞生长和发育、提高脑神经的活跃、防止脑神经衰弱等方面有相当好的疗效。神经酸在婴幼儿和儿童食品（营养品）、成人保健品、神经性疾病治疗药物方面具有广阔的应用前景，被认为是 21 世纪最有前途的脑健康产品。由于神经酸人工化学合成和生物化学合成都很困难，从动物体内获得神经酸资源受限，从植物中可持续获得神经酸资源是主要解决途径。在已发现的含神经酸植物中，蒜头果种仁油中神经酸含量最高，是开发神经酸最为理想的资源植物。

金荞麦

Fagopyrum dibotrys

国家保护等级	《IUCN 濒危物种红色名录》受胁等级	特有植物
二级	无危（LC）	

【形态特征】多年生草本。根状茎木质化，黑褐色。茎直立，高 50~100cm，分枝，具纵棱，无毛。有时一侧沿棱被柔毛。叶三角形，长 4~12cm，宽 3~11cm，顶端渐尖，基部近戟形，边缘全缘，两面具乳头状突起或被柔毛；叶柄长可达 10cm；托叶鞘筒状，膜质，褐色，长 5~10mm，偏斜，顶端截形，无缘毛。花序伞房状，顶生或腋生；苞片卵状披针形，顶端尖，边缘膜质，长约 3mm，每苞内具 2~4 花；花梗中部具关节，与苞片近等长；花被 5 深裂，白色，花被片长椭圆形，长约 2.5mm，雄蕊 8，比花被短，花柱 3，柱头头状。瘦果宽卵形，具 3 锐棱，长 6~8mm，黑褐色，无光泽，超出宿存花被 2~3 倍。花期 7~9 月，果期 8~10 月。

【分布现状】主要分布中国华中、华南及西南地区；印度、尼泊尔、越南、泰国。

【广西产地】南宁、临桂、兴安、资源、龙胜、容县、平南、金秀、凌云。

【生　　境】生于海拔 250~3200m 的山谷湿地、山坡灌丛。

【经济价值】膨大状根茎是一味传统中药材，在中国药典中俗称地赤利、荞麦三七、开金锁银等，具有清热解毒、活血消痈、祛风除湿等功效，主治肺痈、肺热咳喘、咽喉肿痛、痢疾、风湿痹证、跌打损伤、痈肿疮毒、蛇虫咬伤。

海南紫荆木
Madhuca hainanensis

国家保护等级	《IUCN 濒危物种红色名录》受胁等级	特有植物
二级	无危（LC）	中国特有种

【形态特征】乔木，高 9~30m。树皮暗灰褐色，内皮褐色，分泌多量浅黄白色黏性汁液。幼嫩部分几乎全部被锈红色、发亮的柔毛。托叶钻形，长 3mm，宽 1mm，被柔毛，早落。叶聚生于小枝顶端，革质，长圆状倒卵形或长圆状倒披针形，长 6~12cm，宽 2.5~4cm，顶端圆而常微缺，中部以下渐狭，下延，上面有光泽，无毛，下面幼时被锈红色、紧贴的短绢毛，后变无毛，中脉在上面略凸起，下面凸起，侧脉极纤细，20~30 对，密集，明显，成 60° 角上升，上面微凹，下面微凸，网脉不明显；叶柄长 1.5~3cm，上面具沟或平坦，被灰色茸毛。花 1~3 朵腋生，下垂；花梗长 2~3cm，密被锈红色绢毛；花萼外轮 2 裂片较大，内轮的较小，长椭圆形或卵状三角形，长 1.5~8（12）mm，宽 5.5~6.5mm，先端钝，两面密被锈色毡毛；花冠白色，长 1~1.2cm，无毛，冠管长约 4mm，裂片 8~10，卵状长圆形，长约 8mm，上部短尖；能育雄蕊 28~30 枚，3 轮排列，花丝丝状，长约 1.5mm，花药长卵形，长约 3.5mm；子房卵球形，被锈色绢毛，6~8 室，长约 2mm，花柱长约 12mm，中部以下被绢毛。果绿黄色，卵球形至近球形，长 2.5~3cm，宽 2~2.8cm，被短柔毛，先端具花柱的残余；果柄粗壮，长 3~4.5cm；种子 1~5，长圆状椭圆形，两侧压扁，长达 2~2.5cm，宽 0.8~1.2cm，种子褐色，光亮，疤痕椭圆形，无胚乳。花期 6~9 月，果期 9~11 月。

【分布现状】主要分布于中国海南和广西。

【广西产地】上思。

【生　　境】生于海拔 1000m 左右的山地常绿林中。

【经济价值】材质特重而坚韧，结构密致而均匀，极耐腐，切面有光泽，干后少开裂，少变形，被广泛应用于机械器具、运动器械、轴承、造船、桥梁、车辆等制造；种子含油量达 55%，油可食用和工业用；树皮含鞣质，可制栲胶。

紫荆木

Madhuca pasquieri

国家保护等级	《IUCN 濒危物种红色名录》受胁等级	特有植物
二级	易危（VU）	

【形态特征】高大乔木，高达 30m，胸径达 60cm。树皮灰黑色，具乳汁。嫩枝密生皮孔，被锈色茸毛，后变无毛。托叶披针状线形，长 3mm，宽 1mm，早落。叶互生，星散或密聚于分枝顶端，革质，倒卵形或倒卵状长圆形，长 6~16cm，宽 2~6cm，先端阔渐尖而钝头或骤然收缩，基部阔渐尖或尖楔形，两面无毛，上面具光泽或无，边缘外卷，中脉在上面稍凸起，在下面浑圆且十分凸起，侧脉 13~22（26）对，表面不十分明显，下面明显，成 80° 角上升；叶柄细，长约 1.5~3.5cm，被锈色或灰色短柔毛，上面具深沟槽。花数朵簇生叶腋，花梗纤细，长 1.5~3.5cm，被锈色或灰色短柔毛；花萼 4 裂，稀 5 裂，裂片卵形，钝，长 3~6mm，宽 3~5mm，外面和内面的上部被灰色或锈色茸毛；花冠黄绿色，长 5~7.5mm，无毛，裂片 6~11，长圆形，钝，长 4~5mm，宽 2~2.5mm，冠管长 1.5mm；能育雄蕊（16）18~22（24），花丝钻形，长约 1mm，无毛，花药卵状披针形，长 1.5~2.5mm；子房卵形，长 1~2mm，6~8 室，密被锈色短柔毛，花柱钻形，长 8~10mm，上半部无毛，下半部密被锈色短柔毛。果椭圆形或小球形，长 2~3cm，宽 1.5~2cm，基部具宿萼，先端具宿存、花后延长的花柱，果皮肥厚，被锈色茸毛，后变无毛；种子 1~5 枚，椭圆形，长 1.8~2.7cm，宽 1~1.2cm，疤痕长圆形，无胚乳，子叶扁平，油质。花期 7~9 月，果期 10 月至翌年 1 月。

【分布现状】主要分布于中国广东西南部、广西南部、云南东南部；越南北部。

【广西产地】岑溪、藤县、防城、东兴、上思、容县、陆川、博白、大新、宁明、龙州、金秀、靖西。

【生　　境】生于海拔 1100m 以下的混交林中或山地林缘。

【经济价值】广西珍贵用材和油料兼备的稀有树种。心材红褐色，有光泽，边材色较淡，纹理直，结构细致，木材坚重，花纹美观，干燥后少开裂、耐水湿、不易遭虫蛀，可作建筑、高档家具、雕刻、工艺品、室内装饰等珍贵用材；种子含油，种仁出油率 39%~45%，味香可食，也可作工业用油；木质可入药，有活血、通淋之功效，主治妇女痛经、瘀血腹痛、淋病。

小萼柿
Diospyros minutisepala

国家保护等级	《IUCN 濒危物种红色名录》受胁等级	特有植物
二级	极危（CR）	中国特有种

【形态特征】常绿乔木，高达 18m，树干直径达 50cm。树皮深棕色，不规则鳞片状。幼枝绿色，被微柔毛。叶互生，椭圆形或卵形，8~14cm × 3.5~5.5cm，革质，除下表面沿中脉外无毛，正面深绿色有光泽，背面稍苍白，干燥时带褐色；边缘全缘，稍外卷；基部圆形到钝，先端锐尖；中脉在下表面突出，在上表面凹陷；侧脉每侧 6~8 条，纤细，弓形，将近叶缘网结，上表面不明显，下表面突出；网状脉在下表面明显；叶柄长 5~8mm，被微柔毛。未见雄花；雌花单生，腋生在当年的枝上；花梗短，2~3mm 长，密被棕色具糙伏毛；萼裂片 4，分裂到中部，宽三角形，长 1mm，宽 2mm，外面具浓密棕色糙伏毛，里面无毛；花冠淡黄色，芳香；花冠筒四棱，长约 5mm，直径 6mm；花冠瓶状，裂至中部；裂片 4，反折，长约 6mm，宽 3mm；外面密被白色绢毛，里面光滑；退化雄蕊 8，贴生于花冠基部，无毛，长约 2mm；子房卵球形，长约 4mm，直径约 3mm，无毛，8 室；柱头 4。果梗约 3mm；果萼不宿存；成熟时的浆果橙黄色，球状或在两端凹陷，直径 6~8（10）cm，无毛；种子 6~8，棕色，侧面压扁，35mm × 22mm × 15mm，表面具纵向凹槽。花期 4~5 月，果期 9~10 月。

【分布现状】主要分布于中国广西西南部、云南。

【广西产地】靖西。

【生　　境】生于石灰岩山地。

【经济价值】优良的果树资源和风景树。

圆籽荷
Apterosperma oblata

国家保护等级	《IUCN 濒危物种红色名录》受胁等级	特有植物
二级	易危（VU）	中国特有种

【形态特征】灌木至小乔木，高 3~l0m。嫩枝有柔毛，老枝变秃，干后黑褐色。叶聚生于枝顶，革质，狭椭圆形或长圆形，长 5~l0cm，宽 1.5~3cm，先端渐尖，基部楔形，上面深绿色，下面初时有柔毛，以后变秃；侧脉 7~9 对，靠近边缘弯曲相结合，在两面均明显，边缘有锯齿；叶柄长 3~6mm，有毛。花浅黄色，直径 1.5cm，顶生或腋生，有花 5~9 朵排成总状花序，花柄长 4~5mm，有毛；苞片细小，紧贴于花萼下，早落；萼 5 片，阔卵形，长 4mm，先端圆，基部近离生，有毛；花瓣 5 片，基部连生，阔倒卵形，长 7mm，宽 6mm，背面有毛；雄蕊 22~24 个，长 4~5mm，花药 2 室，基部叉开；子房圆锥形，基部有毛，5 室，每室有胚珠 3~4 个，花柱极短，先端 5 浅裂。蒴果扁球形，宽 8~10mm，高 5~6mm，5 裂开，中轴长 5mm；种子褐色，长 4mm，厚 1.5mm，无翅。花期 4~5 月。

【分布现状】主要分布于中国广西和广东。

【广西产地】桂平。

【生　　境】喜空气、湿度大、干湿季不大分明的气候类型，年降水量 1500~1900mm，耐阴树种，常生于富含腐殖质的赤红壤中。

【经济价值】常绿灌木或小乔木，木材结构细致，材质坚硬，为优良用材。

中东金花茶
Camellia achrysantha

国家保护等级	《IUCN 濒危物种红色名录》受胁等级	特有植物
二级	易危（VU）	

【形态特征】常绿灌木或小乔木，高 2~3m。树皮黄褐色。叶革质，长 6~9.5cm，宽 2.5~4cm，先端钝尖，基部阔楔形，腹背两面无毛；侧脉 5~6 对，在腹面稍下陷，网脉不明显；边缘具细锯齿，或近全缘；叶柄长 5~7mm。花单生于叶腋，直径 2.5~4cm，黄色；花梗下垂，长 5~10mm；苞片 4~6 枚，半圆形，长 2~3mm，外面无毛，内面被白色短柔毛；萼片 5 枚，近圆形，长 4~10mm，无毛，但内侧有短柔毛；花瓣 10~13 片，外轮近圆形，长 1.5~1.8cm，宽 1.2~1.5cm，无毛，内轮倒卵形或椭圆形，长 2.5~3cm，宽 1.5~2cm；雄蕊多数，外轮花丝连成短管，长 1~2cm；子房 3~4 室，无毛，花柱 3~4 枚，长 1.8~2cm，分离。蒴果扁三角状球形或扁球形，直径 3~4cm，每室有种子 1~2 粒。花期 12 月至翌年 3 月。

【分布现状】主要分布于中国广西。

【广西产地】扶绥。

【生　　境】生于石灰岩山地常绿林中。

【经济价值】树形美，花量大，观赏价值，为优良的园林绿化树种。

薄叶金花茶

Camellia chrysanthoides

国家保护等级	《IUCN 濒危物种红色名录》受胁等级	特有植物
二级	易危（VU）	广西特有种

【形态特征】常绿灌木或小乔木，高 2~5m。树皮灰褐色，无毛。嫩叶紫红色，老叶革质，长椭圆形，长 7.5~19cm，宽 3.5~6cm，先端尾状渐尖或急尖，基部楔形或近圆形；边缘具细锯齿；腹面深绿色，背面淡绿色，散生黑褐色小腺点，两面均无毛；侧脉 9~13 对，干后在腹面下陷，在背面突起，中脉在腹面稍突起，在背面明显突起，网脉在腹面不明显下陷，在背面明显突起；叶柄长 0.9~1.2cm，在腹面有沟槽，无毛，绿色。花单生，腋生或顶生，直径 1.5~3.5cm，近无花梗；苞片 5~6 枚，近圆形，直径 2~4mm，外面被灰色柔毛，边缘具缘毛；萼片 5 枚，近圆形或宽卵形，直径 3~5mm，覆瓦状排列，外面上部常有紫红色斑块，且被灰色短柔毛较密，内面柔毛较少，边缘膜质；花瓣约 9 片，金黄色，分离，近圆形至长圆形，长 1~1.9cm，宽 0.9~1.5cm，外面被稀疏的银色小柔毛或近无毛；雄蕊多数，成 4 轮排列，长约 0.9cm，花丝无毛；子房 3 室，密被灰白色柔毛，花柱 3 枚，完全分离，长约 1.5cm，中部以下常被短柔毛。蒴果扁球形或三角状扁球形，直径 2~2.5cm，高约 1cm，表面被短柔毛，鲜果灰绿色，干后紫褐色，果皮薄，约 1mm；每室种子 1~2 粒，灰褐色，无毛。花期 11 月至翌年 1 月。

【分布现状】主要分布于中国广西。

【广西产地】龙州、凭祥。

【生　　境】生于海拔 100~260m 的酸性土山常绿林中。

【经济价值】花和叶可用于制茶；树冠形态比较美观，可作为园林绿化树种，具有观赏价值；对金花茶组植物系统演化研究也有重要价值，潜在的生态、经济价值较高。

德保金花茶
Camellia debaoensis

国家保护等级	《IUCN 濒危物种红色名录》受胁等级	特有植物
二级	易危（VU）	广西特有种

【形态特征】灌木或小乔木，高 2~3m。幼枝圆柱形，无毛，黄棕色或灰棕色，当年生小枝紫色。叶片革质，卵形到长卵形，长 8~13cm，宽 4~6cm，腹面深绿色，无毛，背面浅绿色，具棕色腺体，沿脉疏生开展长柔毛，脉背面隆起，腹面凹陷，中脉每侧有次脉 5~6 条，在边缘连接，基部楔形到宽楔形，先端尾状尖端，边缘细锯齿；叶柄长 5~12mm，无毛。花单生于叶腋，直径 3~4.5cm；花梗长 4~6mm；小苞片 4~5 枚，长 1~3mm，卵状三角形，绿色无毛，边缘具缘毛；萼片 5~6 枚，半圆形到宽卵形，长 3~5mm，宽 5~8mm，无毛，稍黄色，偶有粉红色斑块，边缘具缘毛；花瓣 10 片，3 轮，每轮 3~4 片，黄色，无毛，外轮花瓣近圆形，偶有粉红色斑块，长 0.7~1.1cm，内轮花瓣卵形或椭圆形，长 1.2~1.8cm，宽 1.2~2.6cm，基部稍合生；雄蕊多数，无毛，长约 2cm，外轮花丝基部合生约 1/4，长 1.6cm，内轮花丝近离生，长 1.7cm；子房圆柱形，直径约 2mm，无毛，3 室，花柱长 2cm，无毛，基部合生，先端 3 裂为花柱长度的 1/6。果实三角状扁球形，无毛，1.8~4.8cm；种子棕色，半球形，被短柔毛。花期 12 月至翌年 2 月。

【分布现状】主要分布于中国广西。

【广西产地】德保。

【生　　境】生于石灰岩洞穴的入口处。

【经济价值】可作为园林绿化树种，具有观赏价值。

显脉金花茶

Camellia euphlebia

国家保护等级	《IUCN 濒危物种红色名录》受胁等级	特有植物
二级	易危（VU）	

【形态特征】常绿灌木或小乔木，高 3~5m。树皮灰色，幼枝紫褐色，粗壮，无毛，1 年生枝灰褐色。叶革质，椭圆形或阔椭圆形，长 14~20cm，宽 5~8cm，先端急短尖，基部钝或近圆，边缘具锯齿，腹面深绿色，背面淡绿色，两面无毛，侧脉 11~13 对，在腹面稍凹陷，背面显著突起；叶柄长 1cm，粗壮，无毛。花 1~2 朵腋生或近顶生，直径 3~4cm，花柄长 5mm，苞片 8 枚，半圆形至圆形，长 2~5mm，萼片 5 枚，近圆形，长 5~6mm；花瓣 8~9 片，黄色，倒卵形，长 1.5~3cm，基部连生；雄蕊长 1.5~2.5cm，外轮花丝基部合生，内轮花丝离生；子房卵球形，直径约 2.5mm，无毛，3 室，花柱 3 枚，长 1.5~2.5cm。蒴果扁球形或扁三角状球形，直径 3.5~6cm，高 2.5~3.5cm；3 室，每室种子 1~3 粒；种子半球形或球形，黑褐色，无毛或几无毛。花期 12 月至翌年 2 月。

【分布现状】主要分布于中国广西防城港、东兴。

【广西产地】防城、东兴。

【生　　境】生于海拔 200~600m 低山丘陵的季节性雨林或原生林破坏后恢复起来的次生林中。立地土壤为发育在砂岩、页岩和花岗岩等母质上的赤红壤和砖红壤性土。

【经济价值】具有清热解毒、利尿、促进消化、增强抵抗力、降血糖等功效，已作为保健饮料开发，是目前金花茶保健饮料的主要原料之一；叶脉明显，叶色泽美观，具有较高的观赏价值。

淡黄金花茶

Camellia flavida

国家保护等级	《IUCN 濒危物种红色名录》受胁等级	特有植物
二级	濒危（EN）	广西特有种

【形态特征】灌木，高 1~3.5m。幼枝紫红色，无毛，1 年生枝灰褐色。叶薄革质，椭圆形或长圆状椭圆形，长 8~16cm，宽 3~6.5cm，先端渐尖或短尾尖，基部阔楔形或钝，边缘具细锯齿，腹面深绿色，背面淡绿色，具褐色细腺点，两面无毛，侧脉 7~9 对，中脉和侧脉在腹面多少凹陷，背面突起，网脉在腹面可见，背面略窄；叶柄长 3~6mm，无毛，腹面具槽。花单生、腋生或近顶生，淡黄色或外花瓣略带紫色；花梗长 3~5mm；小苞片 5~6 枚，半圆形或卵形，长 1.5~2.5mm，宽 2~3.5mm，外面无毛，里面被白色微柔毛，边缘具睫毛；花瓣 7~13 片，倒卵形或倒卵状椭圆形，长 1.2~2.5cm，宽 0.9~1.5cm，内轮花瓣基部连生；雄蕊长 1~1.5cm，无毛，外轮花丝下部合生，长 3~5mm；子房卵球形，直径 1.5~2mm，无毛，花柱 3 枚，离生，长 1~1.3cm。蒴果扁三角状球形，高 1.5~2cm，直径 2.5~3.5cm，每室有种子 1~2 粒，果皮薄，厚约 1mm；种子圆球形或半球形，栗褐色，直径 1~1.5cm，被棕色柔毛。花期 9~11 月。

【分布现状】主要分布于中国广西。

【广西产地】龙州、凭祥、武鸣、防城、崇左、扶绥、宁明、靖西。

【生　　境】通常生于海拔 160~360m 的北热带石灰岩山地季雨林中。

【经济价值】具有清热解毒、利尿、促进消化、增强抵抗力、降血糖等功效；具有较高的观赏价值，是优良的园林树种；叶、花所含的对人体健康有益的多种活性物质与其他金花茶相同，潜在的经济价值高。

贵州金花茶

Camellia huana

国家保护等级	《IUCN 濒危物种红色名录》受胁等级	特有植物
二级	濒危（EN）	中国特有种

【形态特征】灌木或小乔木，高 1~3m。幼枝紫红色，纤细，无毛，1 年生枝灰黄色，具褐色小皮孔。叶薄革质，椭圆形或长椭圆形，长 7.5~11.5cm，宽 3~5cm，先端短渐尖，基部楔形，边缘具锯齿，腹面深绿色，干后变黄绿色，有光泽，背面淡绿色，具褐色细腺点，两面无毛，侧脉 6~7 对，中脉和侧脉在腹面清晰或微凹，背面突起，网脉在腹面多少可见，背面略突；叶柄长 7~12mm，无毛。花单生或 2~3 朵簇生于叶腋，淡黄色或初开时白色，后变为淡黄色，直径 3~3.5cm；花梗长 6~10mm，小苞片 5~6 枚，不遮盖花梗，半圆形或卵形，长 0.5~2mm，外面无毛，里面被白色短柔毛，边缘具睫毛；萼片 5 枚，绿色，卵形或近圆形，长约 5mm，外面无毛，里面被白色短柔毛，边缘具睫毛；花瓣 7~9 片，外方 2~3 片较小，阔椭圆形或倒卵形，长 1~1.2cm，宽 0.8~1cm，其余的为倒卵状椭圆形，长 1.5~2cm，宽 1~1.5cm，基部连生；雄蕊长约 1.5cm，无毛，外轮花丝下部合生，长约 4mm；子房球形，直径约 2mm，无毛，3 室，花柱 3 枚，离生，长约 1.4cm。蒴果扁球形，高约 1.5cm，直径 3~3.5cm，3 室，每室有种子 2 粒，果皮厚 1~1.5mm；种子半球形，褐色，密被棕色长柔毛。花期 2~3 月。

【分布现状】主要分布于中国贵州和广西。

【广西产地】天峨。

【生　　境】天然分布点均位于红水河两岸，生于以石灰岩母质发育的棕色石灰土上，土层中厚，腐殖质较丰富。主要生于海拔 400~1000 的石山或山谷常绿阔叶林下，乔木层郁闭度达 40% 以上。

【经济价值】花和叶可制成茶，具有良好的经济价值；同时可作为园林绿化树种，具有观赏价值。

凹脉金花茶

Camellia impressinervis

国家保护等级	《IUCN 濒危物种红色名录》受胁等级	特有植物
二级	极危（CR）	

【形态特征】灌木或小乔木，高 2~5m。嫩枝红褐色，有短粗毛，老枝变为无毛。叶革质，椭圆形或长椭圆形，长 11.5~22cm，宽 5~8.5cm，先端急尖，基部阔楔形或窄而圆，腹面干后呈橄榄绿色，有光泽，背面黄褐色，有柔毛，具褐色腺点；侧脉 10~14 对，与中脉及网脉在腹面凹下，在背面突起；边缘有细锯齿；叶柄长 1cm，腹面有沟，无毛，背面有毛。花通常单生，或 2 朵簇生，生于叶腋，直径 3.5~6cm，淡黄色，花梗粗大，长 6~7mm，无毛；苞片 5 枚，新月形，散生，无毛，宿存；萼片 5 枚，半圆形至圆形，长 4~8mm，无毛；花瓣 12 片，淡黄色，无毛；雄蕊离生，无毛；子房无毛，花柱 3~4 条，无毛。蒴果扁球形，直径约 4cm，3~4 室，每室有种子 1~2 粒；种子球形，直径约 1.5cm。花期 1~3 月。

【分布现状】主要分布于中国广西。

【广西产地】龙州、大新。

【生　　境】一般生于海拔 130~500m 的岩溶石山槽谷地、圆洼地的底部或四周较平缓的山坡地段，生长的土壤多为水化棕色石灰土，为岩溶石山季节性雨林灌木层组成成分。与多种常绿阔叶树混生，林地空气常年仍较湿润。

【经济价值】叶、花乃至果皮均含有较多对人类健康作用很大的活性成分，是保健饮料开发利用的重要原料，潜在的经济价值高；树形较美观，作为市区内公园绿化、居民区公共绿地彩化，具有较高的观赏价值。

柠檬金花茶
Camellia indochinensis

国家保护等级	《IUCN 濒危物种红色名录》受胁等级	特有植物
二级	易危（VU）	

【形态特征】常绿灌木，高 1~3m。树皮灰黄色。小枝纤细，稍弯垂，皮红褐色至灰褐色，无毛。叶薄革质，椭圆形或长圆形，偶为倒卵形，长 4~8cm，宽 2~4cm，先端尾状渐尖，基部阔楔形，腹面深绿色，背面无毛，有褐色腺点，侧脉 5~8 对，腹面下陷，边缘有细锯齿；叶柄长 5~8mm。花单生或 2~3 朵簇生于叶腋，淡黄色或近白色，直径 1.5~2.5cm，花柄长 3~5mm；苞片 4~5 片，细小，半圆形，萼片 5 枚，近圆形，长 2~3mm；花瓣 8~10 片，外轮较小，近圆形，直径 5~6mm，内轮椭圆形至卵圆形，长 10~16mm，近平展，无毛；雄蕊长 8~10mm，花丝基部稍合生；子房近球形，直径约 1.5mm，无毛，花柱 3 条，完全分离，长 10~15mm，无毛。蒴果三角状扁球形或扁球形，直径 1.5~2cm，高 1~1.5cm，果皮薄，厚约 1mm；种子 1~3 粒，表面无毛。花期 12 月至翌年 1 月。

【分布现状】主要分布于中国广西。

【广西产地】龙州、宁明、崇左、凭祥、大新、扶绥。

【生　　境】生于海拔 350m 的石灰岩山地常绿林下。

【经济价值】花、叶均含有许多对人体健康作用较大的活性物质，潜在的经济价值高；可作为园林绿化树种，具有观赏价值。

龙州金花茶

Camellia longzhouensis

国家保护等级	《IUCN 濒危物种红色名录》受胁等级	特有植物
二级	濒危（EN）	广西特有种

【形态特征】常绿灌木，高 2~4m。树皮灰褐色，无毛嫩枝被柔毛，后渐脱落。顶芽淡绿色，长 1.5~2.5cm，有芽鳞 6~10 片，覆瓦状排列，被银色柔毛。单叶互生，嫩叶淡紫红色，老叶革质椭圆形至长椭圆形，长 7.5~19cm，宽 3.5~6cm，先端急尖，基部楔形或阔楔形，边缘有细锯齿，齿端具黑褐色腺状尖点，表面深绿色，背面淡绿色，散生褐色小腺点，两面无毛；侧脉 9~13 对，中脉在上面稍凸起，下面明显凸起，网脉在上面较平，下面凸起，边缘有细锯齿，齿尖有黑腺点；叶柄长 1~1.2cm，绿色，无毛。花两性，单生于叶腋或顶生，直径 2~4cm，近无柄；苞片 5~6 片，圆形，宽 2~4mm，外面被灰色柔毛，边缘具睫毛；萼片 5 片，圆形或卵形，宽 3~5mm，外面有萦色斑块，被灰色柔毛；花瓣金黄色，9 片，离生，圆形至长圆形，长 1~1.9cm，略被短柔毛；外轮雄蕊略连生，排成 4 轮，花丝管长 2mm，无毛，内 3 轮花丝分离，最外轮基部合生且与花瓣连合；花药卵形，金黄色或紫色；子房被白毛，3 室，花柱 3 条离生，长约 1.5cm，中部以下被柔毛。蒴果扁球形或三角状扁球形，径 2~2.5cm，高约 1cm，外被短柔毛，灰录色，后转紫褐色，果皮薄厚约 1mm，每室有种子 1~3 粒；种子近圆形或不规则形，浅褐色，无毛。

【分布现状】主要分布于中国广西。

【广西产地】龙州。

【生　　境】垂直分布于海拔 230~350m 的峰丛洼地和峰槽间的常绿林中，喜阴，幼龄树需在底阴下生长，成龄树仍稀疏追阴、忌烈日直射。土壤为石灰岩发育的褐色或红色淋溶土，pH6.5~7.5，富含腐殖质。

【经济价值】树形优美，生长快，适应性强，可作为园林绿化树种，具有观赏价值。

富宁金花茶
Camellia mingii

国家保护等级	《IUCN 濒危物种红色名录》受胁等级	特有植物
二级	濒危（EN）	中国特有种

【形态特征】灌木或小乔木，高 2~4m。幼枝圆柱形，棕色到深棕色，密被浅黄开展茸毛。叶柄 5~7mm，叶片薄革质，椭圆状卵形到狭卵形，长 10~15cm，宽 4~6cm，边缘疏生细锯齿，先端渐尖到尾状渐尖，基部宽楔形到圆形，腹面深绿色，无毛，背面浅绿色，具腺点，具贴伏长柔毛，沿脉密布长柔毛，中脉每侧的次脉 7~10 条，背面突起，腹面凹陷。花腋生，单生，很少 2~3 朵簇生，直径 4.5~5.5cm；花梗长 3~6mm 或近无柄；小苞片 4 或 5 枚，不等长，卵形或宽卵形，外面浅绿色，无毛或中脉疏生微柔毛，内面浅黄色，浓密被微柔毛，边缘具缘毛；萼片浅绿色，5~6 枚，宽卵形到圆形肾形，长 5~10mm，外面无毛或近无毛，内面浅黄色和密被微柔毛，边缘具缘毛。花瓣 12~13 片，近圆形，金黄色，基部合生 1~3mm，外轮花瓣长约 1.8cm，宽 2cm，内轮花瓣长约 2.7cm，宽 3.3cm，两面被微柔毛；雄蕊多数，长约 3cm，外部花丝基部合生约 1/2，被微柔毛，内部花丝近离生，距基部约 2/3 处被微柔毛；子房卵球形，3 室，直径 2~3mm，浅黄色，密被茸毛，花柱长约 3cm，无毛或疏生短柔毛，先端 3 浅裂，裂 2~3mm。蒴果扁球形，直径 5~7cm，高 2~3cm，3 室，每室内有种子 2~3 粒；果皮厚 5~8mm，近无毛，仅在先端和基部被微柔毛；种子棕色到深棕色，半球形，直径约 1cm，被短柔毛。花期 12 月至翌年 2 月。

【分布现状】主要分布于中国广西、云南。

【广西产地】那坡。

【生　　境】生于石灰岩地区的常绿阔叶林中

【经济价值】可作为园林绿化树种，具有观赏价值。

金花茶

Camellia nitidissima

国家保护等级	《IUCN 濒危物种红色名录》受胁等级	特有植物
二级	易危（VU）	

【形态特征】灌木或小乔木，高 2~5m。树皮灰黄色至黄褐色。嫩枝圆柱形，淡紫色，无毛。叶革质，长圆形或披针形，长 11~16cm，宽 2.5~4.5cm。先端尾状渐尖，基部楔形，腹面深绿色，发亮，无毛，背面浅绿色，无毛，有黑腺点，中脉与侧脉在腹面下陷，背面隆起，有稀疏网脉而明显，侧脉 6~9 对；叶柄长 7~11mm，无毛。花蜡质金黄色，单生或 2 朵簇生，腋生或近于顶生；花梗长 5~13mm，稍下垂；苞片 5 枚，散生，阔卵形，长 2~3mm，宽 3~5mm，宿存；萼片 5~6 枚，卵圆形至圆形，长 4~8mm，宽 7~8mm，基部略连生，先端圆；花瓣 8~12 片，近圆形至阔倒卵形，肉质肥厚，具蜡质光泽，长 1.5~3cm，宽 1.2~2cm，基部略相连生，两面无毛；雄蕊多数，排成 4 轮，外轮与花瓣略相连生，花丝近离生或稍连合，无毛，长 1.2cm；子房无毛，3~4 室，花柱 3~4 枚，完全分离，无毛，长 1.8cm。蒴果扁三角球形，高 3.5~4.5cm，直径 4.5~6.5cm，熟时黄绿色或带淡紫色；果皮厚 8~9mm；每室有种子 1~3 粒；种子近球形或不规则形而有棱角，长 1.5~2.5cm，宽 1.2~2.2cm，淡黑褐色，无毛。花期 12 月至翌年 3 月。

【分布现状】主要分布于中国的广西南部和越南北部。

【广西产地】防城、扶绥、隆安。

【生　　境】生于海拔 450m 以下，以海拔 200~300m 的范围较常见，垂直分布的下限为海拔 20m 左右。生于原生季节性雨林或季节性雨林破坏后恢复起来的次生林中。土壤为发育在砂岩、页岩和花岗岩等母质上的赤红壤和砖红壤性土，碳酸盐岩发育而成的土壤上未见有分布。

【经济价值】蜡质的绿叶晶莹光洁，瓣呈透明；花蕾浑圆，流金溢彩；花瓣重叠重密，鲜丽俏艳，点缀于玉叶琼枝间，金瓣玉蕊，观赏价值无与伦比，为世人所称是茶族的皇后的主要代表种。金花茶本身的功效主要是清热止渴、润肺止咳以及降血糖，是一种很好的保健饮料。近年来，广西对金花茶的开发利用进行了深入研究，一些公司利用其叶和花研制成袋泡茶、口服液、浓缩液、饮料冲剂等系列产品，深受国内外市场欢迎。

小果金花茶

Camellia nitidissima var. *microcarpa*

国家保护等级	《IUCN 濒危物种红色名录》受胁等级	特有植物
二级	濒危（EN）	广西特有种

【形态特征】常绿灌木，高 2~3m。树皮灰褐色至黄褐色，近平滑。小枝灰黄色，圆柱形，无毛。嫩叶紫红色，老叶革质，椭圆形，倒卵状椭圆形，长 10~15cm，宽 3~5.5cm；先端钝尖，基部阔楔形至近圆形，边缘具小锯齿；两面无毛，腹面绿色，有光泽，背面淡绿色，侧脉 7~8 对，腹面略下陷，网脉在两面均不明显；叶柄长 5~13mm，无毛。花黄色，单生或 2~3 朵簇生于叶腋，直径 2.5~3.5cm，花梗长 5~8mm；苞片 5~6 枚，倒卵形，长 1.5~2mm，萼片 5 枚，半圆形至近圆形，长 3~6mm，外面近无毛，内面被银灰色短柔毛；花瓣 7~9 片，基部稍合生，外轮花瓣较短，近圆形或阔卵形，长 1~2cm，内轮花瓣阔卵形至长椭圆形，长 1.5~2.3cm；雄蕊多数，花丝长 1.2~1.5cm，外轮花丝基部连生，内轮花丝离生，无毛；子房扁球形，直径 2mm，3 室，无毛，花柱通常 3 条，稀 4 条，完全分离，长 1.5~2cm，无毛。蒴果扁球形或扁三角状球形，直径 2.5~3.5cm，熟时黄绿色或稍带淡紫色，无毛，顶端凹陷，3 室，每室种子 1~3 粒；种子半球形或球形，褐色，无毛。花期 12 月至翌年 1 月。

【分布现状】主要分布于中国广西。

【广西产地】邕宁。

【生　　境】喜暖湿气候，喜排水良好的酸性土壤及半阴条件。

【经济价值】具有清热解毒、利尿、促进消化、增强抵抗力、降血糖等功效；可作为园林绿化树种，具有观赏价值。

四季花金花茶

Camellia perpetua

国家保护等级	《IUCN 濒危物种红色名录》受胁等级	特有植物
二级	濒危（EN）	广西特有种

【形态特征】灌木或小乔木，高 2~5m。树皮红褐色，嫩枝浅红色，无毛，老枝灰褐色。叶薄革质，椭圆形、长圆形到窄倒卵形，长 5~7cm，宽 2.5~3.4cm，先端急尖，尖头钝，基部圆形、近圆形或宽楔形，腹面干后深绿色，有光泽，背面浅绿色，无毛，有多数分散褐色腺点；中脉两面突起；侧脉纤细，5~7 对，腹面微凹，背面突起；边缘有胼胝质状细锯齿；叶柄长 4~7mm，无毛。花黄色，单独腋生或顶生，直径 5~6cm，花梗连小苞片长 0.5cm；小苞片 4~5 枚，阔卵圆形，由下向上渐次增大，在花梗上疏离，外面无毛，内面有白色短柔毛，边缘有睫毛，宿存；萼片 5~6 枚，不等大，覆瓦状排列，外面 2~3 枚较小，半圆形，绿色，革质，长宽均为 5~7mm，内面 2~3 枚较大，阔卵圆形，黄色，边缘薄膜质，长 8~9mm，宽 9~11mm，外面无毛，内面有疏短白色柔毛，边缘有睫毛，宿存；花冠黄色，基部连成长 5~6mm 的花冠管，内面贴生于雄蕊 9mm；花瓣 13~16 片，倒卵形到阔倒卵形，外面数片较小，长 1.1~1.5cm，宽 0.8~1.1cm，其余长 2.2~3.4cm，宽 1.4~1.8cm；雄蕊多数，排成 5~6 轮，长 1.7~2.3cm，外轮花丝基部连生成短管，管长 4mm，内轮花丝完全离生，花丝无毛；子房无毛，3 室，每室胚珠 1~3 个，花柱 3~4 枚，完全离生，长 2~2.5cm，无毛。蒴果三角状球形，果皮淡黄色，光滑，直径约 2.3cm；种子每室 1~2 粒，种皮光滑，无毛。花期几乎全年，盛花期 6~10 月。

【分布现状】主要分布于中国广西。

【广西产地】崇左。

【生　　境】生于海拔 350m 的石灰岩山上。

【经济价值】具有清热解毒、利尿、促进消化、增强抵抗力、降血糖等功效；可作为园林绿化树种，具有观赏价值。

顶生金花茶
Camellia pinggaoensis var. *terminalis*

国家保护等级	《IUCN 濒危物种红色名录》受胁等级	特有植物
二级	濒危（EN）	广西特有种

【形态特征】常绿灌木，高 1~3m。树皮灰黄褐色。小枝黄褐色，密集，纤细。嫩叶淡紫红色，老叶薄革质，椭圆或长圆状椭圆形，叶长 3.5~6cm，宽 2~3cm，先端渐尖或尾状渐尖，基部楔形或阔楔形，两面无毛，背面散生黑褐色小腺点，边缘有小锯齿；侧脉每边 4~6 条，背面明显突起，中脉在两面明显突起，网脉不明显；叶柄长 5mm，绿色，无毛。花单生于小枝顶端，偶有 2 朵顶生，直径 3.5~4.5cm，花梗长 5~10mm；苞片细小，半圆形，绿色；萼片 5~6 枚，长 5~8mm，近圆形或半圆形，先端微凹，内面有灰白色短柔毛；花瓣 8~10 片，黄色，外轮花瓣较短，长圆形，长 1~1.5cm，宽 1~1.2cm；内轮花瓣较长，近圆形、椭圆形或卵状椭圆形，长 2~2.6cm，宽 1.5~2cm；雄蕊多数，成 5~6 轮排列，长 1~1.4cm，花丝无毛，外轮花丝基部合生，内轮花丝基部离生；子房近球形，直径约 2mm，无毛，3 室，花柱长 1~1.3cm，无毛，离生。蒴果扁球形，直径 2.5~3cm，高 1.5~2cm，无毛，顶端微凹；果皮厚 8~14mm，果柄长 3mm 或近无柄，无毛；3 室，每室有种子 1~2 粒；种子球形、半球形或三角形，直径 1~1.5cm，黑褐色，种皮被黄棕色细茸毛。花期 11 月至翌年 1 月。

【分布现状】主要分布于中国广西。

【广西产地】天等。

【生　　境】生于海拔 130~600m 的石灰岩石山常绿阔叶林中，立地土壤为发育在石灰岩地层上的棕色石灰土。

【经济价值】花型大，叶片小，枝条细柔，顶生花，观赏价值高，是优良的园林树种。

平果金花茶

Camellia pingguoensis

国家保护等级	《IUCN 濒危物种红色名录》受胁等级	特有植物
二级	濒危（EN）	广西特有种

【形态特征】常绿灌木，高 1~3m。树皮灰色。幼枝紫红色，纤细，无毛，1 年生枝灰黄色。嫩叶暗红色，老叶薄革质，卵形或长卵形，长 4~8cm，宽 2.5~3.5cm，先端骤尖，基部圆楔形至楔形，腹面深绿色，背面浅绿色，有黑棕色腺点，边缘具细锯齿，两面无毛；侧脉 5~6 对，腹面清晰或不显，背面突起，叶柄长 6~10mm。花 1~2 朵生于叶腋，黄色，直径 1.5~2cm；花柄长 4~5mm，苞片 4~5 枚，细小，无毛，萼片 5~6 枚，近圆形，长 2~4mm；花瓣 7~8 片，长 8~10mm，基部稍连生；雄蕊多数，长 8~10mm，无毛，外轮花丝下部合生，长约 3mm；子房近球形，无毛，花柱 3 枚，离生，长 9~13mm。蒴果扁三角状球形，3 室，直径 2~3cm，高 1.2~1.5cm，果皮薄，1~1.5mm；种子半球形，直径约 1cm，褐色，无毛。花期 11 月至翌年 1 月，果期 10~12 月。

【分布现状】主要分布于中国广西。

【广西产地】平果、田东。

【生　　境】分布范围极窄小，为北热带季雨林的下层组成成分，地处右江河谷。一般见于海拔 150~600m 的石灰岩山地季节性雨林或原生林破坏后恢复起来的次生林中。立地土壤为棕色石灰土。

【经济价值】枝条细而柔软，树冠形态比较美观，花型虽然稍小，但具有微感的芳香气味，是目前已知金花茶组植物中唯一开花有香味的种类，园艺上观赏价值高。

毛瓣金花茶
Camellia pubipetala

国家保护等级	《IUCN 濒危物种红色名录》受胁等级	特有植物
二级	濒危（EN）	广西特有种

【形态特征】常绿灌木或小乔木，高 2~4m。树皮灰黄色。幼枝被灰黄色开展柔毛，1 年生枝灰褐色，毛被变褐色硬毛状。叶薄革质，长圆形至椭圆形，长 10~17cm，宽 3.5~6cm，先端渐尖，基部圆形或阔楔形，边缘有细锯齿，腹面深绿色，有光泽，无毛，背面黄绿色，被茸毛，侧脉 8~10 对；叶柄长 5~10mm，被毛。花黄色，直径 3.5~5cm，顶生或腋生，单朵，稀双生，近无柄；苞片和萼片均 10~15 枚，由外向内渐次增大，新月形、广卵形至近圆形，长 3~10mm，外被柔毛；花瓣 9~13 片，倒卵形，长 2.2~3.8cm，宽 1.6~3.0cm，基部略连生，外被柔毛；雄蕊多数，花丝有毛，长 1.9~2.6cm，外轮花丝基部与花瓣连生，内轮花丝离生；花柱 3 枚，长 2.4~2.9cm，被柔毛，下部合生；子房 3 室，近球形，直径 2.5~3.8mm，外被柔毛。蒴果扁球形，直径约 3.5cm，通常 3 室，每室有种子 1~3 粒；种子半球形或球形，黑褐色。花期 1~3 月，果期 8~9 月。

【分布现状】主要分布于中国广西。

【广西产地】隆安、大新。

【生　　境】生于海拔 120~430m 的北热带石灰岩季雨林。分布区位于中国南亚热带东部湿润季风常绿阔叶林地带。土壤为棕色石灰土。

【经济价值】幼叶中的茶多酚类物质和氨基酸含量相对最高，分别为 11.7% 和 6.3%，制茶适宜性较好；花瓣较多，近似于重瓣型，外表有柔毛，别具特色，观赏价值较高，是优良的园林树种。

中华五室金花茶

Camellia quinqueloculosa

国家保护等级	《IUCN 濒危物种红色名录》受胁等级	特有植物
二级	濒危（EN）	

【形态特征】灌常绿灌木或小乔木，高 3~5m。树皮灰黄褐色。嫩枝淡红色，老枝黄褐色，无毛。嫩叶淡紫红色，老叶革质，椭圆形至长椭圆形，长 8.5~14.5cm，宽 4~7.5cm，先端尾状渐尖，基部圆形或阔楔形，边缘具细锯齿，两面均无毛，腹面深绿色，背面淡绿色，具黑色腺点；侧脉 7~8 对，与中脉在腹面下陷，在背面明显突起；叶柄长 1~1.5cm，绿色，无毛。花单生，成腋生或顶生，直径 3.5~5cm，淡黄色，无腊质，花梗长 4mm；苞片 4~5 枚，半圆形，内面被灰白色至灰褐色绢毛，边缘具小睫毛；萼片 5 枚，近圆形，长 3~6mm；花瓣 11~17 片，外轮花瓣较短，近圆形，长 1.3~1.5cm，内面被白色短柔毛，内轮花瓣较大，椭圆形或倒卵状椭圆形，长 2~2.5cm，内面被稀疏短柔毛；雄蕊多数，成 3~4 轮排列，花丝无毛，外轮花丝基部连合，内轮花丝离生；子房近球形，无毛，通常 3 室，少数兼有 4 室或 5 室的变异，花柱 3 枚，稀 4 枚，完全分离，无毛。蒴果扁球形，直径 3~4cm。花期 2~3 月，果期 10~12 月。

【分布现状】主要分布于中国广西。

【广西产地】扶绥。

【生　　境】生于海拔 120~260m 的石灰岩山地常绿林。

【经济价值】可作为园林绿化树种，具有较高的观赏价值。

喙果金花茶

Camellia rostrata

国家保护等级	《IUCN 濒危物种红色名录》受胁等级	特有植物
二级	濒危（EN）	广西特有种

【形态特征】灌木到小乔木，高 2~6m。幼枝圆柱形，灰白色，无毛；顶芽无毛。叶薄革质，椭圆形到长圆形，大小二型，13~16cm × 5.5~7cm，有时 6~8cm × 3~4.5cm，先端渐尖，基部楔形或宽楔形，边缘疏生细锯齿，腹面深绿色，稍发亮，无毛，背面黄绿色，散布深棕色腺体斑点，无毛，中脉具 7~10 对侧脉，腹面两条脉稍凹陷，背面突出；叶柄长 1~1.5cm，无毛。花近顶生或腋生，单生，或很少 2 朵至多朵簇生于叶腋，直径 3.5~4.5cm。花梗 1.0~1.5cm，通常下垂；小苞片 4~5 枚，绿色到黄绿色，不等长，背面无毛，内面有很短的粉状短柔毛，边缘具缘毛；萼片 5~6 枚，黄绿色到蜡黄色，宽卵形到近圆形，4 × 6mm~13 × 13mm，外面无毛，内面被微柔毛，边缘具缘毛；花瓣 11~12 片，3~4 轮，近圆形到椭圆形，2 × 1.5cm~3 × 2.5cm，金黄色，基部合生 2~4mm，外面无毛，内面微柔毛；雄蕊多数，长约 2.5cm，外部花丝基部合生，贴生于花冠约 1cm，无毛或近无毛，内部花丝离生，基部疏生短柔毛；雌蕊长 2~2.8cm，子房卵形球状，3 室，无毛，花柱合生，顶部分成 3 裂。蒴果三角形球状或椭圆形，绿色到黄绿色，直径 4~4.5cm，先端狭窄成长 0.5~1cm 的喙；果皮厚约 3mm，裂成 3 瓣；种子每室 2~4 粒，楔形或半球形，直径约 1.5cm，深棕色到黑棕色，疏生短柔毛。花期 10~12 月，果期 10~12 月。

【分布现状】主要分布于中国广西。

【广西产地】隆安。

【生　　境】生于海拔 30~100m 的石灰岩丘陵的常绿阔叶林中。

【经济价值】可作为园林绿化树种，具有较高的观赏价值。

东兴金花茶

Camellia tunghinensis

国家保护等级	《IUCN 濒危物种红色名录》受胁等级	特有植物
二级	濒危（EN）	广西特有种

【形态特征】常绿灌木，高 2~4m。树皮灰色，嫩枝圆柱形，纤细，无毛。嫩叶淡绿色或紫红色，老叶薄革质，椭圆形，长 5~8cm，宽 3~4cm，先端急尖，基部阔楔形，腹面淡绿色，背面浅绿色，无毛；侧脉 4~6 对；边缘上部有钝锯齿；叶柄绿色，长 8~15mm，无毛。花单生或 2~3 朵簇生，黄色，腋生或顶生，直径 2.5~3.5cm；花梗长 9~13mm，苞片 6~7 枚，细小；萼片 5 枚，近圆形，长 4~5mm，无毛；花瓣 7~9 片，长 1.5~2.5cm；雄蕊多数，花丝长 1.5~1.8cm，外轮花丝基部连生，内轮花丝离生；子房无毛，3~4 室，花柱 3~4 枚，长 2~2.5cm，完全分离，无毛。蒴果扁球形或扁三角状球形，直径 2~4cm，果皮薄，厚 1.5~2mm，3~4 室，每室种子 1~3 粒；种子半球形或球形，褐色，无毛。花期 2~4 月，果期 12 月。

【分布现状】主要分布于中国广西。

【广西产地】防城。

【生　　境】生于海拔 180~650m 的丘陵台地或低山，生长在季节性雨林或原生林破坏后恢复起来的次生林中。

【经济价值】叶、花、果皮均含有多种对人体有益的微量元素、茶多酚、氨基酸、维生素等代谢产物，作为保健饮料研制开发，潜在的经济价值高；可作为园林绿化树种，具有观赏价值。

武鸣金花茶

Camellia wumingensis

国家保护等级	《IUCN 濒危物种红色名录》受胁等级	特有植物
二级	濒危（EN）	

【形态特征】常绿灌木，高 1~3m。树皮灰褐色至黄褐色。嫩枝圆柱形，暗红色，老枝灰白色或黄褐色，无毛。嫩叶淡绿色，有时红褐色，老叶革质或近革质，椭圆形或长椭圆形，长 10.5~13.5cm，宽 3.2~5cm，先端渐尖，基部阔楔形或圆形，腹面深绿色，背面浅绿色，无毛；侧脉 7~9 对，在背面稍突起，边缘有锯齿；叶柄长 1~1.3cm，绿色，无毛。花常单生，稀 2~3 朵簇生，成顶生或腋生，直径 3.5~4.5cm，黄色；花梗长 5~10mm，苞片 4~6 枚，半圆形，长 3~5mm；萼片 5 枚，卵形或近圆形，长 5~9mm，边缘均具灰白色小睫毛；花瓣 8~10 片，宽卵形或椭圆形，长 1.2~.3cm，宽 1.1~2.3cm；雄蕊多数，成 4~5 轮排列，花丝长 1~1.3cm，无毛，外轮花丝基部与花瓣连生，内轮花丝离生；子房近球形，3 室，稀 4 室，直径 3~4mm，无毛，花柱 3 枚，长 1.5~1.7cm，无毛，离生。蒴果扁球形，熟时黄绿色或带淡紫红色，高 1.2~2cm，直径 2.5~4cm，果皮厚 3~5mm；每室有种子 1~2 粒，种子近球形或半圆形，淡褐色，无毛。花期 12 月至翌年 2 月。

【分布现状】主要分布于中国广西。

【广西产地】武鸣。

【生　　境】生于海拔 190~370m 的石灰岩山钙质土上的常绿阔叶林中。

【经济价值】可作为园林绿化树种，具有较高的观赏价值。

突肋茶
Camellia costata

国家保护等级	《IUCN 濒危物种红色名录》受胁等级	特有植物
二级	濒危（EN）	

【形态特征】小乔木，嫩枝无毛。叶革质，长圆形或披针形，长 9~12cm，宽 2.5~3.5cm，先端渐尖，基部楔形，上面稍发亮，下面黄绿色，无毛，侧脉 7~9 对，与中肋在上面突起，在下面不明显，边缘在上半部有疏锯齿，叶柄长 5~8mm。花 1~2 朵腋生，花柄长 6~7mm，无毛；苞片 2，生于花柄中部，早落；萼片 5，近圆形，长 5~6mm，基部略连生，无毛，花瓣 6~7 片，无毛；雄蕊近离生，子房无毛，花柱无毛，先端 3 裂。蒴果球形，直径 1.4cm，果皮厚 1.5mm，1 室，种子 1 粒。与茶树 *C. sinensis* 的区别在于叶片较狭窄，花柄稍粗，萼片较大，子房无毛。花期 6 月，果期 9 月。

【分布现状】主要分布于中国广西和广东、贵州和云南。

【广西产地】融水、防城、昭平、田林。

【生　　境】生于海拔 850m 的山谷溪边。

【经济价值】鲜叶多数为披针形，像仙人的手指一样，故称之“仙人茶”。制绿茶毛茶条索肥大，色泽墨绿，汤色淡黄明亮，滋味浓醇甘甜，茶汤放置 3~5 天不变质；制红茶香气纯正，滋味醇甜滑爽。制茶品质良好，可以当凉茶应用，清凉解渴且不影响睡眠。

光萼厚轴茶

Camellia crassicolumna var. *multiplex*

国家保护等级	《IUCN 濒危物种红色名录》受胁等级	特有植物
二级	濒危（EN）	

【形态特征】与原变种的区别是这一变种幼枝、花梗、花萼外面均无毛。与大理茶 *C. taliensis* 的区别在顶芽被白色绢毛；叶长圆形至长圆状披针形，先端渐尖，边缘具锐尖锯齿；萼片大，花柱被茸毛。花期 11~12 月，果期翌年 9~10 月。

【分布现状】主要分布于中国广西。

【广西产地】凌云。

【生　　境】生于常绿阔叶林中。

【经济价值】叶具备气香、味浓、色佳、提神解渴的特点，具有扩张冠状动脉、兴奋心肌、松弛气管平滑肌和较强的利尿作用。一种优良的饮料，可用作预防心绞痛、胆绞痛、心脏性水肿和哮喘等病症的保健品。具有耐寒、耐旱、耐贫瘠等优良特性，是改良茶树品种的重要遗传资源。

防城茶

Camellia fangchengensis

国家保护等级	《IUCN 濒危物种红色名录》受胁等级	特有植物
二级	濒危（EN）	广西特有种

【形态特征】小乔木，高 3~5m，嫩枝被茸毛。顶芽被柔毛。叶薄革质，椭圆形，长 13~29cm，宽 5.5~12.5cm，先端短急尖或钝，基部阔楔形或略圆，上面深绿色，干后黄绿色，下面浅绿色，密被柔毛；侧脉 11~17 对，在上下两面均突起，边缘有细锯齿。叶柄长 3~10mm，被柔毛。花白色，直径 2~3.5cm，生叶腋，花柄长 5~10mm，被柔毛；苞片 2，早落；萼片 5，近圆形，长 3~3.5mm，被灰褐色柔毛；花瓣 5 片，卵圆形，长 10~15mm，先端圆形，基部稍合生，外面被柔毛；雄蕊 3~4 轮，外轮花丝长约 1cm，基部稍合生；子房 3 室，被灰白色茸毛；花柱长 6~10mm，先端 3 裂。蒴果三角状扁球形，宽 1.8~3.2cm，果爿厚 1.5mm；种子每室 1 个。花期 11 月至翌年 2 月。

【分布现状】主要分布于中国广西。

【广西产地】防城。

【生　　境】在海拔 320m 的山谷次生林。

【经济价值】中国特有的茶树品种资源，适合制成红茶。

秃房茶

Camellia gymnogyna

国家保护等级	《IUCN 濒危物种红色名录》受胁等级	特有植物
二级	濒危（EN）	

【形态特征】灌木，嫩枝无毛，芽体有毛。叶革质，椭圆形，长 9~13.5cm，宽 4~5.5cm，先端急尖，尖头长 1.5cm，末端钝，基部阔楔形，上面干后暗绿色，无光泽，下面灰色，无毛，侧脉 8~9 对，在上下两面均隐约可见，边缘有疏锯齿，齿刻相隔 3~5mm，叶柄长 7~10mm，完全无毛。花 2 朵腋生，花柄长 1cm，粗壮，无毛；苞片 2 片，位于花柄中部，早落；萼片 5 片，阔卵形，长 6mm，无毛；花瓣 7 片，倒卵圆形，长 2cm，白色，背面无毛，基部连生；雄蕊多数，3~4 轮，花丝离生，长 1~1.2cm，无毛；子房无毛，花柱长 1.2cm，无毛，先端 3 裂，裂片长 2mm。蒴果 3 爿裂开，果爿阔椭圆形，厚 7mm；种子 1 个，中轴长 1.4cm。花期 12 月至翌年 1 月。

【分布现状】主要分布于中国云南、广西、贵州、四川、广东。

【广西产地】融水、兴安、乐业、凌云、田林、隆林、东兰、天峨。

【生　　境】生于海拔 1400m 的常绿阔叶林中。

【经济价值】茶叶可作饮品，含有多种有益成分，并有保健功效。

广西茶

Camellia kwangsiensis

国家保护等级	《IUCN 濒危物种红色名录》受胁等级	特有植物
二级	濒危（EN）	中国特有种

【形态特征】灌木或小乔木，嫩枝无毛。叶革质，长圆形，长 10~17cm，宽 4~7cm，先端渐尖或急短尖，尖头钝，基部阔楔形，上面干后灰褐色，不发亮，或略有光泽，无毛，下面浅灰褐色，无毛；侧脉 8~13 对，在上下两面均稍突起，以 50~60° 交角斜行，近边缘 3.5mm 处相结合，网脉不明显，边缘有密锯齿，齿刻相隔 2~2.5mm，叶柄长 8~12mm，无毛。花顶生，花柄长 7~8mm，粗大，苞片 2 片，早落；萼片 5 片，近圆形，长 6~7mm，宽 8~12mm，背面无毛，内侧有短绢毛；花瓣及雄蕊已脱落；子房无毛，5 室。蒴果圆球形，直径 2.8cm（未成熟），果皮厚 7~8mm。具宿萼，直径 2.5cm。花期 10 月。

【分布现状】主要分布于中国广西、云南。

【广西产地】龙胜、田林。

【生　　境】生于疏林中，适应力极强。

【经济价值】茶叶可作饮品，含有多种有益成分，并有保健功效。

毛萼广西茶

Camellia kwangsiensis var. *kwangnanica*

国家保护等级	《IUCN 濒危物种红色名录》受胁等级	特有植物
二级	数据缺乏（DD）	中国特有种

【形态特征】小乔木，高 5~6m，胸径 31cm。嫩枝无毛。顶芽被柔毛。叶革质，长圆形，长 10~14cm，宽 3.5~5cm，先端渐尖，基部楔形；上面干后深绿色，发亮，下面橄榄绿色，无毛；中脉在上面突起，侧脉每边 8~10 条，在上下两面均明显，边缘有细锯齿，叶柄长 1~1.5cm。花白色，生枝顶叶腋，直径 5cm，花柄长 6~7mm，被柔毛；苞片 2，早落；萼片 6~8 片，卵圆形，长 5~7mm，外侧有灰白色柔毛；花瓣 11~14 片，倒卵圆形，长 1.8~2.5cm；雄蕊长 1.8cm；子房 5 室，无毛；花柱长 1.5cm，先端 5 裂。蒴果扁球形，直径 3~4cm，果皮厚 5mm。花期 10 月。

【分布现状】主要分布于中国广西、云南。

【广西产地】隆林。

【生　　境】生于海拔 1800m 的常绿林中。

【经济价值】茶叶可作饮品，含有多种有益成分，并有保健功效。

膜叶茶

Camellia leptophylla

国家保护等级	《IUCN 濒危物种红色名录》受胁等级	特有植物
二级	濒危（EN）	广西特有种

【形态特征】灌木，嫩枝有毛，很快变秃，叶薄膜质，长圆形或狭圆形，长 8~9.5cm，宽 3~4cm，先端短尖，尖头钝，基部楔形，上面干后暗褐色，无光泽，下面浅绿色，无毛，侧脉 7~8 对，在上下两面均明显，边缘有疏锯齿，齿刻相隔 4~7mm，叶柄长约 1cm，多少有毛或变秃。花 1~2 朵顶生或腋生，白色，花柄长 4~6mm，无毛；苞片 2 片，位于花柄中部，早落；萼片 5 片，近圆形，长 6~7mm，无毛，边缘有睫毛，宿存；花瓣 9 片，倒卵形，长 9~11mm，背面无毛，基部略连生；雄蕊离生，花丝无毛，基部略与花瓣合生；子房无毛，花柱长 8mm，无毛，先端 3 裂。花期 10 月。

【分布现状】主要分布于中国广西。

【广西产地】龙州。

【生　　境】生于山地丘陵。

【经济价值】茶叶可作饮品，含有多种有益成分，并有保健功效。

茶

Camellia sinensis

国家保护等级	《IUCN 濒危物种红色名录》受胁等级	特有植物
二级	无危（LC）	

【形态特征】灌木或小乔木，嫩枝无毛。叶革质，长圆形或椭圆形，长 4~12cm，宽 2~5cm，先端钝或尖锐，基部楔形，上面发亮，下面无毛或初时有柔毛，侧脉 5~7 对，边缘有锯齿，叶柄长 3~8mm，无毛。花 1~3 朵腋生，白色，花柄长 4~6mm，有时稍长；苞片 2 片，早落；萼片 5 片，阔卵形至圆形，长 3~4mm，无毛，宿存；花瓣 5~6 片，阔卵形，长 1~1.6cm，基部略连合，背面无毛，有时有短柔毛；雄蕊长 8~13mm，基部连生 1~2mm；子房密生白毛；花柱无毛，先端 3 裂，裂片长 2~4mm。蒴果 3 球形或 1~2 球形，高 1.1~1.5cm，每球有种子 1~2 粒。花期 10 月至翌年 2 月。

【分布现状】主要分布于中国长江以南各地的山区。

【广西产地】广西各地均有分布。

【生　　境】生于山地丘陵。

【经济价值】茶叶可作饮品，茶叶内含的次级代谢产物，包含茶多酚等活性成分，具有养身、保健功效。

白毛茶

Camellia sinensis var. *pubilimba*

国家保护等级	《IUCN 濒危物种红色名录》受胁等级	特有植物
二级	濒危（EN）	

【形态特征】与原变种的区别在于嫩枝及叶片下面均被有密柔毛；花特别小，萼片被灰白毛。花期 11 月。

【分布现状】主要分布于中国云南、广西。

【广西产地】凌云。

【生　　境】生于山地丘陵。

【经济价值】茶叶可作饮品，含有多种有益成分，有保健功效。其内包含多种功能物质，对感冒积食等有明显的缓解作用。同时，其对甘油三酯和乳糜微粒等指标具有明显的调节能力，可促进人体血脂下降。

大厂茶
Camellia tachangensis

国家保护等级	《IUCN 濒危物种红色名录》受胁等级	特有植物
二级	濒危（EN）	中国特有种

【形态特征】乔木，高 4m，嫩枝无毛。叶革质，长圆形，长 9~12cm，宽 4~6cm，先端急短尖，基部楔形，无毛，侧脉 7~9 对，边缘有锯齿，叶柄长 6~10mm。花单生于枝顶，白色，直径 3~3.5cm，花柄长 7~10mm，无毛；苞片 2，生于花柄中部，早落；萼片 5，肾状圆形，长 5mm，宽 7~9mm，无毛；花瓣 11~14 片，倒卵圆形，长 2cm，基部连生，无毛；雄蕊长 1.2~1.4mm，外轮花丝下半部连生成花丝管；子房 3~5 室，无毛，每室有胚珠 1~4 个；花柱长 1.3cm，先端 3~5 裂。蒴果圆球形，宽 2.5~4cm，3~5 爿裂开，果爿厚 2~3mm；种子球形，直径 1cm。本种和广西茶 *C. kwangsiensis* 很相似，只是叶片较狭小，侧脉少，萼片较小，果较小，果皮较薄。花期 11 月。

【分布现状】主要分布于中国广西、贵州、云南。

【广西产地】隆林、田林、凌云。

【生　　境】生于山地丘陵。

【经济价值】茶叶可作饮品，是黔西南州地方特色茶叶“普安红茶”的原料，含有多种有益成分，并有保健功效。

软枣猕猴桃
Actinidia arguta

国家保护等级	《IUCN 濒危物种红色名录》受胁等级	特有植物
二级	濒危（EN）	

【形态特征】大型落叶藤本。小枝基本无毛或幼嫩时星散地薄被柔软茸毛，长 7~15cm，隔年枝灰褐色，直径 4mm 左右，洁净无毛或部分表皮呈污灰色皮屑状，皮孔长圆形至短条形，不显著至很不显著；髓白色至淡褐色，片层状。叶膜质或纸质，卵形、长圆形、阔卵形至近圆形，长 6~12cm，宽 5~10cm，顶端急短尖，基部圆形至浅心形，等侧或稍不等侧，边缘具繁密的锐锯齿，腹面深绿色，无毛，背面绿色，侧脉腋上有髯毛或连中脉和侧脉下段的两侧沿生少量卷曲柔毛，个别较普遍地被卷曲柔毛，横脉和网状小脉细，不发达，可见或不可见，侧脉稀疏，6~7 对，分叉或不分叉；叶柄长 3~6（10）cm，无毛或略被微弱的卷曲柔毛。花序腋生或腋外生，为 1~2 回分枝，1~7 花，或厚或薄地被淡褐色短茸毛，花序柄长 7~10mm，花柄 8~14mm，苞片线形，长 1~4mm。花绿白色或黄绿色，芳香，直径 1.2~2cm；萼片 4~6 枚；卵圆形至长圆形，长 3.5~5mm，边缘较薄，有不甚显著的缘毛，两面薄被粉末状短茸毛，或外面毛较少或近无毛；花瓣 4~6 片，楔状倒卵形或瓢状倒阔卵形，长 7~9mm，1 花 4 瓣的其中 1 片 2 裂至半；花丝丝状，长 1.5~3mm，花药黑色或暗紫色，长圆形箭头状，长 1.5~2mm；子房瓶状，长 6~7mm，洁净无毛，花柱长 3.5~4mm。果圆球形至柱状长圆形，长 2~3cm，有喙或喙不显著，无毛，无斑点，不具宿存萼片，成熟时绿黄色或紫红色；种子纵径约 2.5mm。花期 4~5 月，果期 8~10 月。

【分布现状】主要分布于中国安徽、福建、甘肃、广西、河北、黑龙江、河南、湖北、湖南、吉林、江苏、江西、辽宁、陕西、山东、山西、四川、台湾、云南、浙江、重庆等地；朝鲜、日本、俄罗斯。

【广西产地】融水、龙胜、罗城。

【生　　境】生于阴坡的针阔混交林和杂木林中土质肥沃处，有的生于阳坡水分充足的地方。喜凉爽、湿润的气候，或山沟溪流旁，多攀缘在阔叶树上，枝蔓多集中分布于树冠上部。

【经济价值】果美味多汁，营养丰富，含多种维生素、矿物质、氨基酸等，是营养价值很高的食品。药用，为强壮、解热及收敛剂，常被用于治疗肝炎、痢疾等疾病；现代研究表明，其含有多糖、多酚、黄酮等活性物质，具有抗氧化、抗炎、抗肿瘤、降血糖、提高免疫力等功效。

中华猕猴桃
Actinidia chinensis

国家保护等级	《IUCN 濒危物种红色名录》受胁等级	特有植物
二级	濒危（EN）	

【形态特征】大型落叶藤本。幼枝或厚或薄地被有灰白色茸毛或褐色长硬毛或铁锈色硬毛状刺毛，老时秃净或留有断损残毛；花枝短的 4~5cm，长的 15~20cm，直径 4~6mm；隔年枝完全秃净无毛，直径 5~8mm，皮孔长圆形，比较显著或不甚显著；髓白色至淡褐色，片层状。叶纸质，倒阔卵形至倒卵形或阔卵形至近圆形，长 6~17cm，宽 7~15cm，顶端截平并中间凹入或具突尖、急尖至短渐尖，基部钝圆形、截平至浅心形，边缘具脉出的直伸的睫状小齿，腹面深绿色，无毛或中脉和侧脉上有少量软毛或散被短糙毛，背面苍绿色，密被灰白色或淡褐色星状茸毛，侧脉 5~8 对，常在中部以上分歧成叉状，横脉比较发达，易见，网状小脉不易见；叶柄长 3~6（10）cm，被灰白色茸毛或黄褐色长硬毛或铁锈色硬毛状刺毛。聚伞花序 1~3 花，花序柄长 7~15mm，花柄长 9~15mm；苞片小，卵形或钻形，长约 1mm，均被灰白色丝状茸毛或黄褐色茸毛；花初放时白色，放后变淡黄色，有香气，直径 1.8~3.5cm；萼片 3~7 片，通常 5 片，阔卵形至卵状长圆形，长 6~10mm，两面密被压紧的黄褐色茸毛；花瓣 5 片，有时少至 3~4 片或多至 6~7 片，阔倒卵形，有短距，长 10~20mm，宽 6~17mm；雄蕊极多，花丝狭条形，长 5~10mm，花药黄色，长圆形，长 1.5~2mm，基部叉开或不叉开；子房球形，径约 5mm，密被金黄色的压紧交织茸毛或不压紧不交织的刷毛状糙毛，花柱狭条形。果黄褐色，近球形、圆柱形、倒卵形或椭圆形，长 4~6cm，被茸毛、长硬毛或刺毛状长硬毛，成熟时秃净或不秃净，具小而多的淡褐色斑点；宿存萼片反折；种子纵径 2.5mm。花期 4~5 月，果期 8~10 月。

【分布现状】主要分布于中国长江流域及陕西、湖北、湖南、江西、四川、河南、安徽、江苏、浙江、江西、福建、广东、广西和台湾等地。

【广西产地】全州、兴安、资源。

【生　　境】生于海拔 200~600m 低山区的山林中，一般多出现于高草灌丛、灌木林或次生疏林中；分布于较北的地区者喜生于温暖湿润、背风向阳环境。

【经济价值】果实是猕猴桃属中最大的一种，从生产利用情况看又是本属中经济意义最大的一种。口感甜酸、可口，风味较好。果实除鲜食外，也可以加工成各种食品和饮料，如果酱、果汁、罐头、果脯、果酒、果冻等，具有丰富的营养价值。整个植株均可用药，根皮、根性寒、苦涩，具有活血化瘀、清热解毒、利湿祛风之功效。

金花猕猴桃
Actinidia chrysantha

国家保护等级	《IUCN 濒危物种红色名录》受胁等级	特有植物
二级	濒危（EN）	

【形态特征】大型落叶藤本。着花小枝长 6~25cm，直径 3~5mm，花期局部略被稀薄的茶褐色粉末状短茸毛，果期秃净；皮孔很显著，隔年枝直径可达 7~10mm；髓茶褐色，片层状。叶软纸质，阔卵形或卵形至披针状长卵形，长 7~14cm，宽 4.5~6.5cm，顶端急短尖或渐尖，基部略为下延状的浅心形或截平，或为阔楔形，两侧基本对称，边缘有比较显著的圆锯齿，腹面草绿色，洁净无毛，背面粉绿色，无毛或有仅在放大镜下方可见的少量星散的颗粒状短茸毛，叶脉不发达，侧脉 7~8 对，横脉和网脉不易见；叶柄水红色，长 2.5~5cm，洁净无毛。花序 1~3 花，被茶褐色短茸毛，花序柄长 6~9mm，花柄长约 7mm；苞片小，卵形，长约 1mm；花金黄色，直径 15~18mm；萼片 5 片，卵形或长圆形，长 4~5mm，两面均有一些茶褐色粉末状茸毛；花瓣 5 片，瓢状倒卵形，长 7~8mm；花丝丝状，长 3~4mm，花药黄色，长约 1.5mm；子房柱状圆球形，密被茶褐色茸毛。果成熟时栗褐色或绿褐色，秃净，具橘黄色斑点，柱状圆球形或卵珠形，长 3~4cm，直径 2.5~3cm，在健壮果枝上往往可见一个果序有果 2 个；种子长约 2mm。花期 5 月中旬，果期 11 月。

【分布现状】主要分布于中国南岭山地及广西、广东、湖南等地。

【广西产地】临桂、灵川、兴安、资源、龙胜、贺州。

【生　　境】大多出现在海拔 900~1300m，更高或更低处较少，常见于疏林中、灌丛中或山林迹地上等阳光较多的环境。

【经济价值】果实属中果型，果肉呈淡绿色至绿色，营养丰富，酸甜可口，具香气，且成熟期较迟，果皮较坚硬，耐贮藏，有利于调剂鲜果供应期及加工季节，是有较大经济价值的物种，也是杂交育种创造新种质资源；又是猕猴桃属植物中唯一开金黄色花的种类，是良好的园林观赏植物。

条叶猕猴桃

Actinidia fortunatii

国家保护等级	《IUCN 濒危物种红色名录》受胁等级	特有植物
二级	濒危（EN）	中国特有种

【形态特征】小型半常绿藤本。着花小枝一般长2~4cm，密被红褐色长茸毛，隔年枝直径1.5~2mm，秃净，皮孔完全不见；幼枝上皮孔小而少，几不可见。叶坚纸质，长条形或条状披针形，长7~17cm，宽1.8~2.8cm，顶端渐尖，基部耳状2裂或钝圆形，边缘有极不显著的、疏生的、具硬质尖头的小齿，腹面绿色无毛，背面粉绿色，有极少量的长柔毛或无毛，中脉两面稍显著，侧脉细弱，弯拱形，联结于边缘处，小脉网状；叶柄圆柱形，长1~2cm，略被绵毛，老时秃净。花序腋生，聚伞式，1~3花，花序柄极短，被红褐色茸毛，花柄长9mm；小苞片钻形，长2.5mm；花粉红色，直径6（♂）~8（♀）mm，罩形，高（♂）7mm；萼片5片，边缘有睫状毛，靠外者卵形钝尖，靠内者较长，两面均无毛；花瓣5片，倒卵形，长5.5mm，内外两面薄被柔毛或无毛；花药长1.5mm，花丝与药等长或稍长（♀）或为药长之2倍（♂）；子房密被黄褐色茸毛，圆柱状近球形，高2.5mm，花径接近2mm，雄花退化子房圆锥形。花期5~6月，果期10~11月。

【分布现状】主要分布于中国贵州、广西。

【广西产地】融水、龙胜、罗城、武鸣、马山、上林、宾阳、横县、灵川、全州、兴安。

【生　　境】生于海拔960~1250m的山草坡中。

【经济价值】一种营养价值丰富的水果，具有多重功效和作用，被人们称为“果中之王”，生长旺盛，体强株壮，较为耐旱，适合于猕猴桃的良种选育。

香果树
Emmenopterys henryi

国家保护等级	《IUCN 濒危物种红色名录》受胁等级	特有植物
二级	濒危（EN）	

【形态特征】落叶大乔木，高达 30m，胸径达 1m。树皮灰褐色，鳞片状。小枝有皮孔，粗壮，扩展。叶纸质或革质，阔椭圆形、阔卵形或卵状椭圆形，长 6~30cm，宽 3.5~14.5cm，顶端短尖或骤然渐尖，稀钝，基部短尖或阔楔形，全缘，上面无毛或疏被糙伏毛，下面较苍白，被柔毛或仅沿脉上被柔毛，或无毛而脉腋内常有簇毛；侧脉 5~9 对，在下面凸起；叶柄长 2~8cm，无毛或有柔毛；托叶大，三角状卵形，早落。圆锥状聚伞花序顶生；花芳香，花梗长约 4mm；萼管长约 4mm，裂片近圆形，具缘毛，脱落，变态的叶状萼裂片白色、淡红色或淡黄色，纸质或革质，匙状卵形或广椭圆形，长 1.5~8cm，宽 1~6cm，有纵平行脉数条，有长 1~3cm 的柄；花冠漏斗形，白色或黄色，长 2~3cm，被黄白色茸毛，裂片近圆形，长约 7mm，宽约 6mm；花丝被茸毛。蒴果长圆状卵形或近纺锤形，长 3~5cm，径 1~1.5cm，无毛或有短柔毛，有纵细棱；种子多数，小而有阔翅。花期 6~8 月，果期 8~11 月。

【分布现状】主要分布于中国陕西、甘肃、江苏、安徽、浙江、江西、福建、河南、湖北、湖南、广西、四川、贵州、云南。

【广西产地】融水、龙胜、罗城。

【生　　境】喜温和或凉爽的气候及湿润肥沃的土壤。

【经济价值】木材纹理通直，结构细致，色纹美观，材质轻韧，可用于建筑、家具、细木工艺、雕刻及大型雕塑等；树姿优美，花色艳丽，是理想的庭园观赏树种，可用于营造风景林；零星散布于亚热带山谷下段的溪沟两岸和坡体中下部的落叶阔叶林或常绿、落叶阔叶混交林中，在河岸防护、固石保土、水源涵养、环境保护以及生物多样性维持中发挥着极为重要的作用，具有重要生态保护价值和经济价值。

巴戟天

Morinda officinalis

国家保护等级	《IUCN 濒危物种红色名录》受胁等级	特有植物
二级	濒危（EN）	

【形态特征】藤本。肉质根不定位肠状缢缩，根肉略紫红色，干后紫蓝色。嫩枝被长短不一粗毛，后脱落变粗糙，老枝无毛，具棱，棕色或蓝黑色。叶薄或稍厚，纸质，干后棕色，长圆形，卵状长圆形或倒卵状长圆形，长 6~13cm，宽 3~6cm，顶端急尖或具小短尖，基部钝、圆或楔形，边全缘，有时具稀疏短缘毛，上面初时被稀疏、紧贴长粗毛，后变无毛，中脉线状隆起，多少被刺状硬毛或弯毛，下面无毛或中脉处被疏短粗毛；侧脉每边（4）5~7 条，弯拱向上，在边缘或近边缘处相联接，网脉明显或不明显；叶柄长 4~11mm，下面密被短粗毛；托叶长 3~5mm，顶部截平，干膜质，易碎落。花序 3~7 伞形排列于枝顶；花序梗长 5~10mm，被短柔毛，基部常具卵形或线形总苞片 1；头状花序具花 4~10 朵；花（2）3（4）基数，无花梗；花萼倒圆锥状，下部与邻近花萼合生，顶部具波状齿 2~3，外侧一齿特大，三角状披针形，顶尖或钝，其余齿极小；花冠白色，近钟状，稍肉质，长 6~7mm，冠管长 3~4mm，顶部收狭而呈壶状，檐部通常 3 裂，有时 4 或 2 裂，裂片卵形或长圆形，顶部向外隆起，向内钩状弯折，外面被疏短毛，内面中部以下至喉部密被髯毛；雄蕊与花冠裂片同数，着生于裂片侧基部，花丝极短，花药背着，长约 2mm；花柱外伸，柱头长圆形或花柱内藏，柱头不膨大，2 等裂或 2 不等裂，子房（2）3（4）室，每室胚珠 1 颗，着生于膈膜下部。聚花核果由多花或单花发育而成，熟时红色，扁球形或近球形，直径 5~11mm；核果具分核（2）3（4）；分核三棱形，外侧弯拱，被毛状物，内面具种子 1，果柄极短；种子熟时黑色，略呈三棱形，无毛。花期 5~7 月，果期 10~11 月。

【分布现状】主要分布于中国福建、广东、海南、广西等地；中南半岛。

【广西产地】融水、临桂、兴安、龙胜、上思、宁明、象州、贺州、德保。

【生　　境】生于山地疏、密林下和灌丛中，常攀于灌木或树干上。

【经济价值】名贵中药材，属“四大南药”之一，民间素有“北有人参，南有巴戟天”的说法，干燥根入药，味甘、辛，性微温，具有补肾阳、强筋骨、祛风湿之功效，主治阳痿遗精、宫冷不孕、月经不调、少腹冷痛、风湿痹痛、筋骨痿软。

富宁藤
Parepigynum funingense

国家保护等级	《IUCN 濒危物种红色名录》受胁等级	特有植物
二级	濒危（EN）	

【形态特征】粗壮高大藤本。除花序及幼嫩部分外，全株无毛。叶腋间及腋内均有钻状腺体，长约 1mm。叶对生，长圆状椭圆形至长圆形，端部短渐尖，基部楔形，长 8~14cm，宽 2.5~4.5cm；叶脉远距，每边 10~13 条。聚伞花序伞房状，顶生及腋生，着花 6~13 朵；花萼 5 深裂，裂片双盖覆瓦状排列，长圆状披针形，长 7mm，宽 2mm，两面均被柔毛，花萼基部内面有 5 个钻状腺体；花冠黄色，浅高脚碟状，花冠筒长 1.2cm，内面在雄蕊背后的筒壁上具倒生刚毛，裂片向左覆盖，椭圆形，端部钝，长 1.1cm，宽 0.8cm；雄蕊着生于花冠筒的近基部，花药箭头状，基部有耳；花盘肉质，将子房全部包围，5 深裂，裂片近四方形；子房半下位，由 2 个心皮组成，每心皮具多数胚珠，端部具长硬毛，花柱丝状，长 3.5mm，柱头头状，长 1.5mm，端部锐尖。蓇葖 2 枚合生，成熟时上部裂开，狭披针形，向端部渐尖，外果皮绿色，干时暗褐色，有纵条纹，长 14~18cm，直径 1.5cm；果柄粗壮，长 2~3cm；种子棕褐色，线状长圆形，长 2~3cm，直径 2~6mm，端部具短阔之喙，沿喙围生黄白色种毛；种毛长约 2cm。花期 2~9 月，果期 8 月至翌年 3 月。

【分布现状】主要分布于中国云南、贵州、广西。

【广西产地】那坡。

【生　　境】生于海拔 1000~1600m 的山地密林中。

【经济价值】花和叶均美丽，适于温暖地区栽植观赏，可用于庭园棚架、枯树等的攀缘覆盖。富宁藤含有糖甙等多种物质，花含、甙元、桃甙等成分。具有抗烟雾、抗灰尘、抗毒物和净化空气、保护环境的作用。对人体有毒，但对有害气体有较强的抵抗作用。

云南枸杞

Lycium yunnanense

国家保护等级	《IUCN 濒危物种红色名录》受胁等级	特有植物
二级	濒危（EN）	

【形态特征】直立灌木，丛生，高 50cm。茎粗壮而坚硬，灰褐色，分枝细弱，黄褐色，小枝顶端锐尖成针刺状。叶在长枝和棘刺上单生，在极短的瘤状短枝上 2 至数枚簇生，狭卵形、矩圆状披针形或披针形，全缘，顶端急尖，基部狭楔形，长 8~15mm，宽 2~3mm，叶脉不明显；叶柄极短。花通常由于节间极短缩而同叶簇生，淡蓝紫色，花梗纤细，长 4~6mm。花萼钟状，长约 2mm，通常 3 裂或有 4~5 齿，裂片三角形，顶端有短茸毛；花冠漏斗状，筒部长 3~4mm，裂片卵形，长 2~3mm，顶端钝圆，边缘几乎无毛；雄蕊插生花冠筒中部稍下处，花丝丝状，显著高出于花冠，长 5~7mm，基部稍上处生一圈茸毛，而在花冠筒内壁上几乎无毛，花药长 0.8mm；子房卵状，花柱明显长于花冠，长 7~8mm，柱头头状，不明显 2 裂。果实球状，直径约 4mm，黄红色，干后有一明显纵沟，有 20 余粒种子；种子圆盘形，淡黄色，直径约 1mm，表面密布小凹穴。花期 6~7 月，果期 8~10 月。

【分布现状】主要分布于中国云南、广西。

【广西产地】那坡。

【生　　境】生于海拔 1360~1450m 的河旁沙地潮湿处或丛林中。

【经济价值】枸杞属植物作为传统的补益类中药和食材，具有滋补肝肾、延缓衰老、明目安神等功效，被广泛用于抗肿瘤、降血糖、降血脂及抗心血管疾病等。枸杞属植物全身是宝，不仅果实可入药，其叶子和根皮等部位都可作为中药；果实（中药称枸杞子）具有养肝、滋肾、润肺之功效；枸杞叶，具有补虚益精、清热明目之功效；皮（中药称地骨皮），有解热止咳之功效。

瑶山苣苔
Dayaoshania cotinifolia

国家保护等级	《IUCN 濒危物种红色名录》受胁等级	特有植物
二级	濒危（EN）	广西特有种

【形态特征】多年生草本。根状茎近圆柱形，顶端粗约 7mm。叶 9~17 枚，均基生；叶片纸质，宽椭圆形、圆卵形或近圆形，长 2.5~5.5cm，宽 2.3~4.8cm，顶端微尖、钝或圆形，基部稍斜，圆形或宽楔形，偶尔浅心形，边缘近全缘或有不明显小浅钝齿，两面稍密被白色短柔毛，侧脉每侧 4~7 条，下面稍隆起；叶柄长 0.8~6cm，密被贴伏短柔毛。聚伞花序 2~4 条，每花序有 1~2 花；花序梗长 5.5~8.5cm，与花梗均密被短柔毛；苞片对生，线状披针形，长 5.5~9mm，宽 1.2~2.2mm，密被短柔毛；花梗长 4~12mm；花萼 5 全裂，裂片狭三角形或披针状线形，长 5~8mm，宽 1.2~2mm，边缘近全缘或有少数小齿，有 3 条脉，外面稍密被短柔毛，内面只在上部疏被短柔毛；花冠淡紫色或白色，长 1.3~1.9cm，外面疏被短柔毛；筒长 7~9mm，口部直径 5~9mm，内面疏被短柔毛；檐部直径 1~2cm，上唇长 7~10mm，2 裂，裂片宽卵形或圆卵形，宽 6~10mm，下唇长 7~12mm，（2）3 裂近中部，裂片三角形，宽 2~6mm，边缘有短柔毛；雄蕊（1）2；花丝着生于距花冠基部 1.8~2mm 处，狭线形，长 7.5~14mm，疏被短柔毛，花药暗紫色，长圆形，长 2~3mm，无毛；退化雄蕊 2 或不存在，狭线形，长约 4mm，被短柔毛；花盘环状，高约 1mm；雌蕊长 1~1.6cm，子房线形，长 4.5~9mm，密被短柔毛，花柱疏被短柔毛，柱头半圆形或宽卵形，宽约 0.6mm。幼果线形，长约 2.5cm，被短柔毛。花期 9 月，果期 10 月下旬至 12 月中旬。

【分布现状】主要分布于中国广西。

【广西产地】金秀。

【生　　境】生于海拔 860~1200m 的山地林中或路边林下，主要生于阴湿林下岩石上，常成片聚生。

【经济价值】植株矮小，花冠淡紫色或白色，具有较高的观赏价值和药用价值。

报春苣苔
Primulina tabacum

国家保护等级	《IUCN 濒危物种红色名录》受胁等级	特有植物
二级	濒危（EN）	中国特有种

【形态特征】多年生草本，有莸草气味。叶均基生，具长或短柄；叶片圆卵形或正三角形，长 5~10cm，顶端微尖，基部浅心形，边缘浅波状或羽状浅裂，裂片扁正三角形，两面均被短柔毛，下面还有腺毛，侧脉每侧约 3 条，上面平，下面稍隆起；叶柄长 2.5~14cm，扁平，边缘有波状翅。聚伞花序伞状，1~2 回分枝，有 3~9 花；花序梗与叶等长或比叶短，被短柔毛和短腺毛；苞片对生，狭长圆形或线状披针形，长 1.5cm，有腺毛；花萼长约 6.5mm，5 深裂，两面被短柔毛，筒长约 1mm；裂片狭披针形或条状披针形，长约 5.5mm，宽 0.8~1.1mm，顶端有腺体，边缘上部每侧有 1~2 个三角形小齿，齿顶端有腺体。花冠紫色，外面和内面均被短柔毛；筒细筒状，长约 9mm，口部直径 3mm；檐部平展，直径约 1.6cm，不明显二唇型，上唇长约 7mm，2 深裂，裂片狭倒卵形，长约 5mm，宽 3.2mm，顶端钝，下唇长约 9mm，3 深裂，裂片也为狭倒卵形，长约 6mm，宽 4mm，顶端圆形；雄蕊无毛，花丝着生于距花冠基部约 1mm 处，近丝形，长约 0.8mm，花药长圆形，长约 1.5mm，连着；退化雄蕊 3，长 0.2~0.3mm；花盘高约 0.5mm，由 2 近方形腺体组成；雌蕊长约 2.6mm，子房狭卵形，长约 1.5mm，与花柱被短柔毛，花柱粗，长约 0.5mm，柱头长约 0.6mm，2 浅裂。蒴果长椭圆球形，长 3.2~6mm；种子暗紫色，狭椭圆球形，长约 0.4mm，有密集小乳头状突起。花期 8~10 月。

【分布现状】主要分布于中国广东、湖南、广西和江西。

【广西产地】贺州、苍梧。

【生　　境】生于海拔约 300m 的石灰岩山洞附近的植物群落中。生长区为热带和亚热带地区。喜凉爽、阴湿的石灰岩地区，对生长环境要求严格，温度不能太高（适宜 20~25℃），湿度要大（适宜 90%~100%），光线不能太强（适宜较弱的散射光）。

【经济价值】以株形优美、奇异有趣的叶片、硕大而美丽的花朵及独特的耐阴性而深受人们喜爱，具有较高的观赏价值；可作药用植物，具有中药的科研价值。报春苣苔属植物具有很高的药用价值主要在于该类群包含着丰富的黄酮类、苯丙素苷、醌类、萜类等活性化学成分，在传统民间中医药上常用于抗菌消炎、抗病毒、抗结核、止咳祛痰、平喘以及治疗风湿骨痛、跌打损伤等。

盾鳞狸藻
Utricularia punctata

国家保护等级	《IUCN 濒危物种红色名录》受胁等级	特有植物
二级	濒危（EN）	

【形态特征】水生草本。通常无假根。匍匐枝圆柱状，具稀疏的分枝，长 6~20cm，粗 0.5~2mm，无毛。无冬芽。叶器多数，互生，长 2~6cm，2 或 3 深裂几达基部，裂片先羽状深裂，后二至数回二歧状深裂；末回裂片毛发状，顶端及边缘具小刚毛，其余部分无毛。捕虫囊少数，侧生于叶器裂片上，斜卵球形，侧扁，长 1~2mm，具短柄；口侧生，边缘疏生小刚毛，上唇具 2 条分枝的刚毛状附属物，下唇无附属物。花序直立，长 6~20cm，中部以上具 5~8 朵多少疏离的花，无毛；花序梗圆柱状，粗 0.5~1mm，具 1~2 个与苞片同形的鳞片；苞片中部着生，呈盾状，卵形，顶端急尖，基部圆形，膜质，长 2~2.5mm；无小苞片；花梗丝状，直立或上升，花期长 3~5mm，果期长 4~10mm。花萼 2 裂达基部，无毛，裂片近相等，圆形，膜质，上唇长 1.8mm，下唇长 1.5mm。花冠淡紫色，喉突具黄斑，长 6~10mm，无毛；上唇近圆形，长为上方萼片的 2 倍半或 3 倍，下唇较大，横长圆状椭圆形，基部耳状，顶端圆形，两侧边缘内卷，喉凸隆起呈浅囊状；距圆锥状，稍弯曲，顶端钝形，略短于下唇并与其平行或成锐角叉开；雄蕊无毛；花丝线形，弯曲，上方明显膨大，长约 1.5mm；药室汇合；雌蕊无毛；子房卵球形，表面具微小的疣状突起；花柱约与子房等长；柱头下唇圆形，上唇微小，正三角形。蒴果椭圆球形，长约 3mm，果皮膜质，无毛，室背开裂；种子少数，双凸镜状，宽 1.5~2mm，边缘环生具不规则牙齿的翅。花期 6~8 月，果期 7~9 月。

【分布现状】主要分布于中国福建和广西；印度、印度尼西亚、马来西亚、缅甸、泰国、越南。

【广西产地】东兴。

【生　　境】一般漂浮在湖泊、池塘、沼泽或者缓慢流动的溪流中；在中国生于低海拔的稻田灌溉渠中。喜光照充足环境，日照不可过强。喜温暖，怕低温，最适温度为 20~30℃，越冬温度不可低于 10℃。

【经济价值】观赏植物，可栽于水族箱、水榭等处供观赏。

苦梓

Gmelina hainanensis

国家保护等级	《IUCN 濒危物种红色名录》受胁等级	特有植物
二级	濒危（EN）	

【形态特征】乔木，高约15m，胸径可达50cm。树干直。树皮灰褐色，呈片状脱落。幼枝被黄色茸毛，老枝无毛，枝条有明显的叶痕和皮孔。芽被淡棕色茸毛。叶对生，厚纸质，卵形或宽卵形，长5~16cm，宽4~8cm，全缘，稀具1~2粗齿，顶端渐尖或短急尖，基部宽楔形至截形，表面亮绿色，无毛，背面粉绿色，被微茸毛，基生脉三出，侧脉3~4对，在背面隆起；叶柄长2~4（5.5）cm，有毛。聚伞花序排成顶生圆锥花序，总花梗长6~8cm，被黄色茸毛；苞片叶状，卵形或卵状披针形，近无柄，两面被灰色茸毛和盘状腺点，花萼钟状，长1.5~1.8cm，呈二唇型，外面被毛及腺点，顶端5裂，裂片卵状三角形，顶端钝圆或渐尖；花冠漏斗状，黄色或淡紫红色，长3.5~4.5cm，两面均有灰白色腺点，呈二唇型，下唇3裂，中裂片较长，上唇2裂；二强雄蕊，长雄蕊和花柱稍伸出花冠管外，花丝扁，疏生腺点，花药背面疏生腺点；子房上部具毛，下部无毛。核果倒卵形，顶端截平，肉质，长2~2.2cm，着生于宿存花萼内。花期5~6月，果期6~9月。

【分布现状】主要分布于中国江西、广东、广西等地。

【广西产地】防城、上思。

【生　　境】生于海拔250~500m的山坡疏林中。

【经济价值】心材比例大，占直径的80%，纹理通直，结构细致，切面淡黄色，光泽润滑，花纹美观，材质韧而稍硬，干后少开裂、不变形，不受虫蛀，耐腐耐水湿，是制作高级家具、车辆、模具、室内装修的上等良材；根可以入药，有活血祛瘀、去湿止痛之功效，可治妇科淤症、风湿痹痛；树干挺拔，花大而美丽，是良好的园林风景树和绿阴树。

扣树
Ilex kaushue

国家保护等级	《IUCN 濒危物种红色名录》受胁等级	特有植物
二级	濒危（EN）	

【形态特征】常绿乔木，高 8m。小枝粗壮，近圆柱形，褐色，具纵棱及沟槽，被微柔毛。顶芽大，圆锥形，急尖，被短柔毛，芽鳞边缘具细齿。叶生于 1~2 年生枝上，叶片革质，长圆形至长圆状椭圆形，长 10~18cm，宽 4.5~7.5cm，先端急尖或短渐尖，基部钝或楔形，边缘具重锯齿或粗锯齿，叶面亮绿色，背面淡绿色，主脉在叶面凹陷，疏被微柔毛，在背面隆起，且龙骨状，侧脉 14~15 对，两面显著，在叶缘附近网结，细脉网状，两面密而明显；叶柄长 2~2.2cm，上面具浅沟槽，被柔毛，背面近圆形，多皱纹；托叶早落。聚伞状圆锥花序或假总状花序生于当年生枝叶腋内，芽时密集成头状，基部具阔卵形或近圆形苞片，具缘毛；雄花：聚伞状圆锥花序，每聚伞花序具 3~4（7）花，总花梗长 1~2mm，花梗长 1.5~3mm，疏被小的微柔毛，小苞片卵状披针形，具小缘毛；花萼盘状，4 深裂，裂片阔卵状三角形，长约 1.5mm，基部宽约 2mm，膜质；花瓣 4，卵状长圆形，长约 3.5mm；雄蕊 4，短于花瓣，花药椭圆形；不育子房卵球形；雌花未见。果序假总状，腋生，轴粗壮，长 4~6（9）mm，果梗粗，长（4）8mm，被短柔毛或变无毛；果球形，直径 9~12mm，成熟时红色，外果皮干时脆；宿存花萼伸展，直径约 4~5mm，4 裂片三角形，疏具缘毛，宿存柱头脐状。分核 4，轮廓长圆形，长约 7.5mm，背部宽 4~5mm，具网状条纹及沟，侧面多皱及洼点，内果皮石质。花期 5~6 月，果期 9~10 月。

【分布现状】分布于中国湖北、湖南、广东、福建、海南、四川、云南、广西等地。

【广西产地】武鸣、上林、大新、龙州、田阳。

【生　　境】生于海拔 200~1200m 的密林中。喜光树种，在直射光下长得较快，在树阴下也能生长，但生长较慢。喜欢温暖湿润、土壤肥沃疏松的地带，怕霜，对热量要求较高。

【经济价值】《中药大辞典》上记载：苦丁茶能散风热，清头目，除烦渴，可治头痛、齿痛、目赤、热病烦渴、聍耳、痢疾。长期以来，人们常用它泡茶，用于治疗感冒、腹痛、肠炎、咽喉炎、白痢、肝炎以及皮肤病等症。叶、花、果色相变化丰富，萌动的幼芽及新叶呈紫红色，正常生长的叶片为青绿色，老叶呈墨绿色。5 月花为黄色，秋季果实由黄色变为橘红色，挂果期长，十分美观，具有很高的观赏价值。

疙瘩七

Panax bipinnatifidus var. *bipinnatifidus*

国家保护等级	《IUCN 濒危物种红色名录》受胁等级	特有植物
二级	濒危（EN）	

【形态特征】多年生草本。根状茎长，匍匐，稀疏串珠状。根纤维状，不膨大成肉质。茎高 30~50cm。掌状复叶 3~6 轮生茎顶；小叶 5~7，薄膜质，长椭圆形，二回羽状深裂，长 5~9cm，宽 2~4cm，先端长渐尖，基部楔形，下延，上面脉上疏生刚毛，下面通常无毛；小叶柄长至 2cm。伞形花序单个顶生，其下偶有一至数个侧生小伞形花序；花小，淡绿色；萼边缘有 5 齿；花瓣 5；雄蕊 5；子房下位，2 室，稀 3~4 室；花柱 2，稀 3~4，分离，或基部合生，中部以上分离。果扁球形，成熟时红色，先端有黑点。花期 5~6 月，果期 7~9 月。

【分布现状】主要分布于中国西藏、云南、四川、湖北、陕西、甘肃；尼泊尔、印度、缅甸。

【广西产地】防城，上思。

【生　　境】生于海拔 1900~3200m 的森林下。喜冷凉气候和阴湿环境。

【经济价值】以根状茎及肉质根入药，性温、味甘、微苦，具有滋补强壮、散瘀止痛、止血祛痰等功效。根状茎用于活血止痛、治跌打损伤；肉质根有滋补强体之功效，可代替人参。常用于治疗病后虚弱、肺结核、咯血、衄血、经闭、产后血瘀腹痛、寒湿脾痛、跌打损伤等病症，属中药中的上品。

狭叶竹节参

Panax bipinnatifidus var. *angustifolius*

国家保护等级	《IUCN 濒危物种红色名录》受胁等级	特有植物
二级	濒危（EN）	

【形态特征】多年生草本。根状茎短，竹鞭状，横生。有 2 至数条肉质根，肉质根圆柱形，长约 2~4cm，直径约 1cm，干时有纵皱纹。地上茎单生，高约 40cm，有纵纹，无毛，基部有宿存鳞片。叶为掌状复叶，4 枚轮生于茎顶；叶柄长 4~5cm，有纵纹，无毛；托叶小，披针形，长 5~6mm；小叶片 3~4，薄膜质，透明，倒卵状椭圆形至倒卵状长圆形，中央的长 9~10cm，宽 3.5~4cm，侧生的较小，先端长渐尖，基部渐狭，下延，边缘有重锯齿，齿有刺尖，上面脉上密生刚生，刚毛长 1.5~2mm，下面无毛，侧脉 8~10 对，两面明显，网脉明显；小叶柄长 2~10mm，与叶柄顶端连接处簇生刚毛。伞形花序单个顶生，直径约 3.5cm，有花 20~50 朵；总花梗长约 12cm，有纵纹，无毛；花梗纤细，无毛，长约 1cm；苞片不明显；花黄绿色；萼杯状（雄花的萼为陀螺形），边缘有 5 个三角形的齿；花瓣 5；雄蕊 5；子房 2 室；花柱 2（雄花中的退化雌蕊上为 1 条），离生，反曲。花期 5~6 月，果期 7~9 月。

【分布现状】主要分布于中国四川、贵州、云南、西藏、广西等地。

【广西产地】田林。

【生　　境】生于海拔 2000~3000m 的山中灌木丛中。

【经济价值】以根状茎及肉质根入药，性温、味甘、微苦，具有滋补强壮、散瘀止痛、止血祛痰等功效。根状茎用于活血止痛、治跌打损伤；肉质根有滋补强体之功效，可代替人参。常用于治疗病后虚弱、肺结核、咯血、衄血、经闭、产后血瘀腹痛、寒湿脾痛、跌打损伤等病症，属中药中的上品。

竹节参
Panax japonicus

国家保护等级	《IUCN 濒危物种红色名录》受胁等级	特有植物
二级	濒危（EN）	

【形态特征】多年生草本。主根肉质，圆柱形或纺锤形，淡黄色。根状茎很短，多较明显。茎高 30~60cm。掌状复叶 3~6 片轮生茎顶；小叶 3~5，中央一片最大，椭圆形至长椭圆形，长 8~12cm，宽 3~5cm，先端长渐尖，基部楔形，下延，边缘有锯齿，上面脉上散生少数刚毛，下面无毛，最外一对侧生小叶较小；小叶柄长达 2.5cm。伞形花序单个顶生；花小，淡黄绿色；萼边缘有 5 齿；花瓣 5；雄蕊 5；子房下位，2 室；花柱 2，分离。果扁球形，成熟时鲜红色。花期 5~6 月，果期 7~9 月。

【分布现状】主要分布于中国东北、云南、贵州、陕西、湖北、四川、湖南、江西、广西和浙江等。

【广西产地】武鸣、融水、全州、资源、龙胜、恭城、金秀、田林。

【生　　境】一般生于海拔 800~2400m 的山坡、山谷林下阴湿处或竹林阴湿沟边。喜肥趋湿，忌强光直射，耐寒而惧高温，适宜生长的气候属亚热带季风气候。

【经济价值】以根状茎及肉质根入药，性温、味甘、微苦。主要含有皂苷类成分，以竹节参皂苷Ⅲ（chikusetsusaponin Ⅲ）为主；以根状茎及肉质根入药，性温、味甘、微苦，具有滋补强壮、散瘀止痛、止血祛痰等功效。根状茎用于活血止痛、治跌打损伤，药效优于三七；肉质根有滋补强体之功效，可代替人参。常用于治疗病后虚弱、肺结核、咯血、衄血、经闭、产后血瘀腹痛、寒湿脾痛、跌打损伤等症，属中药中的上品。

5.5 真菌

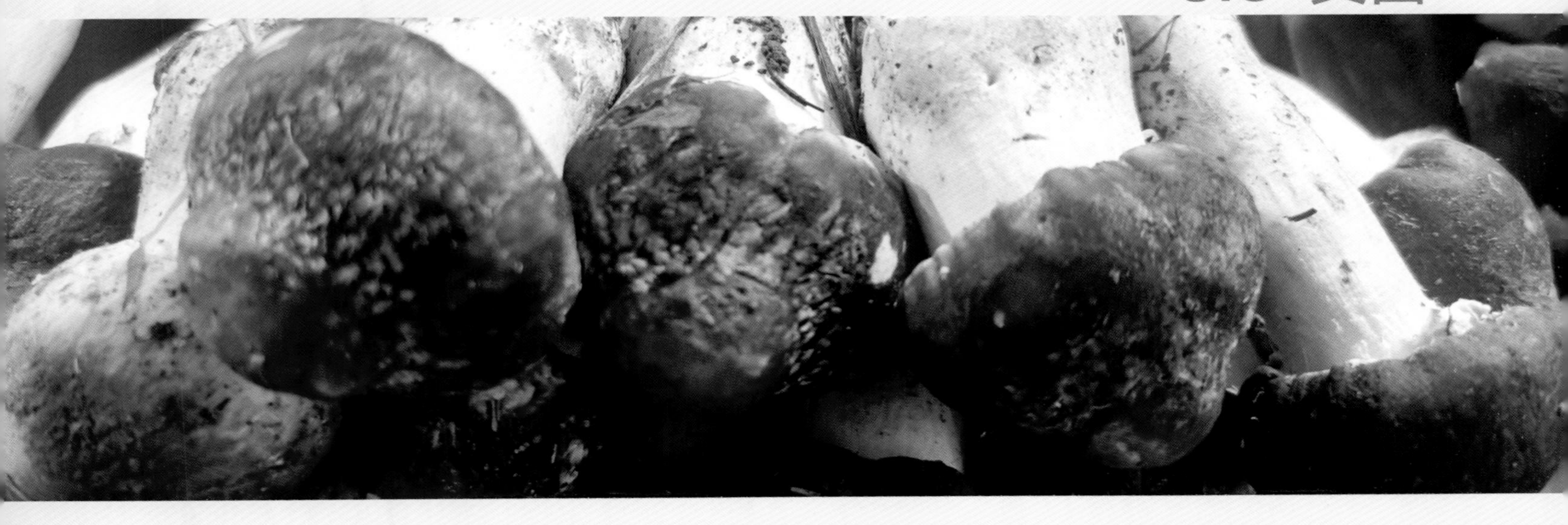

松口蘑（松茸）

Tricholoma matsutake

国家保护等级	《IUCN 濒危物种红色名录》受胁等级	特有植物
二级	易危（VU）	

【形态特征】子实体散生或群生。菌盖直径 5~25cm，扁半球形至近平展，污白色。具黄褐色至栗褐色平状的纤毛状的鳞片，表面干燥。菌肉白色，细嫩有特殊的清香气，肥厚。菌褶白色或稍带乳黄色，较密，弯生，不等长。菌柄较粗壮，长 6~13.5cm，粗 26cm。菌环以下具栗褐色纤毛状鳞片，内实，基部稍膨大，生于菌柄上部，丝膜状，上面白色，下面与菌柄同色。4 枚孢子，孢子无色无囊状体，担子棒状。无锁状联合。孢子印白色，孢子无色，光滑，宽椭圆形至近球形，6.5~7.5μm × 4.5~6.2μm。

【分布现状】主要分布于中国辽宁、黑龙江、吉林、安徽、四川、甘肃、山西、贵州、云南、广西、西藏、福建、台湾等地；日本、朝鲜、美国、加拿大和北欧。

【广西产地】乐业。

【生　　境】生于海拔 1600~2600m 的温带和寒温带松树与栎树混交林带的林地上。与松属、栎属的须根发生共生关系，菌根所在地形成直径 2~10m 的蘑菇圈。

【经济价值】一种名贵的野生食用菌，有很高的营养价值和药用保健功能，具有提高免疫力、易畅健胃、理气化痰、驱虫、抗癌抗肿瘤、治疗糖尿病及心血管疾病、抗衰老养颜等多种功效。

参考文献

艾启芳，陈名慧，梁娴，2010. 篦子三尖杉的研究进展 [J]. 贵州农业科学，38(3): 181–183.

保曙琳，丁小余，常俊，等，2004. 长江中下游地区菱属植物的 DNA 分子鉴别 [J]. 中草药 (08): 90–94.

蔡金艳，赵林，荣向路，等，2018. 开唇兰属降血糖药用植物中特异性 PTP1B 抑制剂的定向快速发现与优化 [Z]. 项目立项编号：201506010061. 鉴定单位：广东药科大学 . 鉴定日期：09–13.

蔡琳颖，张星元，张璐，等，2018. 珍稀濒危植物紫荆木生态学研究进展 [J]. 广西植物，38(07): 866–875.

曾汉元，2008. 我国的观赏蕨类资源及其开发利用 [J]. 生物学通报 (05): 9–11.

曾宋君，夏念和，陈之林，等，2011. 国产兜兰属植物观赏价值评价及其在华南地区的应用前景分析 [J]. 中国野生植物资源 (02): 9–13+35.

柴连周，董寿堂，赵兴蕊，等，2020. 齿瓣石斛的栽培与管理措施 [J]. 江西农业 (02): 8+12.

柴胜丰，蒋运生，韦霄，等，2010. 濒危植物合柱金莲木种子萌发特性 [J]. 生态学杂志，29(02): 233–237.

陈宝玲，王华新，陈尔，等，2014. 不同栽培基质对纹瓣兰组培苗生长的影响 [J]. 广东农业科学，41(20): 29–32.

陈宝玲，周千淞，陈尔，等，2017. 带叶兜兰壮苗生根培养基及移栽基质选择 [J]. 广西林业科学，46(02): 206–209.

陈博君，2016. 盾鳞狸藻纤细可爱的水中杀手 [J]. 百科知识 (06): 45–46.

陈东亮，林杨，黄宝优，等，2021. 濒危药用植物地枫皮的保育研究进展 [J]. 贵州农业科学，49(12): 99–106.

陈和明，吕复兵，李佐，等，2022. 蝴蝶兰属间杂交育种研究进展 [J]. 中国农业大学学报，27(09): 125–135.

陈晶晶，李在留，李雪萍，等，2018. 广西乐业县掌叶木果实表型性状及种子油研究 [J]. 中国油脂，43(03): 79–82.

陈林楠，岳琳，2022. 野生大豆资源利用研究综述 [J]. 种子科技，40(11): 15–18.

陈旭冬，马化武，2017. 海南红豆育苗栽培技术 [J]. 现代园艺 (22): 28.

陈卓，田志辉，2021. 云上仙霞岭珍稀伯乐树 [J]. 浙江林业 (01): 36.

成蕾，陈志有，尚志梅，等，2020. 重唇石斛化学成分研究 [J]. 中草药，51(12): 3126–3130.

程虎印，徐进，颜永刚，等，2017. 陕产重楼属药用植物的研究进展 [J]. 陕西中医药大学学报 (01): 107–111.

仇硕，郑文俊，夏科，等，2019. 细茎石斛花朵挥发性成分分析 [J]. 广西植物，39(11): 1482–1495.

邓莲，张毓，王苗苗，等，2011. 绿花杓兰种子非共生萌发研究 [C]//. 中国植物园（第十五期）: 83–85.

丁林芬，吴兴德，王双燕，等，2017. 翠柏二萜类成分及其抗炎活性研究 [J]. 广西植物，37(5): 642–646, 633.

董莉娜，刘演，许为斌，等，2015. 广西秋海棠属植物的药用资源 [J]. 西北师范大学学报（自然科学版），51(04): 67–74.

董晓娜，徐佩玲，陈培，等，2017. 冬凤兰组织培养与快繁技术研究 [J]. 热带农业科学，37(10): 50–53.

董筱昀，孙海楠，吕运舟，等，2021. 大叶榉新品种 ‘冲天’ 优良性状及栽培技术 [J]. 江苏林业科技，48(06): 41–43.

董元火，2017. 两种水蕨属植物的分布及其应用价值 [J]. 园林 (10): 17–19.

杜加加，2013. 珍稀濒危树种擎天树繁殖技术研究 [D]. 南宁：广西大学 .

杜加加，梁机，陈月芳，等，2016. 不同遮阴处理对擎天树幼苗生长的影响 [J]. 福建林业科技，43(01): 61–64.

杜凌，吴洪娥，周洪英，等，2018. 贵州蔷薇属植物资源研究 [J]. 贵州林业科技，46(01): 19–21+64.

段昊，周亚西，周士琦，等，2023. 天麻在我国保健食品中的应用 [J]. 食品工业科技，44(9):10.

段伟，黄有军，2021. 喙核桃研究现状 [J]. 广西林业科学，50(03): 362–366.

冯立新，宋雪婷，2021. 珍贵乡土树种红椿扦插繁殖技术 [J]. 农业与技术，41(06): 84–86.

傅月朦，余登香，王淑娜，等，2022. 山豆根黄酮类成分药理作用及机制研究进展 [J]. 中草药，53(19): 6234–6244.

富法成，郑明华，2009. 南方红豆杉的应用价值与栽培技术 [J]. 现代农业科技，(21): 176–177.

甘金佳，2013. 德保苏铁传粉生物学研究 [D]. 南宁：广西大学 .

葛玉珍，辛子兵，黎舒，等，2020. 广西苦苣苔科植物濒危程度和优先保护序列研究 [J]. 广西植物，40(10): 1491–1504.

耿云芬，2010. 伞花木播种育苗技术 [J]. 林业实用技术 (06): 30–31.

耿云芬，王四海，杨嫱，2022. 珍稀植物蒜头果扦插繁育技术研究 [J]. 种子，41(05): 139–143.

广西林业和草原局，2021. 广西分布的国家重点保护野生

植物名录 [R].

广西壮族自治区人民政府, 2010. 广西壮族自治区第一批重点保护野生植物名录 [EB/OL]. (03–30)[2019–08–12]. http: //www. gxzf. gov. cn/zwgk/zfwj/zzqrmzfwj/20100517–297806. shtml.

桂平, 龙鹏, 2021. 珍稀树种花榈木研究进展 [J]. 贵州农业科学, 49(07): 98–106.

郭计华, 程敏, 苗贵东, 等, 2022. 基于 ISSR 标记的贵州山核桃遗传多样性分析 [J]. 种子, 41(01): 84–88+2.

国家林业和草原局, 农业农村部, 2021. 国家重点保护野生植物名录 [R]. .

国家林业局, 农业部, 1999. 国家重点保护野生植物名录 (第一批)[R]. .

韩愈, 秦新民, 王满莲, 等, 2017. 金丝李生化性质研究进展 [J]. 广西科学院学报, 33(03): 218–222.

何春, 覃德文, 邓殷, 等, 2018. 遮阴处理对香子楠幼苗生长特性的影响 [J]. 湖北农业科学, 57(01): 74–77+99.

洪欣, 2016. 报春苣苔属濒危植物保护生态学研究 [D]. 芜湖 : 安徽师范大学 .

侯远瑞, 申文辉, 黄小荣, 等, 2018. 珍贵树种蚬木研究进展 [J]. 林业与环境科学, 34(05): 113–117.

胡吉华, 文大银, 2004. 苦丁茶的栽植技术及开发利用价值 [J]. 中国水土保持 (6): 39–40.

胡世保, 辛荣仕, 郭红艳, 等, 2018. 传粉综合征预测传粉者准确性检验——以邱北冬蕙兰为例 [J]. 北京林业大学学报, 40(06): 101–110.

胡文超, 2016. 中药一支箭 HPLC 指纹图谱及狭叶瓶尔小草化学成分研究 [D]. 阿拉尔 : 塔里木大学 .

黄立铨, 1982. 石山绿化优良树种——黄枝油杉 [J]. 广西植物, 2(2): 98, 103–104.

黄柔柔, 叶子霖, 张倩媚, 等, 2016. 四药门花 (Loropetalum subcordatum) 的生态生物学特性研究 [J]. 生态科学, 35(03): 52–55.

黄仕训, 王才明, 王燕, 2001. 濒危树种广西青梅保护初步研究 [J]. 植物研究 (02): 317–320.

黄仕训, 王燕, 王才明, 1996. 海南椴生长特性及苗木培育的初步研究 [J]. 福建林业科技 (01): 27–31.

黄松殿, 王磊, 苏勇, 等, 2011. 桂西南地区擎天树群落多样性研究 [J]. 安徽农业科学, 39(31): 19198–19202.

黄歆怡, 陆祖正, 谢振兴, 等, 2019. 广西极小种群野生植物研究现状与保护对策 [J]. 农业研究与应用, 32(03): 24–28.

黄歆怡, 谢振兴, 陆祖正, 等, 2020. 罗氏蝴蝶兰的无菌播种与快速繁殖 [J]. 植物生理学报, 56(04): 693–699.

黄雪芬, 吴远媚, 陈新华, 2016. 珍稀植物广西火桐的研究进展 [J]. 林业科技通讯 (06): 20–23.

江苏新医学院, 1977. 中药大辞典 [M]. 上海 : 上海人民出版社 : 533.

蒋桂雄, 2014. 广西珍贵树种高效栽培技术 (连载)[J]; 广西林业 ,02(05): 44.

蒋会兵, 许燕, 宋维希, 等, 2020. 厚轴茶雄性不育株花蕾发育过程中的生理生化变化 [J]. 植物生理学报, 56(09): 1807–1817.

蒋迎红, 申文辉, 谭长强, 等, 2016. 极小种群广西青梅种群结构、动态分析及保护策略 [J]. 生态科学, 35(06): 67–72.

蒋迎红, 项文化, 蒋燚, 等, 2016. 广西海南风吹楠群落区系组成、结构与特征 [J]. 北京林业大学学报, 38(01): 74–82.

解亚鑫, 林明献, 许涵, 等, 2019. 长脐红豆幼苗生长对不同土壤氮磷添加的响应及其对土壤养分的反馈 [J]. 生态科学, 38(02): 56–66.

金贝诺, 周芳美, 2020. 云南独蒜兰研究进展 [J]. 农村实用技术 (11): 56–59.

孔令普, 彭火辉, 陶秀花, 等, 2021. 江西苦苣苔科植物种质资源及园林应用 [J]. 江西科学, 39(05): 826–833.

李才华, 2000. 桂林植物园叉叶苏铁花开二度 [J]. 植物杂志 (06): 7.

李朝昌, 邓慧群, 区胜基, 2019. 广西昭平县野生突肋茶调查初报 [J]. 广西农学报, 34(05): 34–36.

李炽, 1991. 寻找毛枝五针松记 [J]. 云南林业 (05): 26–27.

李大贵, 2008. 云南豆瓣兰中的奇葩九州红梅 [J]. 花木盆景 (花卉园艺) (03): 30–31.

李菲, 2011. 苏铁蕨贯众的化学成分及质量研究 [D]. 北京 : 北京中医药大学 .

李福秀, 黎明, 2003. 香木莲扦插繁殖初报 [J]. 西南林学院学报 (02): 9–12.

李干善, 1989. 油料、用材树种——东京桐 [J]. 云南林业 (05): 25.

李宏杨, 刘扬, 陈冠铭, 2017. 聚石斛的生物学特性和栽培技术 [J]. 中国热带农业 (01): 72–73.

李宏杨, 刘扬, 陈冠铭, 等, 2017. 小黄花石斛的无菌播种与快速繁殖 [J]. 热带农业科学, 37(05): 20–23.

李辉, 2010. 海南大风子及见血封喉化学成分及其药理活性研究 [D]. 青岛 : 青岛科技大学 .

李茂, 李鹤, 陈锐, 等, 2020. 大叶木莲种实性状及幼苗生长特征 [J]. 种子, 39(02): 69–72.

李婷, 钟连香, 卢扬章, 等, 2020. 镉胁迫对格木幼苗生长及养分元素的影响 [J]. 西部林业科学, 49(04): 136–141.

李小琴, 张凤良, 杨湉, 等, 2019. 遮阴对濒危植物风吹楠幼苗叶形态和光合参数的影响 [J]. 植物生理学报, 55(01): 80–90.

李秀玲, 范继征, 何荆洲, 等, 2021. 同色兜兰叶片内源激素变化与开花关系研究 [J]. 热带作物学报, 42(09): 2638–2644.

李旭梅, 曾建红, 张敏, 等, 2017. 长距石斛的性状和显微

鉴别研究 [J]. 时珍国医国药, 28(02): 379–381.

李雪萍, 郭松, 熊俊飞, 等, 2015. 广西野生濒危植物掌叶木遗传多样性的ISSR与SRAP分析 [J]. 园艺学报, 42(02): 386–394.

李樱花, 2016. 掌叶木种子萌发及内源抑制活性研究 [D]. 广西大学.

李毓敏, 1991. 山荔枝和海南韶子 [J]. 植物杂志 (01): 7.

梁桂友, 温放, 韦毅刚, 2012. 广西野生木兰科植物种质资源及其园林应用 [J]. 北方园艺 (10): 117–122.

梁瑞龙, 2014. 小叶红豆:"广西紫檀" [J]. 广西林业 (08): 25–26.

梁士楚, 李桂荣, 2007. 靖西海菜花, 谁来护卫 [J]. 湿地科学与管理 (04): 15.

廖美兰, 王华新, 周修任, 等, 2015. 广西二十种金花茶观赏价值综合评价 [J]. 北方园艺 (09): 67–70.

林玲, 曾冬琴, 陈飞飞, 等, 2018. 珍贵用材树种海南紫荆木研究现状及建议 [J]. 热带林业, 46(03): 26–29.

林玲, 黄川腾, 陈飞飞, 等, 2021. 海南粗榧研究进展 [J]. 热带林业, 49(1): 13–17.

刘畅, 2014. 两种山茶属茶组植物的化学成分研究 [D]. 昆明: 云南中医学院.

刘方炎, 李昆, 廖声熙, 2010. 濒危植物翠柏的个体生长动态及种群结构与种内竞争 [J]. 林业科学, 46(10): 23–28.

刘杰, 陈双雪, 何柳, 等, 2021. 铁皮石斛药用价值研究探索 [J]. 中国林副特产 (04): 73–75.

刘梅香, 蒋昌杰, 梁月群, 2006. 粗齿桫椤人工繁育试验初报 [J]. 广西热带农业 (01): 32–34.

刘清, 包英华, 毛怡霏, 等, 2017. 细叶石斛离体快速繁殖研究 [J]. 韶关学院学报, 38(03): 77–81.

刘伟强, 侯伯鑫, 林峰, 等, 2013. 福建柏栽培技术 [J]. 湖南林业科技, 40(3): 65–67.

刘苇, 陈兴, 邓朝义, 等, 2021. 大厂茶研究进展及保护现状 [J]. 农业与技术, 41(04): 10–15.

刘笑, 王志萍, 李林杰, 王昱涵, 等, 2023. 壮药材火索藤的生药学研究. 广西植物, 43(1): 50–59.

刘岩, 齐霁, 吴记贵, 等, 2016. 小叶兜兰的果实生长和雌配子体发育 [J]. 热带亚热带植物学报, 24(01): 14–20.

刘演, 2003. 广西秋海棠属植物种质资源的调查与收集 [A]. 中国植物学会. 中国植物学会七十周年年会论文摘要汇编(1933—2003)[C]. 中国植物学会: 中国植物学会: 505.

刘演, 宁世江, 2002. 广西重点保护野生植物资源的现状与评价 [J]. 广西科学, 9(2): 124–132.

刘莺, 2021. 白发藓干旱胁迫生理响应和繁殖技术研究 [D]. 长沙: 中南林业科技大学.

刘宇, 2012. 病原菌对亚热带树种光叶红豆幼苗增补的影响 [D]. 广州: 中山大学.

刘智慧, 谭经正, 廖邦洪, 等, 1994. 四川青城山穗花杉种群和群落特征的初步研究 [J]. 热带亚热带植物学报, 2(2): 22–30.

刘仲健, 张建勇, 茹正忠, 等, 2004. 兰科紫纹兜兰的保育生物学研究 [J]. 生物多样性 (05): 509–516.

卢燕华, 2012. 广西极小种群野生植物名录(上)[J]. 广西林业 (06): 47.

卢燕华, 2012. 广西极小种群野生植物名录(下)[J]. 广西林业 (07): 47.

卢永星, 2022. 中华猕猴桃 [J]. 湖南农业 (04): 31.

卢志锋, 聂珍臻, 蓝学, 等, 2015. 不同干旱条件下焕镛木的生长及光合特性 [J]. 江苏农业科学, 43(10): 236–239.

卢郅凯, 洪溢, 金栋, 等, 2019. 白及的综合利用价值及繁殖栽培技术探讨 [J]. 南方农业, 13(28): 10–13.

陆媛峰, 2006. 苏铁属植物的根系类型及肉质根的解剖研究 [D]. 南宁: 广西大学.

罗剑飘, 吴坤林, 翁殊斐, 2012. 火焰兰属植物研究进展 [J]. 广东农业科学, 39(10): 69–72.

罗文, 钟育飞, 薛少亮, 等, 2021. 尖峰岭不同群落的卵叶桂与优势种群的生态位研究 [J]. 林业资源管理 (05): 160–167.

罗玉婷, 蓝玉甜, 黄岚, 等, 2014. 钩状石斛组织培养技术研究 [J]. 安徽农业科学, 42(21): 6931–6933.

罗在柒, 李文刚, 刘兰, 等, 2010. 贵州苏铁野生居群径级构件与种群动态 [J]. 林业调查规划, 35(06): 30–33.

罗仲春, 1997. 舜皇山的华南五针松 [J]. 植物杂志 (01): 22.

吕欣锴, 周丽思, 郭顺星, 2022. 我国金线兰资源特征及繁育技术研究进展 [J]. 药学学报, 57(07): 2057–2067.

马继琼, 2021. 云南人喜食的菜食花——海菜花 [J]. 云南农业科技 (05): 61.

马鸣, 2013. 浅谈柄翅果栽培技术分析 [J]. 农业与技术, 33(12): 170+184.

马月平, 2022. 金线兰 [J]. 生物资源, 44(02): 222.

么宏伟, 佟立君, 付婷婷, 等, 2015. 松茸食药用价值研究进展 [J]. 安徽农业科学 (5): 67–69.

莫日根高娃, 2019. 国产桫椤科植物系统发育及生殖的研究 [D]. 哈尔滨: 哈尔滨师范大学.

南京中医药大学, 2006. 中药大辞典(第二版)[M]. 上海: 上海科学技术出版社: 55.

宁世江, 唐润琴, 曹基武, 2005. 资源冷杉现状及保护措施研究 [J]. 广西植物, 25(3): 197–200, 280.

农东新, 蒋日红, 吴磊, 等, 2012. 广西蕨类植物新记录属——白桫椤属 [J]. 广西植物, 32(01): 12–14.

彭辅松, 2003. 中国特有珍贵树种——黄杉 [J]. 植物杂志 (02): 11.

彭宏祥, 朱建华, 黄宏明, 2005. 广西野生荔枝资源的研究价值及其保护对策 [J]. 资源开发与市场 (01): 57–58.

彭绿春，王丽花，马双喜，等，2013. 肥荚红豆种子无菌诱导植株再生及快速繁殖 [J]. 植物生理学报，49(09): 917–922.

彭曼晟，刘虹，王青锋，2005. 中华水韭 [J]. 生物学通报，40（11）: 16.

彭梦超，郑承剑，吴建国，等，2022. 南丹金线兰的植物形态和显微鉴定 [J]. 亚热带植物科学，51(01): 58–61.

彭思静，高燕燕，杨宁线，等，2021. 杜鹃兰种子非共生萌发中的形态结构变化 [J]. 种子，40(12): 1–8.

普绍林，2013. 云南拟单性木兰容器育苗技术 [J]. 现代农业科技 (24): 191+203.

任杰，陈冠铭，李宏杨，等，2020. 兜唇石斛栽培繁殖与药理研究进展 [J]. 特种经济动植物，23(06): 26–30.

任奎，沈伦豪，唐宇，等，2022. 中国野生金荞麦种质资源的调查与收集 [J]. 植物遗传资源学报，23(04): 964–971.

任薇，杜建平，夏能能，等，2022. 南药巴戟天的道地性研究进展 [J]. 按摩与康复医学，13(2): 76–80.

茹剑，刘玫，王臣，等，2013. 龙舌草果实和种子及其种苗发育形态学研究 [J]. 西北植物学报，33(01): 22–26. .

施金谷，黄海霞，杨晋，等，2022. 野生重楼人工栽培技术 [J]. 当代农机 (09): 50–51.

史辛夷，封云倩，李云萍，等，2022. 福建观音座莲根茎的抗氧化成分提取工艺优化 [J]. 食品工业科技，43(11): 235–243.

史永锋，付开聪，张宁，等，2005. 束花石斛快繁育苗技术的研究 [J]. 中草药 (03): 438–441.

宋智琴，韩雪，杨平飞，等，2022. 响应面优化流苏石斛多糖提取工艺 [J]. 食品工业，43(02): 71–75.

宋智琴，杨琳，杨平飞，等，2022. 不同基肥对云南独蒜兰产量及品质的影响 [J]. 中药材 (08): 1793–1796.

苏梓莹，李斓，张茜莹，等，2020. 广东省特有兰科植物观赏性状综合评价 [J]. 热带作物学报 (08): 1560–1565.

孙天利，曲思奕，薛亚宁，等，2022. 软枣猕猴桃 – 梨复合果酒发酵工艺优化 [J]. 中国酿造，41(09): 204–208.

孙秀秀，姜殿强，2020. 墨兰品种的观赏性状及聚类分析 [J]. 分子植物育种，18(20): 6873–6880.

覃海宁，刘演，2010. 广西植物名录，[M]. 北京：科学技术出版社 .

覃永贤，2007. 濒危植物元宝山冷杉的保护遗传学研究 [D]. 南宁：广西师范大学 .

谭永霞，2009. 长穗桑化学成分和生物活性研究 [D]. 北京：中国协和医科大学 .

唐凤鸾，盘波，赵健，等，2022. 极小种群野生植物海伦兜兰的地理分布及生境调查 [J]. 广西科学院学报，38(01): 40–44.

唐健民，秦惠珍，邹蓉，等，2021. 极小种群野生植物十万大山苏铁幼苗的光合生理特性 [J]. 分子植物育种，19(11): 3756–3762.

唐健民，韦霄，邹蓉，等，2022. 广西兰科植物的物种多样性及区系特征研究 [J]. 广西科学院学报，38(02): 125–13700.

唐栩，2003. 黄酮类化合物 DO1 抗肿瘤的药理作用研究 [D]. 广州：中山大学：78.

田凡，姜运力，罗在柒，等，2014. 白花兜兰种子无菌萌发及试管成苗技术研究 [J]. 贵州林业科技，42(03): 34–38.

田湘，李万年，包晗，等，2022. 不同生根剂对望天树苗木生长及根系形态的促进效果研究 [J]. 江西农业学报，34(03): 163–171.

万军，张小平，王达兵，等，2017. 香果树扦插育苗试验研究 [J]. 四川林业科技，38(01): 60–64.

王峻，2005.（一）石杉科药用植物分类学与生药学研究（二）中国特有植物大叶蒟的抗抑郁活性及其机理 [D]. 上海：复旦大学 .

王瑞江，温仕良，王刚涛，2019. 飞瀑草激流中的花 [J]. 森林与人类 (05): 100–109.

王思荣，2016. 不同处理方式对软荚红豆种子萌发及幼苗生长的影响 [J]. 安徽农业科学，44(05): 58–59+71.

王婷，2019. 楝科药用植物望谟崖摩（Amoora ouangliensis）的化学成分及其生物活性研究 [D]. 南昌：南昌大学 .

王艇，苏应娟，欧阳蒲月，等，2006. 利用 RAPD 标记分析濒危植物白豆杉种群的遗传结构 [J]. 生态学报，26(7): 9.

王玮，木海鸥，2010. 药用植物六角莲国内研究概况 [J]. 海峡药学，22(11): 41–43.

王晓静，2015. "玉拖" 麻栗坡兜兰 [J]. 中国花卉园艺 (06): 38.

王艳，成世强，程虎印，等，2020. 陕西产重楼属南重楼组药用植物研究进展 [J]. 国际中医中药杂志 (10): 1034–1039.

王燕，2002. 元宝山冷杉种群的遗传多样性研究 [D]. 南宁：广西师范大学 .

王翊语，2021. 阔叶十大功劳的养护技巧 [J]. 农业技术与装备 (11): 134–135.

王用平，1987. 珍贵稀有植物——贵州苏铁 [J]. 中国野生植物 (04): 25–26.

王玉兵，梁宏伟，陈发菊，等，2008. 广西特有植物瑶山苣苔的濒危原因及保护对策 [J]. 生态环境，17(05): 1956–1960.

王云云，陈兰，黄梦利，等，2021. 血叶兰药材质量标准研究 [J]. 生物资源，43(04): 413–418.

韦剑锋，岑忠用，苏江，2012. 不同基质成分对硬叶兰组培苗假植生长的影响 [J]. 北方园艺 (23): 59–61.

韦霄，柴胜丰，陈宗游，等，2015. 珍稀濒危植物金花茶保育生物学研究 [M]. 南宁：广西科学技术出版社 .

韦秀延，覃文更，韦国富，等，2015. 越南黄金柏种群资源调查 [J]. 安徽农业科学，43(6): 179—181.

韦阳连，黄小凤，蔡楚雄，等，2010. 野生荔枝遗传多样性

研究进展 [J]. 广东农业科学, 37(08): 62–64.

魏翔, 张薇, 熊栗俭, 2010. 董棕的引种驯化及开发利用 [J]. 云南农业 (06): 29–30.

魏学军, 林先燕, 夏亚兰, 等, 2012. 民族药金耳环多糖的提取和含量测定 [J]. 井冈山大学学报 (自然科学版), 33(06): 86–88.

翁振翔, 2012. 濒危药用植物金毛狗的栽培技术研究初探 [J]. 宁德师范学院学报 (自然科学版), 24(04): 393–396.

吴发旺, 陈勇, 1998. 珍稀植物短萼黄连的引种栽培实验 [J]. 宁德师专学报 (自然科学版) (03): 54–56.

伍慧玲, 李岩, 么焕开, 2020. 七指蕨的化学成分研究 [J]. 广东化工, 47(02): 11+27.

肖丽君, 陈小强, 赵铭, 等, 2017. 麝香石斛组织培养过程中生长效应及多糖含量变化 [J]. 湖北农业科学, 56(06): 1090–1092+1098.

肖湘, 2020. 白桫椤和中华桫椤有性世代及胚胎发育的比较研究 [D]. 哈尔滨: 哈尔滨师范大学.

谢代祖, 覃柳霞, 覃国乐, 等, 2013. 广西天峨金花茶伴生植物的群落特征 [J]. 贵州农业科学, 41(5): 40–43.

谢德志, 魏子璐, 朱峻熠, 等, 2020. 水禾对镉胁迫的生理响应 [J]. 浙江农林大学学报, 37(04): 683–692.

谢福惠, 莫新礼, 1987. 圆籽荷属木材构造的研究 [J]. 广西植物 (02): 107–109.

徐刚, 汪一婷, 吕永平, 等, 2007. 竹节参属药用植物组织培养研究进展 [C]. // 第三届全国植物组培、脱毒快繁及工厂化生产种苗技术学术研讨会论文集: 120–124.

徐慧, 黄延详, 康国发, 等, 2001. 云南原始观音座莲属植物及土壤中 Ca、Mg、Mn、Zn、Fe 含量的发射光谱分析 [J]. 光谱实验室 (05): 624–626.

徐家星, 王业玲, 王建军, 等, 2012. 濒危植物金毛狗的化学成分及其药理活性研究进展 [J]. 天然产物研究与开发, 24(S1): 134–140.

徐凌彦, 王玉英, 李枝林, 2008. 文山红柱兰组培技术研究 [J]. 西部林业科学 (03): 23–27.

徐颖, 2013. 中华水韭铁超氧化物歧化酶基因的 (IsFeSOD) 克隆与分析 [D]. 上海: 上海师范大学.

徐玉梅, 侯云萍, 袁莲珍, 等, 2012. 罗汉松嫩枝扦插育苗技术研究 [J]. 安徽农业科学, 40(34): 16673—16675.

鄢东海, 2007. 苦丁茶名称的演变、植物种类及保健价值 [J]. 贵州农业科学, 35(1): 114–116, 113.

阳洁, 江院, 王晓甜, 等, 2016. 几株高效溶磷解钾药用稻内生固氮菌的筛选与鉴定 [J]. 农业生物技术学报, 24(02): 186–195.

杨保莲, 郭松, 李在留, 等, 2018. 珍稀特有植物单性木兰的研究进展 [J]. 北方园艺 (12): 157–162.

杨成华, 张廷忠, 邓朝义, 1998. 珍稀树种 – 云南穗花杉 [J]. 贵州林业科技 (3): 33–35, 65.

杨纯瑜, 1988. 中国马尾杉属的药用植物 [J]. 中草药, 19(03): 36–38.

杨佳慧, 吴婷, 朱俊, 等, 2021. 长瓣兜兰开花特性与繁育系统研究 [J]. 园艺学报, 48(05): 1002–1012.

杨婷婷, 钟可, 郭茜, 等, 2022. 种质与环境对金钗石斛药材品质的影响 [J]. 安徽农业科学, 50(09): 163–170.

杨玉珍, 胡如善, 申光豫, 等, 2011. 河南石斛的组织培养与快速繁殖技术研究 [J]. 江苏农业科学, 39(04): 40–42.

杨志娟, 张显, 张孟锦, 等, 2006. 紫毛兜兰的核型研究 [J]. 西北农林科技大学学报 (自然科学版) (11): 163–165.

杨志业, 谭颖仪, 汪芸, 等, 2021. 水松叶药材质量标准研究 [J]. 广东化工, 48(3): 24–26.

叶耀辉, 黄慧莲, 刘红, 2005. 珍稀濒危药用植物八角莲属的研究进展 [J]. 江西中医学院学报 (05): 57–59.

殷梦龙, 陈仲良, 顾泽圣, 等, 1990. 贵州八角莲有效成分分离鉴定 [J]. Journal of Integrative Plant Biology (01): 45–48.

应站明, 黎桂芳, 王海舟, 2009. 中华桫椤 DNA 提取及 ISSR 分析 [J]. 安徽农业科学, 37(32): 16180–16181, 16189.

应震, 周庄, 付双彬, 等, 2022. 浙江省野生开唇兰主要药用成分分析 [J]. 浙江农业科学 (03): 495–496.

于永明, 2009. 披针观音座莲和半边铁角蕨的化学成分及生物活性研究 [D]. 北京: 中国协和医科大学.

詹启成, 李雪, 祁英, 等, 2010. 广东石斛快速繁殖及种苗移栽技术 [J]. 北方园艺 (16): 137–139.

张冰, 2011. 瑶山苣苔 SSR 引物开发及遗传多样性研究 [D]. 郑州: 河南农业大学.

张慧, 刘旭阳, 王仕宝, 等, 2022. 珍稀濒危植物独花兰研究进展 [J]. 陕西农业科学, 68(06): 97–101.

张杰, 周春山, 向大雄, 等, 2007. 高效液相色谱法测定小八角莲中鬼臼毒素含量 [J]. 湖南中医杂志 (04): 101–102.

张雷, 2017. 植物“国宝”银杉——方寸之间话林业之八 [J]. 广西林业 (10): 34.

张嫚, 李彦文, 李志勇, 等, 2011. 重楼属药用植物的研究进展 [J]. 中央民族大学学报 (自然科学版) (04): 65–69.

张品英, 2011. 大果木莲的育苗技术 [J]. 绿色科技 (01): 42–43.

张文龙, 石春杰, 2018. 美花石斛 SSR–PCR 体系的优化研究 [J]. 种子, 37(04): 23–25.

张小霞, 2020. 土沉香开发利用研究进展 [J]. 防护林科技 (04): 63–66.

张袁亚, 张治军, 叶瑞绒, 等, 2021. 越南槐根茎中的生物碱成分及其抗炎活性 [J]. 药学学报, 56(10): 2825–2829.

张尊建, 王源园, 李茜, 等, 2004. 密花石斛的 HPLC/UV/MS 指纹图谱研究 [J]. 中草药 (04): 37–39.

赵立春, 何颖, 岳桂华, 等, 2009. 八角莲属药用植物化学成分及生理活性研究进展 [J]. 中国民族民间医药 (13):

37–39.

赵玲, 2020. 单瓣月季花与亮叶月季的系统关系及遗传多样性研究 [D]. 昆明 : 西南林业大学 .

郑来安, 王锂韫, 韩日清, 等, 2021. 土沉香的生长特性及种植技术 [J]. 南方农业, 15(33): 27–29.

郑丽贞, 2022. 杉木中龄林套种闽楠生长分析 [J]. 林业勘察设计 (01): 33–35.

郑新恒, 2018. 云南枸杞根中化学成分及其生物活性研究 [D]. 广州 : 暨南大学 .

郑秀妹, 陈张勇, 2009. 石斛的药用价值及真伪鉴别 [J]. 中国医学创新, 6(22): 160–162.

郑燕菲, 2016. 濒危植物单性木兰的有效成分及其生物活性研究 [D]. 南宁 : 广西大学 .

郑之典, 张罗霞, 李宗艳, 2017. 正交设计优化硬叶兜兰 SSR–PCR 反应体系 [J]. 绿色科技 (21): 95–99.

钟国贵, 谢绍添, 苏付保, 等, 2016. 膝柄木容器育苗技术 [J]. 林业科技通讯 (09): 37–38.

钟萍, 赵敏, 2013. 优良绿化树种百日青的栽培技术 [J]. 四川林业科技, 34(02): 106–108.

周亮, 黄建平, 黄自云, 2013. 狭叶坡垒——十万大山中的"万年木" [J]. 园林 (04): 62–63.

周玲红, 宋松泉, 樊吉君, 2022. 汝城白毛茶 [J]. 生命世界 (01): 78–83.

周鸣惊, 唐志强, 来羽, 等, 2022. 利川市红椿林场鹅掌楸生长规律研究 [J]. 湖北林业科技, 51(01): 5–8+17.

周兴文, 谢一青, 叶晓霞, 等, 2021. 八种金花茶观赏特性指标选择与综合评价 [J]. 福建林业 (05): 29–32.

周艳, 周洪英, 胡瑾, 等, 2013. 栽培基质和施肥方式对滇桂石斛引种栽培的影响 [J]. 贵州林业科技, 41(03): 51–53.

朱栗琼, 徐艳霞, 招礼军, 等, 2016. 喀斯特地区莎叶兰的解剖构造及其环境适应性 [J]. 广西植物, 36(10): 1179–1185+1164.

朱仕芳, 202. 木荚红豆树育苗技术研究 [J]. 安徽农学通报, 26(19): 65–66.

朱舒靖, 秦惠珍, 许爱祝, 等, 2022. 光照强度对西藏虎头兰幼苗生长及光合特性的影响 [J]. 广西科学院学报, 38(02): 172–180.

朱湛昌, 苏狄, 1981. 棋子豆引种简介 [J]. 广东林业科技 (02): 37+44.

邹玲俐, 钟树华, 刘演, 等, 2015. 广西野生秋海棠属植物资源调查与园林应用 [J]. 南方农业学报, 46(01): 101–106.

IUCN, 2012. IUCN Red List Categories and Criteria, Version 3.1. 2nd edn[S]. Switzerland and Cambridge, Gland.

Yen T B, Chang H T, Hsich C C, et al, 2008. Antifungal properties of ethanolic extract and its active compounds from *Calocedrus macrolepis* var. *formosana* (Florin) heartwood[J]. Bioresour Technol, 99(11): 4871–4877.

中文名索引

学名索引